VÖGEL IN UNSEREM GARTEN

VÖGEL IN UNSEREM GARTEN

Richtig bestimmen und füttern

ROBERT BURTON

FOTOGRAFIEN VON
KIM TAYLOR

DK

DORLING KINDERSLEY

NEUAUSGABE

Projektbetreuung Peter Frances
Bildbetreuung Vanessa Hamilton
Gestaltung Corinne Manches
Cheflektorat Jonathan Metcalf
Chefbildlektorat Bryn Walls
DTP Design Rob Campbell
Herstellung Michelle Thomas, Elizabeth Cherry

ERSTAUSGABE

Bildbetreuung Caroline Murray
Projektbetreuung Roger Smoothy
Herstellung Maryann Rogers, Teresa Solomon

Die Deutsche Bibliothek – CIP-Einheitsaufnahme

Ein Titeldatensatz für diese Publikation ist bei
der Deutschen Bibliothek erhältlich.

Titel der englischen Originalausgabe:
New Birdfeeder Handbook

Übersetzung Beatrix Gehlhoff
Redaktion Christoph von Miltitz

ISBN 3-8310-0031-X

Printed and bound in China by
L. Rex Printing Co., Ltd.

INHALT

KAPITEL EINS

VÖGEL IN GÄRTEN

MIT ZUNEHMENDER ZERSIEDELUNG der Landschaft werden Gärten, Parks und andere städtische Grünflächen als Lebensräume für Vögel immer wichtiger. Dieses Kapitel zeigt den Garten aus der Sicht des Vogels: Es beschreibt die Vielfalt der Vögel, die Sie mit einiger Sicherheit in Ihrer Nachbarschaft antreffen; Sie erfahren, wie Sie Ihren Garten mit geringem Aufwand so gestalten können, dass die Vögel ihn gern besuchen und dort auch brüten. Dabei geht es weniger um strikte Regeln, die mit Ihren gärtnerischen Interessen in Konflikt geraten könnten, sondern vielmehr um generelle Richtlinien, wie man die örtlichen Gegebenheiten am besten nutzt. Wenn Sie keinen eigenen Garten haben, bieten sich dennoch viele Gelegenheiten, Vögel zu beobachten. In den meisten Städten und Dörfern gibt es Grünflächen, die einer überraschenden Fülle von Tierarten als Lebensraum dienen.

◁ *Ein verwucherter Garten – geeigneter Lebensraum für Vögel*

∴ BEOBACHTUNGEN IM GARTEN ∴

AUCH DER KLEINSTE STÄDTISCHE GARTEN zieht viele Vögel an. Sie sind genauso interessant wie die spektakulären, weniger bekannten Arten, die in abgeschiedenen Biotopen leben. Wenn Sie sich etwas Zeit nehmen, um die Vögel in Ihrem Garten zu beobachten, werden Sie viele überraschende Entdeckungen machen.

• ES GIBT VIEL ZU SEHEN •

Auf dem Rasen vor meinem Fenster gibt es einen Futtertisch mit angehängten Futterautomaten und einer Meisenglocke. Hier wird den Vögeln aus der Nachbarschaft ein komplettes Menü aus Getreidekörnern, Nüssen und Samen geboten. Auf dem Weg dorthin fliegen die Vögel an Zypressen vorbei, schnell wachsenden Bäumen, die gerne als Sichtschutz angepflanzt werden. Ich mochte diese dunklen, undurchdringlichen Nadelbäume nie. Warum, fragte ich mich manchmal, denken nicht mehr Leute weitsichtiger und pflanzen so interessante Bäume und Sträucher wie Weißdorn, Buche oder schnell wachsende Weiden?

Ich musste meine Meinung über die Zypressen des Nachbarn jedoch ändern. Je mehr ich das Kommen und Gehen der Vögel in meinem Garten beobachte, desto mehr Leben entdecke ich in den Zypressen: Blaumeisen suchen auf den Zweigen nach Insekten, während scheue Heckenbraunellen und Zaunkönige auf dem kahlen Boden unter den Bäumen Futter sammeln, und ich bin auch sicher, dass verschiedene Vögel in den Zypressen ihre Schlafplätze haben. In den dunklen Winkeln der Bäume fand ich das nicht mehr benutzte Nest eines Wintergoldhähnchens, und ein Rotkehlchen nistet in einer Höhlung. Die interessanteste Entdeckung war, dass Grünfinken hoch oben in den Zweigen herumklettern und die murmelgroßen Zapfen anpicken. Gerade jetzt kann ich gut sehen, wie sie die Samenschuppen kauen, da sich ihre Silhouetten mit den kräftigen Schnäbeln deutlich gegen den klaren Morgenhimmel abheben. In meinen Vogelbüchern steht nichts darüber, dass Grünfinken

Das Vogelhaus *Ein Futtertisch, der mit Futterautomaten bestückt ist, wird die Vögel in Ihren Garten locken. Platzieren Sie ihn in der Nähe eines Fensters; so können Sie die Vögel gut beobachten.*

Blickfang *Grünfinken, die an Zypressenzapfen fressen, sind ein reizender Anblick.*

sich über die Zapfen von Zypressen oder anderen Nadelbäumen hermachen. Ich habe jedoch bemerkt, dass der Schnabel der Grünfinken zwar zu breit ist, um in das Innere der Zapfen vorzudringen, sie aber die Samen herauszerren, wenn die Zapfen schon geöffnet sind. Es gibt also ständig etwas Neues zu entdecken.

Ich habe dieses Buch mit einer Beschreibung des Vogellebens in meinen Zypressen begonnen, um zu zeigen, dass sogar ein einfacher Garten eine Vielzahl von Vögeln anzieht. Etwa 20 Vogelarten besuchen im Winter regelmäßig meinen Garten. Ein halbes Dutzend Gelegenheitsgäste sorgt für zusätzliche Abwechslung. Auch wenn ich in einer ländlichen Umgebung lebe, ist mein Garten ein ganz gewöhnlicher Garten. Die früheren Besitzer haben die Bepflanzung eher nach optischen als nach ökologischen Gesichtspunkten gewählt, und so gibt es nicht genug Platz für Wildblumen und -sträucher, die einen Naturgarten für Tiere so attraktiv machen.

Leben in den Zypressen *Selbst hier gibt es viel zu entdecken: Ein Wintergoldhähnchen* (oben) *frisst auf der Zypresse, ein Dompfaff* (rechts) *sitzt an seinem Nest.*

• SPASS AN DER VOGELBEOBACHTUNG •

Viele Menschen freuen sich, wenn Vögel in ihren Garten kommen. Vogelhäuschen sind die einfachste und für viele die einzige Möglichkeit, die Tierwelt zu beobachten. Verbringt man am Abend ein paar Minuten im Garten, sind die Anspannungen des Arbeitstages schnell vergessen.

Um wild lebenden Tieren nahe zu sein – eine wunderbare Erfahrung –, muss man nicht erst auf der Suche nach seltenen oder exotischen Kreaturen um den halben Globus reisen. Freude an der Natur kann man auch beim Anblick von Spatzen empfinden, die kühn nach Brotkrümeln schnappen, oder beim Beobachten eines Rotkehlchens, das in frisch umgegrabener Erde nach Würmern pickt. Ein Trupp Schwanzmeisen, die geschickt durch die Zweige turnen, oder ein Baumläufer, der spiralförmig einen Baumstamm hochklettert, hinterlassen bleibende Eindrücke. Vögel verhalten sich im Garten fast natürlich; so geben sie dem genauen Beobachter einige Geheimnisse des Tierlebens preis. Sind wir mit den Vögeln erst einmal ein wenig vertraut, möchten wir auch mehr über sie wissen. Die Frage, was sie tun, ist schnell

Aktiv *Ein Grünspecht pickt nach Ameisen und hinterlässt die typischen kegelförmigen Löcher.*

SCHNABELFORMEN

1 Kurz & kegelförmig

2 Dünn & gebogen

3 Lang und spitz

4 Flach und gerundet

Die Schnabelform zeigt, wie sich ein Vogel ernährt: Der Buchfink (1) knackt Samen; der Waldbaumläufer (2) pickt Insekten aus der Baumrinde; der Star (3) stochert im Boden; die Stockente (4) filtriert Wasser.

Nestbau *Wenn man Vögel beim Materialsammeln beobachtet, z. B. diese Mehlschwalbe, die Lehm aufpickt, erfährt man einiges über ihr Gewohnheiten beim Nestbau.*

beantwortet; die Antworten auf die Frage nach dem Wie und Warum sind schon schwieriger. Es ist noch gar nicht so lange her, dass die Beantwortung einiger einfacher Fragen zum Verhalten weit verbreiteter Gartenvögel sogar Experten in Schwierigkeiten brachte. Konrad Lorenz, der österreichische Naturforscher, der für seine Pionierstudien über Tierverhalten den Nobelpreis erhielt, bemerkte einmal: »Tiere tun manchmal Dinge, für die es keine vernünftige Erklärung gibt.« In den etwa 30 Jahren, die seit dieser Bemerkung vergangen sind, haben ausführliche Studien des Vogelverhaltens gezeigt, dass es normalerweise für Verhaltensweisen der Vögel sehr wohl vernünftige Erklärungen gibt, doch etliche Rätsel warten noch auf ihre Entschlüsselung.

Ornithologen, die das Verhalten von Gartenvögeln studierten, haben nach Stunden geduldiger Beobachtung tiefe Erkenntnisse über das Privatleben unserer bekanntesten Vogelarten gewonnen. Einige als gesichert angesehene Vorstellungen über deren Verhalten mussten revidiert werden.

• DAS PRIVATLEBEN DER HECKENBRAUNELLE •

Ein Vogelleben ist abwechslungsreicher, als wir früher dachten. Bis vor kurzem glaubte man, die Heckenbraunelle führe ein eintöniges Familienleben, wobei das Weibchen die Verantwortung für den Nestbau und das Ausbrüten der Eier übernimmt und das Männchen ihm beim Füttern der Jungen hilft. Diese Ähnlichkeit mit der menschlichen patriarchalischen Familie verleitete einen viktorianischen Geistlichen, Reverend F. O. Morris, dazu, im typisch moralisierenden Stil der Naturkundebücher jener Zeit zu schreiben: »Die Heckenbraunelle stellt (in Benehmen und Äußerem) ein Vorbild dar, das viele Menschen in hohem Maße nachahmen sollten, um Vorteile für sich selbst zu gewinnen und anderen als gutes Beispiel zu dienen.«

Der wahre Sachverhalt kam in einer Studie, die im Botanischen Garten von Cambridge durchgeführt wurde, ans Licht. Nach drei Jahren intensiver Beobachtung gelangte N. B. Davies zu dem Schluss, dass Reverend Morris seine Leser besser nicht zur Nachahmung des Verhaltens der Heckenbraunelle angehalten hätte: Das

Privatleben der Heckenbraunellen in Cambridge würde Stoff für eine Seifenoper abgeben. Weit davon entfernt, das Vorbild für viktorianisches Familienleben zu sein, kommt bei Heckenbraunellen nicht nur Monogamie (Einehe), sondern auch Polygynie (ein Männchen paart sich mit mehreren Weibchen), Polyandrie (ein Weibchen mit mehreren Männchen) und Polygynandrie (mehrere Männchen teilen sich mehrere Weibchen) vor!

Ein Heckenbraunellen-Männchen versucht, ein – oder am liebsten mehrere – Weibchen in Beschlag zu nehmen und sie gegen die Aufmerksamkeiten anderer Männchen abzuschirmen. Das Weibchen versucht, ihn bei jeder Gelegenheit zu betrügen. Das Ziel des Männchens ist es, sich möglichst häufig fortzupflanzen. Da das Männchen beim Füttern der Jungen aller Weibchen, mit denen es sich gepaart hat, hilft, ist es das Ziel des Weibchens, sich mit verschiedenen Männchen zu paaren, um dadurch die Chancen für seine Jungen zu verbessern. Ferner versucht es, seinen Partner von anderen Weibchen fern zu halten, weil dieser sonst auch deren Kinder versorgen müsste.

Paarung *Unterschiedliches Verhalten bei Heckenbraunellen.*

Solche Forschungsergebnisse machen die Beobachtung unserer Gartenvögel interessanter. Wir wissen nun, dass Heckenbraunellen, die paarweise über den Rasen hüpfen, keine »eheliche Treue« zeigen, sondern sich eifersüchtig im Auge behalten.

• FORSCHUNG ZU HAUSE •

Buntspecht *Am Kopfgefieder können Sie erkennen, ob Männchen, Weibchen oder Jungvögel den Futterautomaten aufsuchen.*

Sie brauchen kein Wissenschaftler zu sein, um Forschung an Gartenvögeln zu betreiben. Das Allerwichtigste ist die Neugierde. Wenn Sie auch nur ein bisschen Zeit haben, das Treiben im Garten zu beobachten, werden Sie feststellen, dass sich Fragen von ganz allein ergeben. Vielleicht sticht Ihnen ein Vogel ins Auge, der etwas tut, was Sie noch nie gesehen haben. Sehen Sie genauer hin und beobachten Sie ihn, um festzustellen, ob das Verhalten sich wiederholt. Die Beobachtung der Gäste am Vogeltisch wird zeigen, ob Vögel regelmäßige Essensgewohnheiten haben. Brauchen sie Nahrung, bevor sie ihre Schlafplätze aufsuchen? Unterschiede im Gefieder zwischen Männchen und Weibchen oder Erwachsenen und Jungvögeln, wie sie im Kapitel *Vögel bestimmen* beschrieben sind, können Ihnen helfen, das Verhalten der Vögel zu verstehen. Streiten diese Kohlmeisen um ein Revier oder balzen sie?

·: VÖGEL BRAUCHEN »GRÜNE« STÄDTE :·

DIE ZERSTÖRUNG UNSERER LANDSCHAFT DURCH intensive Landwirtschaft und zunehmende Bebauung – vor allem während der letzten vier Jahrzehnte – hat zur Folge, dass Vögel Gärten und Parks als kleine natürliche Rückzugsgebiete brauchen. Die Interessen des Gärtners widersprechen manchmal denen des Vogelliebhabers. Man kann jedoch beiden gerecht werden.

· DIE ZERSIEDELUNG DER LANDSCHAFT ·

Die Veränderung unserer Landschaft mit ihren Auswirkungen auf die Tierwelt ist eines der dringlichsten Probleme, mit denen die Naturschützer sich befassen. Seltene Pflanzen und Tiere verschwinden völlig; aber auch Arten, die einst häufig waren, werden zur Rarität. Die Veränderung der Landschaft begann, als zu Gunsten der Landwirtschaft Wälder gerodet und Sümpfe trockengelegt wurden. Tempo und Ausmaß der Veränderung nahmen jedoch erst nach der industriellen Revolution rapide zu, als der Bevölkerungszuwachs astronomisch war. Mit der Mechanisierung der Landwirtschaft kam ein weiterer dramatischer Umschwung. Während der letzten 30 bis 40 Jahre veränderte sich die Landschaft so stark, dass unsere Großeltern, lebten sie heute, nur noch staunen würden. Die Größe der Vogelschwärme und den Artenreichtum der Tierwelt in der ersten Hälfte des 20. Jahrhunderts kann man sich heute kaum noch vorstellen. Es ist eine ernüchternde Tatsache, dass die Population der Haussperlinge in den letzten 25 Jahren auf weniger als die Hälfte gesunken ist.
Ein Teil der Landschaft ist unter Backstein und Mörtel verschwunden – teils, um die wachsende Bevölkerung unterzubringen, aber auch, weil durch vermehrten Wohlstand und übervölkerte Städte die Menschen mitsamt ihren Betrieben in das ländliche Umland abwanderten. Das Ergebnis ist die Verstädterung dieser Gebiete. Steigender

Die Landschaft verändert sich
Wenn sich landwirtschaftliche Flächen (o.) *verändern, suchen Vögel in Gärten und Parks* (l.) *Futter und Nistplätze.*

Bedarf an Bauland erzeugt auch hier eine hohe Bebauungsdichte, die nur noch Platz für handtuchgroße Grünflächen lässt. Das Gebiet, das von dieser neuen »Landbevölkerung« beansprucht wird, dient vielen Tierarten als Zuflucht, da die verbliebene Landschaft durch die mechanisierte Landwirtschaft für sie immer unattraktiver wird.

In manchen Gärten ist die Tierwelt jedoch durch den Gärtner, der exotische Pflanzen auf Kosten aller anderen Lebewesen pflegt, genauso bedroht. Der »gepflegte« Garten kann eine ökologische Wüste sein, wo sogar der Regenwurm ausgemerzt wird, weil er mit seinen Erdhäufchen den Rasen verunstaltet. So überrascht es nicht, dass Vögel, die Früchte fressen und Knospen abreißen, als »Schädlinge« angesehen werden. Wenn sogar die Blaumeise sich unbeliebt macht, weil sie Erbsen und Brombeeren stiehlt, muss ein Vogel schon so unschuldig wie das Rotkehlchen sein, um als »Freund des Gärtners« zu gelten.

»Schädling« *Der Dompfaff frisst zwar die Knospen, richtet aber selten Schäden an Bäumen an.*

• VOGELSCHUTZ •

Zum Glück für die Vögel ist diese extreme Einstellung nicht die Regel. Immer mehr Menschen ermuntern die Vögel, in ihre Gärten zu kommen. Aber können wir behaupten, dass die Art und Weise, wie wir unsere Gärten und Parks gestalten, zur Erhaltung der Tierwelt beiträgt? Es besteht kein Zweifel, dass die Grünflächen in bebauten Gebieten vielen Vögeln zugute kommen. Vor Tausenden von Jahren flog die Rauchschwalbe über hügeliges Grasland, um Insekten zu fangen und sie ihren Jungen in einer Felswand oder einem hohlen Baum zu bringen. In Gebäuden fand sie neue Nistplätze, ihre Verbreitung wurde gefördert. Vororte sind heute ein annehmbarer Lebensraum für die Schwalben – vorausgesetzt, die Luftverschmutzung hat nicht alle Insekten ausgerottet.

In den letzten Jahren suchen immer mehr Zeisige

Veränderung des Lebensraums *Einige Vögel können sich veränderten Lebensbedingungen gut anpassen: Die Rauchschwalbe lebt heute in der Nähe des Menschen, da sie in Gebäuden ideale Nistplätze findet.*

Ein Schnabel voll Insekten für die Jungen im Nest.

Neuzugang *Der Zeisig wurde erst vor einiger Zeit zum Gartenleben »bekehrt«. Er mag besonders Erdnüsse in roten Futternetzen.*

in Gärten und Parks nach Futter, wenn die Vorräte ihrer Lieblingsnahrung erschöpft sind. In Gärten erscheinen sie aber auch, um Erdnüsse und Fett zu fressen, wenn es in der freien Natur Samen noch in Hülle und Fülle gibt. Grünfinken profitieren von Sonnenblumenkernen, die jeden Winter in großen Mengen an den Futterstellen zur Verfügung stehen. Aber anstatt erst am Ende des Winters in die Gärten zu kommen, wenn im Freiland die Nahrung knapp wird, scheinen sich die Finken an die Mahlzeiten zu erinnern, die an den Futterstellen ausliegen, und kommen jeden Winter ein bisschen früher. So sind Gärten und Parks für viele Arten nicht nur Zufluchtsort in Notzeiten, sondern ein ganzjährig geeigneter Lebensraum.

• DIE WAHL DES LEBENSRAUMS •

Vögel aus anderen Lebensräumen verändern ihre Lebensweise und kommen in Städte und Dörfer, um aus dem neuen Habitat größtmöglichen Nutzen zu ziehen – der Mensch versorgt sie hier mit allem, was sie zum Leben brauchen. Die Zeisige verlassen sich, wie es scheint, lieber auf die Futternetze mit Erdnüssen, als selbst andere Nahrung zu suchen. Misteldrosseln haben sich neuerdings vielleicht deshalb in den Vororten ausgebreitet, weil sie auf den hohen Bäumen der Parks Singwarten finden. Für andere Arten stellen die städtischen Grünflächen nur Rückzugsgebiete dar, falls sich die Lebensbedingungen auf dem offenen Land

BESTANDSAUFNAHME DER IN GÄRTEN LEBENDEN VÖGEL

Der British Trust for Ornithology führt eine wichtige Bestandsaufnahme von Vögeln durch. Tausende Freiwilliger melden jede Woche die Vögel, die sie in ihrem Garten sehen. Die Ergebnisse sind wichtig, um die Verhaltensweisen der normalen Gartenvögel zu entschlüsseln.

Auf und ab *Die Singdrossel* (u.) *geht zurück, die Schwanzmeise* (r.) *ist häufiger in Gärten zu finden.*

Durch Beringung kann die Vogelpopulation erforscht werden.

verschlechtern. Haben die Vögel eine erfolgreiche Brutsaison mit vielen Nachkommen gehabt oder die Pflanzen nur wenig Samen und Früchte ausgebildet, erhöht sich für die Vögel der Konkurrenzdruck. Manche von ihnen verlassen deshalb im Herbst ihren natürlichen Lebensraum, um sich anderswo nach Nahrung umzusehen. Im Frühling entspannt sich die Lage wieder, und die zeitweiligen Besucher verlassen die Gärten

Vertrauter Anblick
Einer der bekanntesten Stadtvögel, die Amsel, frisst an einer Futterstelle Getreidekörner und trockene Brotkrumen.

und Grünflächen und kehren in die Wildnis zurück. Da die Lebensbedingungen von Jahr zu Jahr unterschiedlich sind, werden Sie in einem Winter viele verschiedene Vögel an den Futterstellen sehen, im nächsten jedoch weniger. Tannenmeisen z. B. sind bei ihren Besuchen recht unbeständig. Sie bleiben so lange in den Wäldern, bis ihnen dort das Futter ausgeht; in manchen Wintern tauchen sie deshalb überhaupt nicht im Garten auf. Ebenso treiben mangelndes Nahrungsangebot oder kaltes Wetter Bergfinken, Rohrammern, Rotdrosseln und Wacholderdrosseln, wenn sie aus Skandinavien in ihrem Winterquartier angekommen sind und über Land ziehen, hin und wieder in die Städte. Wenn ein Vogel nach dem Winter in einem Garten bleibt und dort auch nistet, hat er wahrscheinlich ein passendes Plätzchen gefunden, das alles bietet, damit er seine Brut erfolgreich aufziehen kann. So sind Amseln ein vertrauter Anblick in städtischen Vororten, wo sie dichter aneinander leben als in der freien Landschaft und auch mehr Junge großziehen. Wie ihr Verwandter, das Rotkehlchen, war auch die Amsel ursprünglich ein Waldvogel. Vor etwa 100 Jahren kam sie das erste Mal in die Städte und nimmt seither sogar deren Zentren in Besitz. Da die Stadt die richtigen Nistplätze und ein ausgewogenes Futterangebot aufweist, konnte sich die Amsel so kräftig ausbreiten. (Ich habe sogar einmal eine Amsel beobachtet, die Stechpalmenbeeren aus einem Kranz stahl, der als Dekoration an einer Haustür hing.)

Vögel können jedoch auch durch die zunehmende Bevölkerungsdichte auf dem Land dazu gezwungen sein, in unserer nächsten Umgebung zu leben. Wenn Vögel in ihrem natürlichen Lebensraum nicht genügend Nistplätze finden, stellen die Grünflächen der Städte und Dörfer das zweitbeste Revier dar. Überstehen beispielsweise nur wenige Zaunkönige einen harten Winter, leben diese anschließend hauptsächlich in Wäldern oder an Flussufern, woraus wir folgern können, dass für Zaunkönige ein Garten oder Park nur ein Lebensraum zweiter Wahl ist. Es gibt auch Anhaltspunkte dafür, dass Blau- und Kohlmeisen, die anfangs als typische Gartenvögel galten, in Gärten weniger erfolgreich brüten als in Wäldern. Sie legen weniger Eier und ziehen weniger Junge auf, weil es hier an Raupen und Spinnen, ihrer bevorzugten Nahrung, mangelt.

Auch wenn Gärten im Vergleich zu Waldgebieten und anderen natürlichen Lebensräumen schlechter abschneiden – sie sind eindeutig ein besserer Platz für Vögel als intensiv landwirtschaftlich genutztes oder dicht bebautes Land. Und es gibt verschiedene Ansatzpunkte, wie Sie Ihren Garten zu einem für Vögel attraktiven Lebensraum gestalten können.

·: DER VOGELFREUNDLICHE GARTEN :·

WENN SIE IN IHREM GARTEN – wie im Kapitel *Vogelschutz* beschrieben – Futter auslegen, Nistplätze schaffen und ein Vogelbad einrichten, werden sicher einige Vögel Ihren Garten besuchen. Wenn Sie jedoch einen wirklich vogelfreundlichen Garten planen und gärtnerisch so gestalten wollen, dass er zu einem optimalen Lebensraum für viele verschiedene Vogelarten wird, müssen Sie sich zeitlich und finanziell stärker engagieren.

· VÖGEL UND PFLANZEN ·

Wenn auf Ihrem Grundstück kleine Kinder oder Katzen spielen, lohnt es sich nur bedingt, einen vogelfreundlichen Garten zu planen. Auch wenn Sie ein pingeliger Gärtner bleiben wollen, wird es recht schwierig, Vögel anzulocken. Ein für Vögel geeigneter Garten ist vermutlich stärker verwuchert, als ein »ernsthafter« Gärtner dies zulassen könnte. So ist es z. B. kaum üblich, im Garten Kreuzkraut und Disteln wachsen zu lassen; damit können Sie aber Stieglitze anlocken. Rasen, den man ein wenig wachsen lässt, liefert Klee für Dompfaffen und Ringeltauben. Dagegen bietet ein gepflegter Garten den Vögeln wenig Futter und Schutz. Vielmehr laufen sie Gefahr, von gewissenhaften Gärtnern als Schädlinge betrachtet zu werden, wenn sie Obst als Nahrungsquelle nutzen.

Auf der vorherigen Seite habe ich beschrieben, dass Gärten normalerweise für viele Vögel einen minderwertigen Lebensraum darstellen. Menschen, deren Gärten mit ihren Futterstellen im Winter von den verschiedensten Vogelarten aufgesucht werden, sind mitunter überrascht, dass die Gäste im Frühjahr verschwinden, und oft gibt man Räubern die Schuld. In Wirklichkeit sind die Vögel nur an ihre bevorzugten Brutplätze zurückgekehrt.

Sorgfältige Gartenplanung *ist eine Voraussetzung für ein vogelfreundliches Umfeld.*

Sicheres Nest *Diese Amsel nistet erfolgreich in einer geschützten Ecke des Gartens.*

Damit mehr Vögel im Garten bleiben, sollten Anlage und Bepflanzung, wo immer das möglich ist, die Natur nachahmen. Ein ausgewachsener Garten verfügt über viele Merkmale, die sich auch am Waldrand finden. Dies ist ein guter Lebensraum für viele Vögel, die sich sowohl in Bäumen als auch am Boden aufhalten. Wie Bäume, Sträucher, Stauden und Gras ausgesucht und kombiniert werden können, um Vögel mit einer natürlichen Umgebung anzulocken, ist auf den folgenden Seiten beschrieben.

• GÄRTEN FÜR VÖGEL •

Bei der Planung eines vogelfreundlichen Hausgartens muss ein vernünftiger Kompromiss zwischen Vogel- und Gärtnerinteressen gefunden werden. Nur der leidenschaftlichste Vogelliebhaber wird büschelweise Riedgras pflanzen, um den Schilfrohrsänger zum Nestbau zu ermutigen, oder Löcher in die Hauswand schlagen, um Nistplätze für Mauersegler zu schaffen. Doch mit einer sorgfältigen Pflanzenauswahl und etwas Zurückhaltung beim Unkrautjäten oder Aufräumen schafft man eine Umgebung, die viele Vogelarten anspricht, ohne den Garten unansehnlich zu machen. Alte Gärten sind auf Grund ihrer ökologischen Vielfalt für Vögel eigentlich optimal. Ihre Bäume und Sträucher sind ausgewachsen, und der Zahn der Zeit hat am früher wohlgepflegten Erscheinungsbild genagt. Krautige Rabatten, ein kleiner Küchengarten, ein Rasenstück sowie Schuppen, alte Mauern und Holzstapel schaffen Winkel und Ritzen für Nist- und Schlafplätze. Hier finden die Vögel auch das vielseitigste Futter.

Zunehmend leben die Menschen jedoch in neuen Häusern auf kleinen Parzellen (die vielleicht einmal Teil eines großen Gartens waren) oder in neuen Siedlungen auf dem Land. Gärten sind hier zu Anfang oft nur ein eingezäuntes Stück kahlen Bodens, das zudem durch Baufahrzeuge

Mannigfaltige Gärten *Vielfalt ist ein Merkmal vieler vogelfreundlicher Gärten. Hier z. B. umgibt viel Laubwerk einen offenen Rasen.*

Pflanzenauswahl *Einige Pflanzen sind für bestimmte Vögel besonders anziehend. Stieglitze z. B. lieben Kardendisteln.*

Natürliche Lebensräume nachahmen *Viele Gartenbesucher sind Waldvögel. Eine Mischung aus Bäumen, Sträuchern und Beetpflanzen gleicht ihrer natürlichen Umgebung.*

verdichtet ist; doch kann so ein Garten einen guten Start erwischen, wenn darin noch eine alte Feldhecke oder ein ausgewachsener Baum steht. Was können Sie für Vögel tun, wenn Sie ein neues Grundstück mit aufgewühltem Boden und aufgetürmtem Bauschutt Ihr Eigen nennen und nicht nur ein Vogelhaus oder eine Vogeltränke aufstellen und Nistkästen in Bäumen aufhängen wollen? Jeder kann aus einem kahlen Stück Land einen vogelfreundlichen Garten machen. Er braucht allerdings Zeit, um zu wachsen. Dennoch können Sie schnell Erfolge erzielen, wenn Sie gut gewachsene Pflanzen kaufen, die rasch eine gute Ernte an Früchten und Samen erbringen. Feuerdorn, Zwergmispel, Holzapfel, Vogelkirsche, Efeu und Lavendel wachsen schnell, ziehen Insekten an und bieten Unterschlupf zum Nisten und Schlafen. Weitere Hinweise dafür, wie man Wildpflanzen setzt und Insekten anlockt, finden sich in Büchern über naturnahes Gärtnern.

Kleine Gärten *Ein Garten muss nicht groß sein, um Vögel anzuziehen. Pergolen, Spaliere und hängende Körbe können genutzt werden, um weitere senkrechte Flächen zu schaffen.*

• WASSERSTELLEN •

Baden *Wenn Sie in Ihrem Garten ein Vogelbad oder eine Wasserstelle einrichten, können Sie die Badegewohnheiten der Vögel beobachten, die so ihre Federn reinigen.*

Wasserstellen sind ein wichtiger Teil jedes Gartens, sei er nun groß oder klein. Viele Vögel nutzen Bäder und Teiche zum Trinken und Baden, aber Wasserstellen können sogar kleine Wasservögel anlocken, von Stockenten bis zu Eisvögeln. Wie einfache Vogelbäder und Teiche angelegt werden, ist auf den Seiten 54/55 beschrieben.

Wasserstellen können für Vögel interessanter gemacht werden, indem man einen Springbrunnen installiert; und Wassersprüher oder ein kleiner Wasserfall machen die Attraktion unwiderstehlich. Teiche, Wasserpflanzen und Randbepflanzung setzen auch in gartenbaulicher Hinsicht einen Akzent. Einige dieser Pflanzen liefern Futter oder Nistmaterial für Vögel. Von noch größerem Nutzen sind sie für Bachstelzen und andere Vögel, die in der feuchten Erde am Teichrand Insekten und Regenwürmer finden können.

• BÄUME •

Kleiber *In einer Nachbarschaft mit großen Bäumen können sich Kleiber ansiedeln.*

Bäume, besonders solche, die vielen Insekten Lebensraum geben und dazu auch noch Früchte tragen, sind sehr wichtig. Für Kleiber, Baumläufer und Spechte sind sie geradezu lebensnotwendig. Einheimische Bäume sind am besten geeignet, besonders die Eiche, die mehr Insektenarten ein Zuhause bietet als – in dieser Reihenfolge – Weide, Birke und Weißdorn. Bäume wie Rotbuche, Esche, Erle und Haselstrauch tragen wertvolle Samen und Früchte. Nadelbäume wie Kiefer, Fichte und Lärche bieten den Vögeln Schutz; ihre Zapfen enthalten Samen, und zwischen ihren Nadeln beherbergen sie unzählige Insekten. Ausgesprochen beliebt sind Nadelbäume bei den Wintergoldhähnchen. Die Früchte von Wildkirsche, Eberesche und Holunder werden im Herbst und Winter schnell von Vögeln abgeerntet. Der Apfelbaum ist vielleicht für Mensch und Tier der nützlichste Baum im Garten. Wenn er nicht gespritzt wird, leben darauf viele Insekten. Seine essbaren Früchte kann man im Herbst und Winter mit einer Vielzahl von Vögeln teilen.

Kirschblüte *Insekten, die sich im Frühling vom Nektar der zahlreichen Blüten ernähren, locken Insekten fressende Vögel an.*

BÄUME, DIE VÖGEL ANZIEHEN

Erle *Die Samen sind besonders bei Zeisigen beliebt. Erlen wachsen auf sumpfigem Grund.*

Birke *Einige Vögel fressen Birkenkätzchen, sehr viel mehr lieben die Samen.*

Haselstrauch *Meisen können die harte Schale der Haselnuss knacken.*

Weide *Vögel fressen die Blüten, Knospen und Samen. Insekten gibt's als Zugabe.*

• STRÄUCHER UND KLETTERPFLANZEN •

Efeu *Die Blüten dieser Kletterpflanze locken im Herbst Insekten an. Die Beeren, die im Winter folgen, sind eine nützliche Futterquelle.*

Ein Strauch ist eine holzige Pflanze und ähnelt einem kleinen Baum. Die Zweige des Strauches wachsen jedoch nahe der Erde, während ein Baum einen Stamm hat, der in einigem Abstand vom Boden Äste austreibt. Sträucher können allein stehen oder als »Zwischenetage« unter Bäumen. Die Kombination von Sträuchern und Bäumen ist sehr gut für Vögel. Sträucher bieten wertvollen Schutz und ermöglichen es den Vögeln, in Sicherheit zu nisten und zu schlafen. Viele Sträucher tragen außerdem Beeren, die ein bevorzugtes Vogelfutter sind, besonders im Herbst und Winter.

Es steht eine breite Auswahl von Sträuchern zur Verfügung, die auf unterschiedlichem Boden und unter verschiedenen klimatischen Bedingungen gedeihen. Eine vielfältige Zusammenstellung ist in gartenbaulicher Hinsicht attraktiv und von größtem Nutzen für die Vögel. Zwergmispel und Feuerdorn werden von Drosseln, Staren und Seidenschwanz bevorzugt, während dornige Sträucher wie Berberitzen eine Schwanzmeise zum Nisten verlocken können.

Kletterpflanzen ranken sich an Gegenständen oder anderen Pflanzen empor. Sie bieten die gleichen Möglichkeiten wie Sträucher als Nahrungsquellen und Schutz, benötigen aber weniger Platz. Mauern, Zäune und alte Baumstümpfe können für Vögel attraktiver gemacht werden, wenn sie als Kletterhilfen für Pflanzen wie Efeu, Geißblatt und Clematis genutzt werden. Dichter Bewuchs dient Vögeln zum Nisten und Schlafen. Efeu ist besonders nützlich, weil er spät im Jahr blüht und Früchte trägt, so dass er Winterfutter liefert, wenn andere Beeren bereits abgeerntet sind.

STRÄUCHER, DIE VÖGEL ANLOCKEN

Geißblatt *Aus den zarten Blüten des Geißblatts werden essbare Beeren.*

Feuerdorn *Dieser immergrüne Strauch trägt kleine Beeren zwischen den Blättern.*

Heidekraut *Finken fressen die Samen, die dieser bodendeckende Strauch hervorbringt.*

Lavendel *Dieser bei Stieglitzen beliebte, duftende Strauch gedeiht gut in der Sonne.*

• HECKEN •

Gemischte Hecke *Diverse Pflanzen in einer Hecke liefern eine Futterauswahl für Vögel.*

Eine Hecke, die aus dicht stehenden, beschnittenen Bäumen und Sträuchern besteht, bietet Schutz vor geflügelten Räubern, z. B. Sperbern, und hält Nistplätze für viele Vögel bereit. Wenn man das Unterholz stehen lässt, gewährt eine Hecke auch Heckenbraunellen und Zaunkönigen Unterschlupf. Weißdorn ist eine erstklassige Heckenpflanze, weil er rasch wächst und robust ist, aber Stechpalmen, Eibe und wilder Liguster, die reichlich Beeren hervorbringen, folgen kurz dahinter. Größere Vielfalt lässt sich herstellen, wenn man auch Haselstrauch oder Schwarzdorn pflanzt. Die Fichte ist ein schnell wachsender Baum, der oft als wirkungsvolle Abschirmung benutzt wird. Wenn sie ungehindert wachsen kann, beschattet sie bald den Garten. Außerdem liefert sie wertvollen Schutz sowie Futter in Form von Zapfen und Insekten.

Hecken sind darüber hinaus ein nützlicher Windschutz, der empfindliche Pflanzen im Garten abschirmt. Sie erfüllen die Aufgabe besser als massive Zäune, weil sie keine Luftwirbel erzeugen, sondern den Wind abbremsen, wenn er durch sie streicht.

Futtertransport *Dieser Zaunkönig hat in einer Hecke Insekten für seine Brut gefangen.*

HECKENPFLANZEN

Schwarzdorn *Die frühe Blüte lockt im Frühjahr erste Insekten an.*

Stechpalme *Trägt nur Beeren, wenn weibl. und männl. Pflanzen zusammenstehen.*

Liguster *An einem ungestutzten Liguster folgen Beeren auf die zarten Blüten.*

Weißdorn *Die Mehlbeeren reifen an Zweigen, die älter als ein Jahr sind.*

• BLUMENBEETE •

Blumenbeete bieten Vögeln, die sich von kleinen Tieren ernähren, einen großartigen Futterplatz. Sie locken Vögel wie Rotkehlchen und Heckenbraunellen an, die Insekten und Spinnen fressen; frisch umgegrabene Erde oder eine Mulch- oder Kompostschicht wird von Amseln nach Würmern und Insekten durchkämmt. Die Rabattenpflanzen selbst sind im Allgemeinen keine reichhaltigen Futterquellen für Vögel, manche Arten können aber für Samenfresser, z. B. Buchfinken, nützlich sein. Wenn Sie genügend Platz in Ihrem Garten haben, lassen Sie in einer abgelegenen Ecke einige Wildkräuter wachsen, damit die Vögel deren Samen fressen können, z. B. Vogelknöterich, Gänsedistel und Brennnessel.

Futterplatz *Die Erde in Beeten birgt viele Tierchen für Vögel wie dieses Rotkehlchen.*

Frühlingsbeete Frühe Blumen erhellen nach dem düsteren Winter den Garten – ebenso wie die Aktivität der Vögel, die in den Garten kommen, um ein Nest zu bauen. Sie kündigen die wärmeren, helleren Tage an. Vögel brauchen in dieser Zeit, wenn sie ihr Revier verteidigen, Nester bauen und Eier legen, viel Futter. Insekten sind wichtig für nistende Vögel, und einige Blumen, beispielsweise die Blaukissen, liefern die ersten Blattläuse für Meisen und Grasmücken. Löwenmaul, Steinkraut und Stiefmütterchen bringen bald frühe Samen für den Dompfaff hervor.

Herbstbeete Die Aussaat spät blühender Pflanzenarten hilft, die Farbe im Garten bis in den Herbst hinein zu bewahren. Die Blütezeit einiger Sommerblumen kann verlängert werden, indem man sie nach der ersten Blüte beschneidet. Pflanzen, die im Herbst Beeren tragen, bieten auch den Vögeln ein Festmahl. Früher schnitten die Gärtner die Stängel winterharter Pflanzen nach der Blüte ab. Die neue Methode, die toten Stängel und das Laub wegen ihrer Farbe und Form stehen zu lassen, ist von Nutzen für die Vögel, die ihre Samen fressen und nach Insekten suchen.

PFLANZEN FÜR DAS FRÜHJAHRSBEET

Vergissmeinnicht *Finken fressen die Samen der wilden und kultivierten Arten.*

Sonnenblume *Die Samen einer verblühten Sonnenblume ziehen viele Vögel an.*

Stiefmütterchen *Dompfaffe und Meisen suchen oft die Samen der Stiefmütterchen.*

Blaukissen *Ein Teppich von Blaukissen zieht Insekten für kleine Vögel an.*

BLUMEN FÜR DAS HERBSTBEET

Mauerpfeffer *Der Nektar dieser Pflanze lockt Insekten an.*

Fuchsschwanz *Die Samenstände nähren Meisen und Finken.*

Schafgarbe *Finken und Meisen fressen Samen und Insekten.*

Kornblume *Diese Blumen tragen im Herbst essbare Samen.*

• RASEN •

Jäger im Rasen *Mit schnellen Schnabelstößen zieht die Singdrossel Regenwürmer aus der Erde.*

Der Rasen ist ein wichtiges Jagdgebiet für viele Vögel. Sing- und Misteldrosseln, Amseln und Stare suchen hier nach Würmern und Schnakenlarven. Sie machen auf ganz unterschiedliche Art Beute: Drosseln und Amseln jagen verstohlen, hüpfen und bleiben stehen, um nach Beutetieren Ausschau zu halten, während Stare mit schnellen Schritten vorwärts schreiten, mit ihren Schnäbeln tief in den Boden stoßen und ihre Beute herausziehen. Sie können Heckenbraunellen und Bachstelzen beobachten, die kleine Insekten aufpicken, oder Grünspechte, die nach Ameisen suchen.

Wenn Sie Ihren Rasen bei Trockenheit sprengen, kommen die Regenwürmer an die Erdoberfläche und die Vögel in den Garten. Ringeltauben kommen, um Klee zu fressen, und später Dompfaffen, die die Kleesamen verzehren. Um die Bäume herum können Sie den Rasen immer stehen lassen. Das lange Gras gibt vielen Kleintieren, die von Vögeln gefressen werden, Unterschlupf. Gräser, Disteln, Kreuzkraut, Flockenblume und andere Wildpflanzen können dann auch Samen für die Finken ansetzen.

PFLANZEN FÜR DEN RASEN

Klee *Auch in oft gemähtem Rasen siedelt sich Klee an.*

Kreuzkraut *Diese Samen findet man häufig in hohem Gras.*

Butterblume *Vögel fressen Blätter und Samen dieser Pflanze.*

Distel *Finken fressen die Samen von verblühten Disteln.*

NATÜRLICHE FUTTERQUELLEN

OBWOHL FUTTERSTELLEN DER EINFACHSTE und sicherste Weg sind, um Vögel anzulocken, kann es interessanter und lohnender sein, den Garten so zu planen, dass natürliche Futterquellen zur Verfügung stehen. So kann man das Fressverhalten diverser Vogelarten beobachten.

TIERE

Raupen *Einige Raupen (z. B. die hier abgebildeten) sind für Vögel ungenießbar, aber andere sind ein bevorzugtes Futter für Nestlinge.*

Gut gepflegte Gärten sind für Kleinlebewesen nicht gerade förderlich. Zu oft haben Gärtner nur das Ziel vor Augen, so viele Insekten, Schnecken und Blattläuse wie möglich zu vernichten. Abgesehen von der Gefahr, dass Vögel die vergifteten Schädlinge fressen könnten, verringert der Mangel an Insekten die Überlebenschancen der Nestlinge. Denn sogar die meisten Samen fressenden Vögel brauchen besonders dann Insekten und anderes Getier als Futter, wenn sie Junge zu versorgen haben. In üppiger Vegetation gibt es meist viele Insekten, die für eine erfolgreiche Brut benötigt werden. Obgleich niemand, der nach gartenbaulicher Vollkommenheit strebt, Kohl als Kinderstube für Raupen anbauen wird, ist es doch andererseits möglich, Insektenplagen auch dadurch im Zaum zu halten, dass man Vögel in den Garten lockt und sie zum Bleiben ermutigt, indem man Futter auslegt und Vogelkästen anbringt. Normalerweise können Vögel Schädlinge nicht unter Kontrolle halten. Wenn überhaupt, funktioniert es anders herum: Die Zahl der Insekten bestimmt die Zahl der Vögel, denn die verhungern, wenn Futter knapp ist, und wenn es später von Schädlingen wimmelt, sind zu wenig Vögel da, um ihre Zahl nennenswert zu verringern.

Insekten und andere Tiere *Ein ausgewachsener Garten bietet Vögeln eine reiche Auswahl von Kleintieren.*

• PFLANZEN •

Blätter *Vögel fressen selten Blätter, weil diese schwer verdaulich sind. Ringeltauben bilden da eine Ausnahme.*

Die Tatsache, dass viele Menschen Vögel in Garten oder Park beobachten, hat unsere Kenntnisse über vogelfreundliche Pflanzen sehr verbessert. Mittlerweile ist es möglich, eine Gartenbepflanzung mit Blick auf Vögel anzulegen. Doch Vorsicht: Die richtigen Pflanzen sind keine Erfolgsgarantie. Man weiß z. B., dass Goldfinken Lavendelsamen fressen, aber wenn man Lavendelbüsche pflanzt, kommen sie deshalb noch nicht notwendigerweise in den Garten. Wenn es Goldfinken in Ihrer Gegend gibt, erhöht Lavendel allerdings die Chance, sie zu Gesicht zu bekommen – und Lavendel ist ja auch für sich genommen eine schöne Gartenpflanze.

Je größer die Pflanzenvielfalt im Garten, desto wahrscheinlicher ist es, dass Vögel angelockt werden. Feuerdorn, Efeu, Holunder und Geißblatt sind z. B. verlässliche Futterquellen für Vögel. Andere Pflanzen sind zwar nicht so sehr von unmittelbarem Interesse, sollten aber aus gartenbaulichen Gründen nicht fehlen.

Einige Vögel hängen stärker von Pflanzen ab als andere. Dompfaffe sind zwar keine normalen Gartenvögel, aber sie sind spezialisierte Samenfresser, die sich von den verschiedensten Pflanzen ernähren. Die Pflanzen in Ihrem Garten können auch unerwartete Gäste anlocken. Die Grauammer z. B. ist dafür bekannt, dass sie Gärten aufsucht, um gelbes Steinkraut zu fressen.

Samen *Für viele Vogelarten sind Samen eine wichtige Nahrungsquelle. Sogar Meisen, die gewöhnlich Insekten fressen, ernähren sich im Winter von Samen.*

Saftige Früchte *Viele Pflanzen bilden Früchte, für Vögel eine reichlich vorhandene und leicht zu erschließende Quelle energiereichen Futters.*

Nüsse *Die harten Nussschalen sind schwer zu knacken, aber die Mühe lohnt sich, denn Nüsse haben einen hohen Fett- und Eiweißgehalt.*

WELCHE ARTEN LEBEN IM GARTEN?

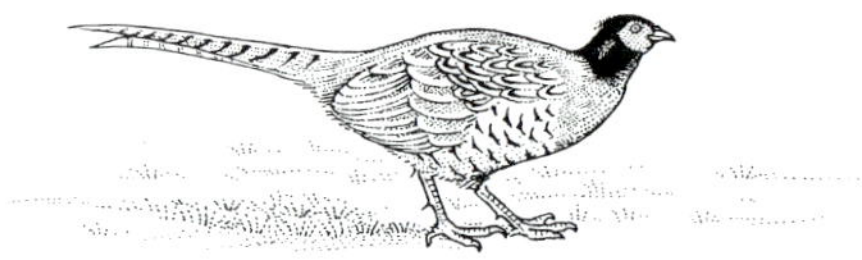

ES HÄNGT VON DER LAGE eines Gartens ab, wie viele Vogelarten ihn besuchen. In ländlicher Umgebung kommen mehr Vogelarten regelmäßig in einen Garten als im Stadtzentrum. Welche und wie viele Vögel einen ländlichen Garten besuchen, hängt zum einen von der umgebenden Landschaft (Wald, Ackerland, Sumpfgebiet) ab, zum anderen von der Jahreszeit.

DIE VIELFALT DER VOGELWELT

Früher lebte ich an der Westküste Schottlands und sah oft eine Wasseramsel oder einen Graureiher an dem Bach, der meinen Garten durchfloss, während sich ein Bussard hin und wieder auf dem Zaun niederließ und Waldschnepfen regelmäßig an Sommerabenden über den Garten hinwegflogen. Sogar Silber-, Herings- und Sturmmöwen, die in der Umgebung nisteten, besuchten mein Futterhaus, aber Haussperlinge und Stare blieben weg. Später, als ich in Ostengland wohnte, kamen Turmfalken, Goldammern, Hänflinge und Dorngrasmücken aus dem umgebenden Ackerland und Mehlschwalben in meinen Garten.

Welche Vogelarten Ihren Garten besuchen, hängt also ganz davon ab, wo Sie leben. Es können jedoch immer wieder einmal ungewöhnliche oder seltene Vögel im Garten auftauchen oder auch nur zufällige Besucher, die auf der Wanderung nach Süden durch schlechtes Wetter von ihrem Kurs abgebracht wurden. Man kennt über 100 Vogelarten, die in Gärten an Futterstellen fressen.

Heringsmöwe *Jedes Gebiet hat seine ganz besondere Vogelpopulation. Diesen engen Verwandten der Silbermöwe konnte ich in meinem Garten in Schottland beobachten, wie er sich Bissen vom Futtertisch holte.*

Vögel, nach denen man Ausschau halten sollte *Unter den Vögeln, die seltene Besucher sind, könnte das Teichhuhn* (oben) *von nahen Wasserläufen kommen, während ein Gartenteich einen Graureiher* (links) *anlocken kann.*

• HÄUFIGE GÄSTE •

Ein »Durchschnitts«-Garten wird regelmäßig von 15 bis 20 Vogelarten besucht; in Städten ist die Zahl etwas geringer als auf dem Land. Es handelt sich dabei um die häufigsten Vogelarten. Je nach Lage wird ein Garten von etwa zehn weiteren Arten gelegentlich besucht.

Im Winter 1987/88 führte der British Trust for Ornithology eine Untersuchung über häufige europäische Gartenvögel durch. Dabei wurde festgestellt, dass insgesamt 118 Arten 293 Gärten zwischen Finnland und Portugal besuchten. Die zwölf häufigsten Gäste waren: Kohlmeise, Amsel, Haussperling, Blaumeise, Rotkehlchen, Buchfink, Grünfink, Elster, Feldsperling, Türkentaube, Zaunkönig und Heckenbraunelle. Es gab regionale Unterschiede: In britischen Gärten konnte man z. B. an Stelle von Feldsperling und Zaunkönig den Star und die Singdrossel beobachten.

Seit 1994 verzeichnen Tausende von Freiwilligen die Vögel in ihren Gärten für eine Bestandsaufnahme des British Trust for Ornithology's Garden Bird Watch. Im Herbst 1998 waren die zehn häufigsten Vögel in Großbritannien in dieser Reihenfolge: Blaumeise, Rotkehlchen, Amsel, Kohlmeise, Haussperling, Buchfink, Heckenbraunelle, Türkentaube, Grünfink und Star. In anderen Jahreszeiten sind es dieselben Vogelarten, aber ihre Reihenfolge ändert sich. Amseln z. B. führen im Winter regelmäßig die Liste an. Weiter unten gibt es immer wieder Veränderungen. Wintergäste wie Zeisig und Bergfink sieht man in manchen Wintern öfter als in anderen. Die Untersuchung gibt außerdem Auskunft über langfristige Veränderungen, etwa die sinkende Zahl von Singdrosseln.

In Westeuropa hat jeder einzelne Garten seine eigene Artenliste, die von seiner besonderen Lage abhängt. So kommen z. B. Wintergoldhähnchen und Tannenmeisen gern in Gärten, in denen es Nadelbäume gibt, während Kleiber und Buntspecht einen Lebensraum mit alten Laubbäumen benötigen.

Gewohnter Anblick *Der Buchfink ist überall ein häufiger Gartenbesucher.*

Neuankömmling *Die Türkentaube, einst selten in Europa, hat sich schnell ausgebreitet und gehört nun zu den häufigsten Stadtvögeln.*

• DIE BESUCHER IM LAUF DER JAHRESZEITEN •

Abgesehen von den ganzjährigen Bewohnern können drei Kategorien von Vögeln in Ihrem Garten auftauchen: Wintergäste, Brutvögel und im Frühjahr und Herbst Zugvögel auf der Durchreise. Es gibt einige Überschneidungen, da Meisen, Rotkehlchen, Amseln und andere Vögel, die im Winter die Futterstelle besuchen, manchmal auch im Garten brüten. Trotzdem können Sie gut beobachten, wie sich das Vogelleben im Garten mit den Jahreszeiten ändert.

Am Ende des Winters verschwinden einige Vögel ganz aus Ihrer Nachbarschaft. Entweder ziehen sie zu ihren oft weit entfernten Brutgebieten, wie Wacholderdrossel und Rotdrossel, oder sie kehren in ihren natürlichen Lebensraum zurück, wie die Rohrammer, einige Zaunkönige und Meisen. Sie werden von den Sommergästen wie Grauschnäpper, Rauch- und Mehlschwalbe abgelöst. Während im Winter viele Vögel zur Futtersuche in den Garten kommen, ist ihre Zahl im Frühjahr und Sommer durch das Revierverhalten begrenzt; manche Vögel verschwinden dann ganz. In einem Jahr konnte ich in meinem Garten einige Vögel beobachten, die sangen, Weibchen umwarben und Nistmaterial sammelten, aber alle bis auf ein Starenpaar bauten ihre Nester dann in benachbarten Gärten. Ein Trost war, dass die gerade flügge gewordenen Jungvögel mit ihren Eltern oft zum Fressen kamen.

Eine weitere Bereicherung erhält das Gartenleben durch Vögel, die auf ihrem Zug von und nach Süden dort Halt machen. Im Spätsommer und Herbst sieht man auch erst vor kurzem selbstständig gewordene Jungvögel, die ausschwärmen, um sich ein eigenes Revier zu suchen. In dieser Jahreszeit können die verschiedensten Vogelarten im Garten auftauchen. Im

Der Zeitplan im Garten *Der unscheinbar gefärbte Grauschnäpper, der hier seine Jungen in einem Schuppen* (links) *füttert, kommt bei uns erst spät an, während die Bachstelze* (unten) *das ganze Jahr über bleibt.*

Ganzjährig bei uns anzutreffen *Der Sperber ist ursprünglich ein Vogel des Waldes und der Hecken. Heute geht der Greifvogel auch in Gärten und Parks auf Jagd.*

Frühling können Sie z. B. Zilpzalp und Fitis sehen, die Rosen nach Blattläusen absuchen. Nach der Brutzeit (ab Juli oder August) können Sie diese Zugvögel leichter erkennen, da sie dann hin und wieder singen, wenn sie im Garten Zwischenstation machen, um sich satt zu fressen, ehe sie gen Süden ziehen.

Umzug im Frühling *Der Zilpzalp* (oben) *kommt früh an und nistet manchmal in einem Garten. Die Rohrammer* (links) *verlässt menschliche Siedlungen nach dem Winter.*

• SELTENE GÄSTE •

Fast jede Vogelart wurde schon irgendwann einmal in einem Garten gesehen. Rechnet man entflohene Käfigvögel dazu, enthält die Liste auch Papageien, Kanarienvögel und Astrilde. Die Zeit des Vogelzugs kann ein paar ganz ungewöhnliche Besucher, die vom Kurs abgekommen sind, in den Garten bringen. So wurden z. B. in Großbritannien schon Krabbentaucher beobachtet (Seevögel, die mit dem Papageitaucher verwandt sind, in der Arktis brüten und normalerweise auf offener See im Nordatlantik überwintern), Kronwaldsänger, die nonstop von Amerika hergeflogen sein müssen, und Rohrdommeln, die ein eisiger Winter aus dem Schilf vertrieben hat. Man weiß nie, wer im Garten auftaucht: Es könnte ein Wellensittich aus dem Nachbarhaus sein oder auch eine exotische Art, die zum ersten Mal in Europa gesichtet wird. So hat sich ein amerikanischer Goldflügelwaldsänger 1988 in einer Wohnsiedlung in Südengland niedergelassen. Mehr als 3000 Vogelbeobachter aus ganz Europa haben den Vogel bestaunt!

Sollte einmal eine ungewöhnliche Art in Ihrem Garten auftauchen, notieren Sie sich Details zum Aussehen, und versuchen Sie, einen Vogelkenner aufzutreiben, der den Vogel bestimmen kann, bevor er wieder verschwindet. Wenn es sich um eine echte Rarität handelt, müssen Sie darauf gefasst sein, den Gastgeber für Scharen begeisterter Vogelfreunde zu spielen.

Wellensittiche
Diese kleinen Papageien brechen oft aus der Gefangenschaft aus.

VÖGEL IN DER STADT

DAS BEOBACHTEN VON VÖGELN in Stadtgärten ist zwar nur ein kläglicher Ersatz für die Erkundung in der freien Natur, aber Sie können dennoch Ihren Horizont in Bezug auf die Vogelbeobachtung erweitern, wenn Sie aus dem Gartentor treten. Haben Sie nur einen kleinen oder überhaupt keinen Garten, können Sie in Parks und auf Plätzen, aber auch auf unbebauten Grundstücken oder in der Stadt Vögel beobachten.

VOGELBEOBACHTUNGEN IN DER STADT

In den letzten Jahren ist das Interesse am Tierleben in der Stadt sehr gewachsen, da sich immer mehr Bewohner über ihre Umgebung Gedanken machten. Man wollte verhindern, dass Stadtgebiete völlig unter Asphalt und Beton verschwinden, und versuchte, das Tierleben in Naherholungsgebieten und Privatgärten zu erhalten. Denn viele Vögel akzeptieren bebaute Gebiete durchaus als Lebensraum. Es gibt für sie sogar einige Vorteile: Die Lufttemperatur ist einige Grade höher als auf dem Land, und durch die Straßenbeleuchtung können die Vögel abends länger fressen. Für Vogelliebhaber haben Stadtvögel einen großen Vorteil: Sie sind nicht scheu, so dass man sich ihnen leicht nähern kann, um sie zu beobachten.

Stadt-Kormoran *Ein Kormoran putzt sich während des Trocknens. Dieser Seevogel mit der aufrechten Haltung ist im Winter auch an Seen zu beobachten.*

Aus der Hand *Die Gewöhnung an Menschen macht einige Arten, z. B. diese Haussperlinge, handzahm.*

• STADTZENTREN •

Ein Park mit altem Baumbestand gibt vielen Vogelarten ein Zuhause. Eine offene Wasserfläche – ob Fluss, Kanal, angelegter See, Wasserreservoir oder überflutete Kiesgrube – weist jedoch die größte Vogelvielfalt auf. Nur in den Innenstädten, wo es fast kein Fleckchen Grün mehr gibt, finden Vögel kaum Lebensraum. Aber sogar dort sind Haussperlinge, Stare und Straßentauben (vielleicht auch Dohlen und Möwen) zu sehen – Arten, die auf Gebäuden nisten und sich von Abfällen ernähren. Diese Vögel werden für die städtischen Behörden oft zu einem Problem, da ihr Kot zum Gesundheitsrisiko werden kann. Die größeren Vögel verursachen manchmal zusätzlichen Ärger, wenn sie bei der Futtersuche Abfallbehälter leeren oder Müllsäcke aufreißen, die zur Abholung bereitstehen.

Vogelarten, die in Innenstädten leben, passen ihr Verhalten der Nähe zum Menschen an. Haussperlinge sind die Vögel, die sich in Stadtzentren am heimischsten fühlen. In Bahnhöfen und Lagerhäusern sind manchmal Spatzenpopulationen zu Hause, die dort über Generationen leben, ohne jemals in die Umgebung zu fliegen. Tauben laufen keck zwischen den Füßen der Menschen herum und werden auf öffentlichen Plätzen zur Touristenattraktion, obwohl die Stadtverwaltungen versuchen, ihre Zahl zu begrenzen. Erstaunlich ist das Phänomen, dass Stare sich bisweilen an Schlafplätzen in der Stadt versammeln: Wenn die Dunkelheit hereinbricht, kommen die Vögel von ihren Futterplätzen, die über 25 km entfernt liegen können, in die Stadt zurück, um sich zu Tausenden in Bäumen und auf Gebäuden zu sammeln und die Luft mit ihrem Pfeifen und Schwatzen zu erfüllen.

In Siedlungen mit dichter Bebauung, die kennzeichnend sind für die Stadtentwicklung in den 60er und 70er Jahren, sind die Lebensbedingungen für Vögel fast genauso ungünstig wie in den Stadtzentren. Zwischen den Gebäuden findet man nur Rasenflächen mit wenigen Bäumen; Gärten mit dichtem Buschwerk, das den Vögeln Nahrung und Deckung bieten könnte, gibt es nicht. Unter solchen Bedingungen brüten nur wenige Arten. Nur ein paar Amsel- und Blaumeisenpaare finden sich noch ein.

Öffentliches Baden *Eine Gruppe Stadttauben badet am Rand eines Parkteiches, um sich Staub und Ruß aus dem Gefieder zu waschen.*

Stadtszenen *Eine Saatkrähe frisst Abfälle aus einem Müllsack* (oben)*, Stare warten schon. Die Silbermöwe* (rechts) *nistet auf Gebäuden und macht viel Dreck und Geschrei.*

• STÄDTE WERDEN ZUM LEBENSRAUM FÜR VÖGEL •

Während immer mehr Land bebaut wird und unberührte Landschaft zunehmend verloren geht, nimmt auch die Zahl der Vogelarten ab. Arten, die Wald oder weite, offene Flächen als Lebensraum brauchen, verschwinden. Die Vorhersagen der ersten Naturforscher, die die Auswirkungen des Städtewachstums beschrieben, waren pessimistisch: Diese Vögel würden ganz aussterben oder zu echten Raritäten werden. So wie es jetzt aussieht, hat sich jedoch eine überraschende Zahl von Arten behaupten können und sich auf das Stadtleben eingestellt. Einige Vögel haben sich sogar in den Städten angesiedelt.

Das riesige Stadtgebiet von Groß-London beispielsweise ist Heimat für über 50 brütende Arten, obwohl nicht alle in jedem Jahr dort nisten. London mit seinen großen Parks bietet Vögeln gute Lebensbedingungen. 21 nistende und 40 weitere Arten, die nicht hier brüten, wurden allein auf dem Gelände des Buckingham-Palastes beobachtet. Auch weniger exklusive Plätze konnten Besonderheiten vorweisen. So nistete z. B. ein Schafstelzen-Paar auf dem Gelände der alten Surrey Docks in Ost-London.

Stadtvogel *Im letzten Jahrhunderts hat sich der Hausrotschwanz in ganz Europa ausgebreitet und sich auch in Städten niedergelassen.*

Grundstücke, auf denen die Gebäude abgerissen wurden, bieten ebenfalls gute Lebensmöglichkeiten für Stadtvögel, da hier zahlreiche Wildkräuter wachsen und die Vögel relativ ungestört leben können. Der Hausrotschwanz hat wohl aus diesem Grund das Zentrum von London für sich entdeckt. Die ersten Aufzeichnungen von Rotschwänzen, die in London nisteten, stammen von 1926. Seit 1942 nahm die Zahl zu. In den Ruinen fanden die Vögel Spalten und Vorsprünge für ihre Nester, und sie ernährten sich von Mücken an Tümpeln und Bächen. Als der Wiederaufbau nach dem Zweiten Weltkrieg begann, nahm die Zahl der Rotschwänze ab, bis sie auf Industriegelände oder Lagerhäuser auswichen. Seither gedeiht die Population prächtig.

Leben im Abfall *Ein Blässhuhn übergibt beim Nestbau auf einem mit Müll verunreinigten Stadtkanal einen Zweig an seinen Brutpartner. Die Vögel stören sich weniger am Abfall als wir.*

Andere interessante Vögel haben sich in den Stadtzentren ausgebreitet. Die geringe Luftverschmutzung durch das Verbot ungefilterter Abgas-Emissionen ließ die Zahl der Insekten ansteigen, so dass Mauersegler, Rauch- und Mehlschwalben hier jagen und an Gebäuden nisten können. Gebäudevorsprünge dienen auch Turmfalken als Nistplätze. Sie ernähren sich wie die Waldkäuze

Stadtreinigung *Zum Brüten wird die Lachmöwe wahrscheinlich an die Küste zurückkehren.*

Vorstadtbewohner *Der Waldkauz ist in Parks und Vororten mit großen Grünflächen zu sehen.*

in den Parks und Vorstädten von Spatzen. Im Laufe des Jahrhunderts wurden Möwen – besonders die Lachmöwe – zu Stadtvögeln, die die Milane und Raben als Stadtreinigung ablösten. Die Silbermöwe nistet in manchen Hafenstädten sogar an Gebäuden (S. 31). Im Inland haben sie ihre Schlafplätze an den Stadträndern und fliegen zur Futtersuche in die Stadt.

• BINNENGEWÄSSER •

Bei weitem die meisten gefiederten Nachbarn kann man an den Ufern von Parkseen, überfluteten Kiesgruben oder Flüssen beobachten. Höckerschwäne, Stockenten, Teich- und Blässhühner sind weit verbreitet. Sie lassen sich füttern und sind oft sehr zutraulich. Gibt es einen Schilfgürtel, kommen auch Rohrammern und Teichrohrsänger vor. Wo das Wasser sauber ist, können Sie gelegentlich den Eisvogel entdecken. Graureiher jagen ebenfalls an Binnengewässern und haben z. B. in London, Amsterdam und anderen europäischen Städten Brutkolonien gebildet. Für Vogelbeobachter sind Vögel, die im Winter offene Wasserflächen besuchen, besonders interessant. Flottillen von Enten sammeln sich an sicheren Schlafplätzen, und unter den häufig vorkommenden Stock-, Reiher- und Tafelenten können Sie hin und wieder auch seltenere Besucher entdecken wie Blässgans, Kanadagans oder Zwergsäger.

Glücksfall *Den Eisvogel kann man an Bächen und Seen beobachten. Er lässt sich auf einem Zweig nieder, ehe er nach Fischen taucht.*

KAPITEL ZWEI

VOGELSCHUTZ

VÖGEL BRAUCHEN HAUPTSÄCHLICH drei Dinge zum Leben: Futter, Wasser und Deckung. Finden sie diese Lebensgrundlagen in einem Garten vor, besuchen sie ihn häufiger und erhöhen dadurch ihre Überlebenschancen. Auch wenn die natürlichen Gegebenheiten in Ihrem Garten für Vögel nicht ideal sind, können Sie einiges für sie tun, z. B. eine Futterstelle einrichten, ein Vogelbad regelmäßig mit Wasser füllen und Nistkästen für sie aufhängen. Im folgenden Kapitel erfahren Sie einiges über Futterstellen (und das dazugehörige Futter), Vogelbäder und Nistkästen, die man kaufen oder selbst bauen kann. Die Tipps zu Bau und Anwendung werden Ihnen helfen, Ihren Garten vogelfreundlich zu gestalten.

◁ *Die Blaumeise weiß ein Vogelbad zu schätzen*

WAS VÖGEL ZUM LEBEN BRAUCHEN

KÖNNEN SIE DIE GRUNDLEGENDEN Bedürfnisse der Vögel erfüllen, kommen diese auch gern in Ihren Garten. Auch wenn es in Ihrem Garten nicht viele natürliche Futterquellen für Vögel gibt, keine Wasserstelle und keinen alten Baumbestand mit Nistplätzen, können Sie die Lebensbedingungen für die Vögel verbessern, indem Sie Futter auslegen und ihnen Vogelbäder und Nistkästen anbieten. Beim Zusammenhämmern von ein paar Brettern zu einem Nistkasten oder Futterhaus lässt sich auch gleich das Bedürfnis zum Selbermachen befriedigen. Außerdem sind diese Werkstücke ein fabelhafter Einstieg für Neulinge im Umgang mit Holzarbeiten. Den Vögeln macht es nichts aus, wenn die Konstruktion nicht ganz perfekt ist.

VÖGEL FÜTTERN

Die Vögel füttern kann vieles bedeuten: dass man hin und wieder Brotkrumen aus dem Küchenfenster wirft, aber auch, dass man große Mengen Futter in entsprechenden Vorrichtungen verteilt. Das Futter ernährt die Vögel nicht nur, sondern verringert auch ihren Energieaufwand bei der Futtersuche. Dies ist besonders im Winter von Bedeutung, aber auch im Sommer, wenn die Vögel Junge haben.

Wie viel Zeit und Geld Sie in die Vogelfütterung investieren wollen, hängt auch davon ab, wie interessiert Sie an der Vogelbeobachtung sind und wie viel Zeit Sie dafür haben. Mein Arsenal an Vogelhäuschen ist z.B. strategisch günstig vor dem Fenster meines Arbeitszimmers platziert, und damit die willkommene Ablenkung von der Arbeit erhalten bleibt, sorge ich dafür, dass den ganzen Tag über genügend Futter vorhanden ist, um die Vögel zu einem Besuch einzuladen.

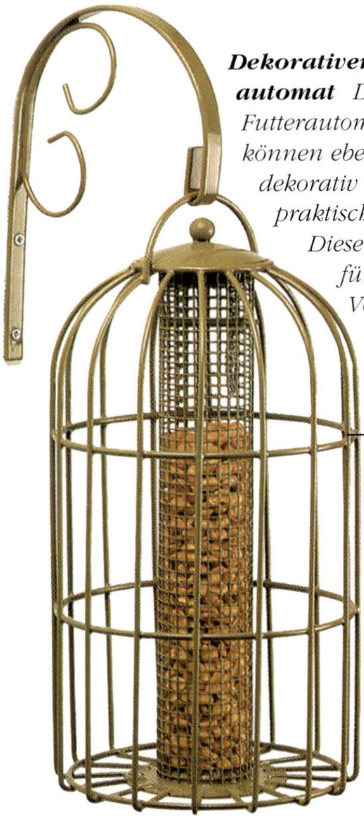

Dekorativer Futterautomat *Die neuen Futterautomaten können ebenso dekorativ wie praktisch sein. Dieser hier ist für kleine Vögel.*

Der Käfig hält Eichhörnchen und große Vögel ab.

Erdnussautomat *Einfach zu füllen und leicht zu reinigen; dieser Erdnussautomat lockt viele Vögel an.*

• WINTERFÜTTERUNG •

Viele Vogelfreunde vertreten die Ansicht, dass die Winterfütterung konsequent bis zum Frühling weitergeführt werden sollte. Falls man nicht ständig für Futter sorgen könne, solle man besser erst gar nicht damit anfangen. Das erscheint mir übertrieben. Futterhäuser machen den Vögeln das Leben zwar leichter und tragen dazu bei, dass sie in strengen Wintern überleben, aber kein Vogel verlässt sich nur auf eine einzige Futterquelle. Auch unter natürlichen Bedingungen müssen sich die Vögel auf ein wechselndes Futterangebot einstellen. Manchmal sind aber Vögel auf das Futterhaus angewiesen. Wenn besonders harte Witterungsbedingungen das Auffinden natürlicher Nahrung verhindern, sind gut gefüllte Futterhäuser wahre Lebensretter. Da diese Zeiten jedoch nie lange andauern, braucht man nicht gleich monatelang zu füttern. Auch in neuen, großen Wohnsiedlungen, in denen noch keine Gärten angelegt sind, brauchen die Vögel Futterhäuser, um ihren Bestand zu sichern. Vögel fressen nicht nur in einem einzigen Garten: Sie besuchen auf ihren täglichen Routen auch die Vogelhäuser in den Nachbargärten.

Notration *Der Seidenschwanz ist einer der Wintergäste im Garten, der in harten Zeiten gern eine Ergänzung seiner Nahrung annimmt.*

Winterfutter *Die Vögel wissen es zu schätzen. Versuchen Sie, so viel energiereiche Nahrung wie möglich bereitzustellen.*

Durch Futterhäuser wird die Population jedoch manchmal unnatürlich hoch. Beim Einstellen der Fütterung am Ende des Winters kann es dann zu Futtermangel kommen, wenn die Vögel nur noch auf natürliche Quellen zurückgreifen können. Für einige Vögel kann der Wettstreit mit ihren Nachbarn tödlich sein. Meiner Meinung nach wissen wir nicht genug über die Fressgewohnheiten der Vögel, um strikte Regeln aufstellen zu können, fühlen Sie sich also nicht schuldig, wenn Ihre Futterstelle eine Zeit lang leer bleibt.

• SOMMERFÜTTERUNG •

Viele Menschen stellen im Frühjahr und Sommer, wenn einige interessante Vögel wie Erlenzeisige und Wacholderdrosseln in ihre Brutgebiete abwandern und andere Arten zum Nisten aufs Land zurückkehren, die Fütterung ein. Die Arten, die im Garten bleiben, stellen sich dann wieder auf das natürliche Nahrungsangebot um und ignorieren den Futtertisch. Aber wie auf Seite 16 beschrieben, kann man sich nicht unbedingt darauf verlassen, dass der Garten gute Futterquellen bietet. Wenn Meisen

Futterquelle *Eine Meisenglocke mit leicht verfügbarem und nahrhaften Futter kann für Vögel, die Junge großziehen, ein Lebensretter sein.*

und andere Arten in den Nistkästen in Ihrem Garten brüten, sollten Sie während der gesamten Nistperiode dafür sorgen, dass deren Familien genug zu fressen haben. Legen Sie dann jedoch nur Futter aus, das den Nestlingen nicht schadet. Einige Vögel füttern ihre Jungen ohnehin nicht mit der gleichen Nahrung, die sie selbst fressen. Sie holen z. B. für sich selbst Nahrung am Futterhaus, suchen für ihren Nachwuchs aber natürliches Futter. Probleme entstehen dann, wenn das natürliche Futterangebot knapp ist und die Vogeleltern ihre Nestlinge mit trockenem Brot, Kokosnussstückchen oder Erdnüssen füttern, an denen diese leicht ersticken können. Haben Sie während der Brutzeit mit dem Füttern aufgehört, fangen Sie am besten gleich wieder damit an, wenn die Nestlinge da sind. Diese werden von den leicht zugänglichen Mahlzeiten profitieren.

Futterholz *Vögel, die im Sommer bleiben, nehmen dann auch Futter an.*

Mehlwürmer *Mehlwürmer können ein wichtiges Angebot während der Brutzeit sein, wenn natürliches Futter knapp ist.*

• WASSER •

Vogelbad *Ein Vogelbad ist eine solche Attraktion, dass sommers wie winters ein regelmäßiges Nachfüllen erforderlich ist.*

Vögel brauchen Wasser – zum Trinken und zum Baden. Vogelarten, die sich von Würmern, Raupen und anderen saftigen Tieren ernähren, müssen nicht so viel trinken wie Vögel, die nur trockene Samen fressen. Wasser ist jedoch immer willkommen. Wenn Sie ein Vogelbad aufstellen, ist das ein zusätzlicher Anreiz für Vögel, denn sie brauchen das ganze Jahr über Wasser. Außerdem werden vielleicht ungewöhnliche Besucher angelockt, die sonst am Garten vorbeigeflogen wären.

Ein Vogelbad ist besonders während der heißen Sommermonate beliebt, wenn die Vögel Kühlung brauchen und Pfützen und Teiche ausgetrocknet sind. Vögel schwitzen nicht wie wir, sondern hecheln zur Kühlung ähnlich wie Hunde; sie verdunsten Wasser über Lunge und Schnabel. Erstaunlicherweise benutzen sie jedoch das Vogelbad im Winter häufiger als im Sommer. Wenn die natürlichen Wasservorräte eingefroren sind, wird das Vogelbad zum lebenswichtigen Trinkwasserreservoir.

Manchmal nehmen Vögel auch Schnee auf, um ihren Wasserbedarf zu decken, doch verbrauchen sie dabei viel wertvolle Energie. Um ein Gramm Eis zu schmelzen, braucht der Vogel doppelt so viel Wärme wie nötig ist, um die gleiche Wassermenge auf Körpertemperatur zu erwärmen. Wenn Sie das Vogelbad eisfrei halten, helfen Sie den Vögeln gerade dann, wenn der sparsame Umgang mit Energie für sie besonders wichtig ist. Vögel baden auch bei eisiger Kälte, um ihr Gefieder in gutem Zustand zu halten. Finden sie kein Wasser, verschlechtern sich die isolierenden Eigenschaften des Gefieders und die Flugtüchtigkeit. Ein Teich ist, vorausgesetzt, er hat eine flache Stelle, ebenso gut wie ein Vogelbad; wenn es beides nicht gibt, benutzen Vögel Pfützen und Abflussrinnen.

• NISTPLÄTZE •

Sogar in einem Garten mit altem Baumbestand, dicht wachsenden Kletterpflanzen und Büschen gibt es wahrscheinlich zu wenig geeignete Nistplätze – besonders dann, wenn durch die Winterfütterung viele Standvögel in den Garten gekommen sind.

Einige Vögel nisten in versteckten Winkeln und ziehen dort ihre Jungen groß. Wenn Nistkästen vorhanden sind, kommen mehr Vögel in den Garten. Für Sie wird es so leichter, das sich entfaltende Familienleben der Vögel zu verfolgen. Manche Vögel, besonders die Finken, benutzen allerdings keine Nistkästen. Höhlenbrüter wie Meisen und Stare nehmen sie dagegen gern an.

Ein Nistkasten muss mindestens 1,80 m über dem Boden angebracht werden. Gegen Sonne und Regen schützt z. B. ein Blätterdach. Der Nistkasten sollte so fest sitzen, dass er nicht herunterfallen kann; es macht aber nichts, wenn er ein bisschen wackelt. Widerstehen Sie auf jeden Fall der Versuchung, dem Nistkasten zu oft einen Besuch abzustatten. Einige Vögel lassen ihre Brut leicht im Stich und wenn bereits recht große Junge gestört werden, verlassen diese mitunter den Kasten. Wenn das passiert, schieben Sie sie in den Nistkasten zurück und verstopfen Sie das Loch mit einem Taschentuch, bis sie sich beruhigt haben.

Viel Platz *Ein Nistkasten schützt vor schlechtem Wetter und bietet genug Platz für eine wachsende Nestlingsschar.*

Der richtige Zeitplan
Hängen Sie Ihren Nistkasten vor Neujahr auf. Vögel, die sich früh paaren, können ihn dann rechtzeitig inspizieren.

·: FUTTERTISCHE :·

Futtertische sind die traditionellste Möglichkeit und die einfachste Ausrüstung, um Futter für Vögel auszulegen. Es gibt sie in diversen Formen, damit sie an verschiedene Stellen im Garten passen und unterschiedlichem Geschmack entsprechen. Dies reicht von einfachen, selbst gemachten Platten aus Abfallholz bis hin zu kunstvoll ausgearbeiteten Tischen oder wohl durchdachten Konstruktionen, um ungebetene Vögel fern zu halten.

· STANDORTE FÜR DEN FUTTERTISCH ·

Es lohnt sich, einen guten Platz für den Futtertisch zu suchen. Er sollte geschützt über dem Boden liegen und so aufgestellt sein, dass die Vögel sich leicht in Sicherheit bringen können, aber nicht zu nah an einem Baum oder Zaun, von dem aus Katzen angreifen könnten. Suchen Sie nach einer Stelle, die Sie vom Haus aus leicht beobachten können, auch wenn der Tisch, wenn er an einem ruhigeren Platz steht, eher auch scheuere Vögel anlocken wird.

Höhe *Ein 1,50 m hoher Futtertisch kann gut befüllt werden; eine Katze kann ihn aber nicht erreichen.*

· SELBST GEMACHTE FUTTERTISCHE ·

Es macht Spaß, einen eigenen Futtertisch zu bauen. Nur wenige Werkzeuge und ein bisschen Geschick und Geduld sind nötig, um ein einfaches Modell herzustellen. Dieses Modell besteht im Wesentlichen aus einer rechteckigen Platte, die auf einem Pfahl befestigt oder an einem Ast oder Stützbalken aufgehängt wird.

Offene Futtertische Verwenden Sie die gleichen Maße, die auch für die Grundfläche des Futterhauses (gegenüberliegende Seite) gelten. Sägen Sie das Brett aus einer 12 mm starken Sperrholzplatte aus und nehmen Sie für die Ränder 2 cm starke quadratische Leisten. Befestigen Sie diese Seitenstücke mit 3 cm langen Nägeln.

Holzklötze *Nageln Sie Klötze an die Brettunterseite und befestigen Sie diese am Pfosten.*

Pfosten *Befestigen Sie das Brett an einem in den Boden geschlagenen Pfosten.*

Futterbrett *Beachten Sie die Lücken an den Ecken der Umrandung. Dort kann Regenwasser ablaufen, und das Brett lässt sich besser von Futterresten reinigen.*

Futterhaus mit Dach Haben Sie einen Futtertisch gebaut, ist ein Dach einfach zu ergänzen. Das Futter bleibt trocken, und man kann daran einen Samentrichter aufhängen. Bauen Sie das Dach aus 9 mm dickem Sperrholz, und sägen Sie eine Längskante jedes Dachteils ab, so dass sie genau zusammenpassen. Sägen Sie die Seitenstützen aus 20 mm starken quadratischen Leisten. Für eine stabile Konstruktion schrägen Sie die beiden Enden jedes Seitenteils ab, indem Sie Keile absägen.

Giebel
Sägen Sie 30 cm breite und 6 cm hohe Dreiecke aus. Befestigen Sie diese an den Seiten, und schrauben Sie sie dann an den First.

Zusammenbau Nageln Sie die Seitenstützen leicht nach außen geneigt innen an die Ecken des Bretts. Fügen Sie die Giebel hinzu und passen Sie den First ein. Befestigen Sie die Dachteile so, dass die abgewinkelten Kanten an der Spitze aneinander stoßen.

Aufhängung
Schrauben Sie vier Rundhaken durch die Dachecken. Hängen Sie das Futterhaus an einen Zweig oder befestigen Sie es auf einem Pfosten.

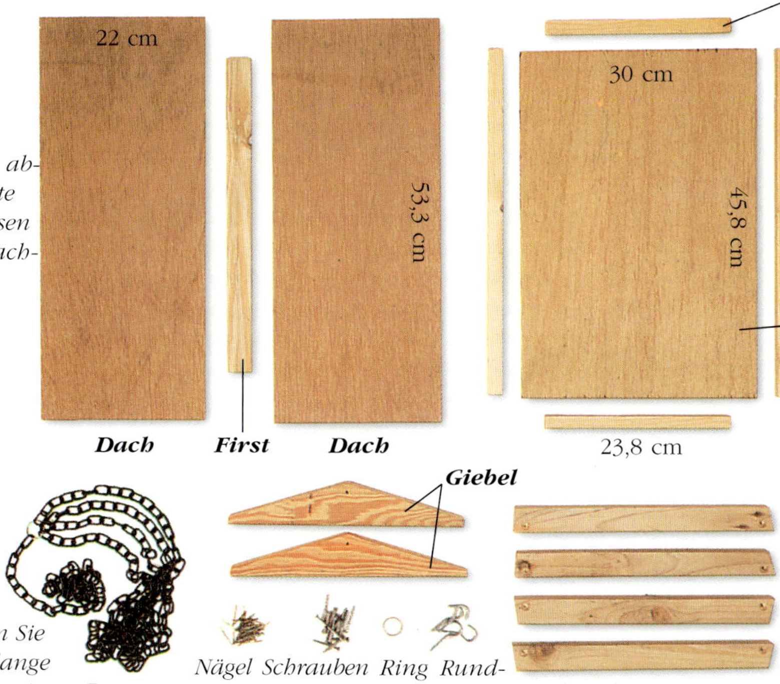

Umrandung für das Brett

First-stütze
V-förmig abgeschrägte Teile passen in die Dachspitze.

Futterbrett

Dach ***First*** ***Dach***

Giebel

Kette
Befestigen Sie 5 gleich lange Stücke an einem Ring, vier für die Dachecken und eins für die Aufhängung.

Nägel *Schrauben* *Ring* *Rundhaken*

Senkrechte Teile
Sollten 33,5 cm lang und abgeschrägt sein.

• IM HANDEL ERHÄLTLICHE FUTTERTISCHE •

In den letzten Jahren wird in Geschäften und über den Versandhandel eine große Auswahl an Futterhäuschen angeboten. Es besteht weiterhin Bedarf für selbst gemachte Futterhäuschen und Tische, aber diese neuen Vorrichtungen haben den Vorteil, dass man das vielfältige Futter, das auf dem Markt erhältlich ist, den Vögeln auch präsentieren kann. Fertige Futtertische und -automaten lassen sich außerdem leicht zusammensetzen und anbringen – einige Modelle können an Bäumen oder Mauern aufgehängt oder am Fensterrahmen befestigt werden.

Die Auswahl kommerziell hergestellter Tische reicht von handgefertigten Holzkonstruktionen bis zu einfachen, aber funktionalen Plastikmodellen. Der einfache rechteckige Holztisch mit einem schrägen Dach ist nach wie vor kaum zu schlagen, aber man muss beim Holz auf gute Qualität achten, damit es sich nicht verzieht oder splittert, wenn es Wind und Wetter ausgesetzt ist.

Es gibt einige allgemeine Dinge, auf die man achten sollte, wenn man einen Futtertisch aussucht. Falls der Tisch nicht an einer Mauer angebracht wird, sollte er nach allen Seiten offen sein, so dass die Vögel leichten Zugang und gute Fluchtmöglichkeiten haben. Er sollte stabil gebaut sein, damit er nicht umkippt. Der Tisch sollte außerdem das ausgelegte Futter schützen: Das Material sollte leicht zu reinigen sein und entweder Abflusslöcher haben oder ein Dach besitzen, das den Regen abhält, so dass das Futter nicht überschwemmt wird und fault. Ein erhöhter Rand um den Tisch, mit Löchern für den Wasserablauf, verhindert, dass das Futter fortgeblasen wird.

Zufluchtsort *In diesem Futterhaus können verschiedene Futterarten angeboten werden; außerdem besitzt es eine Wasserschale. Eine vernünftige Lösung bei begrenztem Platz.*

Abfluss *Einige Tische haben einen Boden aus Maschendraht, was einen vollständige Abfluss erlaubt. Der Rand verhindert, dass Futter hinunterfällt.*

Futterplatz am Boden *Dieser Tisch steht auf kurzen Beinen. Das Wasser fließt ab, das Futter liegt im Trockenen.*

Hängetisch *Eine Alternative zum Tisch auf dem Pfahl ist ein hängender Tisch, der am Ast eines Baumes oder an einem Mauerbalken vor dem Fenster angebracht werden kann.*

Wandtisch *An der Hauswand befestigte Tische sparen Platz. Meist haben sie ein Dach, um das Futter vor Nässe zu schützen.*

Probleme mit Futtertischen Ein mögliches Problem bei allen offenen Futtertischen besteht darin, dass das ausgestreute Futter von jeder hungrigen Spezies aufgefressen werden kann, etwa einem Schwarm Stare oder Haustauben, Eichhörnchen oder sogar Füchsen. All diese Tiere sind so groß und gefräßig, dass sie bei einem Besuch das meiste Futter vertilgen und den kleinen Vögeln wenig oder gar nichts übrig lassen. Wenn Sie andere Vögel und Säugetiere von dem Futtertisch fern halten wollen, können Sie Deckel oder Gitter anbringen. Eine andere Möglichkeit ist, separat Reste oder billiges Futter anzubieten, um diese Gäste vom Futtertisch abzuhalten.

Kombinierte Futtertische und Nistkästen Futtertische, bei denen ein Nistkasten im Dach eingebaut ist, sollte man meiden. Der Platz im Kasten ist im Allgemeinen zu begrenzt für eine sichere Nistzeit, und jeder Vogel, der ihn als Brutstätte erwählt, lebt direkt neben einer »Imbissbude«. Er würde dauernd von Vögeln gestört, die den Tisch besuchen. Tatsächlich ist es schwer zu glauben, dass ein Vogel auch nur die Möglichkeit erkundete, an einer solchen Stelle zu nisten.

Ergänzungen zum Futtertisch *Ein Futtertisch kann als Stellfläche für andere Futterbehälter dienen.*

HYGIENE AUF DEM FUTTERTISCH

Futter, das länger als ein paar Tage auf dem Futtertisch liegt, sollte entfernt werden, bevor es zu faulen beginnt. Alle zwei bis drei Wochen sollten die Vorrichtungen von Vogelkot gereinigt werden, um eine Verseuchung mit Salmonellen zu verhindern, die für Vögel tödlich ist. Waschen Sie alle Oberflächen mit warmem Wasser und Spülmittel ab; benutzen Sie eine kräftige Bürste, um festgeklebte Reste zu entfernen.

FUTTERAUTOMATEN

FUTTERAUTOMATEN DIENEN DAZU, Erdnüsse und Samenmischungen anzubieten. Sie sind praktisch und reduzieren die Futtermenge, die durch Wind und Regen verloren geht, auf ein Minimum. Bis Anfang der 90er Jahre haben Vogelliebhaber Futterautomaten selbst gebaut. Dann wurde eine neue Generation von industriell gefertigten Automaten aus den USA importiert, wo sie seit mehr als einem Jahrzehnt mit Erfolg in Gebrauch waren. Diese Automaten haben die Art und Weise, im Garten Vögel zu füttern, revolutioniert.

FUTTERKORB

Die neuen Futterautomaten haben allerdings nicht den selbst gebauten Futterkorb als saubere und hygienische Art, Vögeln Nahrung anzubieten, verdrängt. Der einfachste Behälter ist ein Einkaufsnetz, allerdings kann Futter, das man so nach draußen hängt, schnell durchweicht werden. Ein Korb, der das Futter trocken hält, ist leicht herzustellen. Nehmen Sie Draht, um die Vorderseite und den Boden eines Korbes abzudecken, 2 cm dicke Bretter für Seiten, Rückwand, Stützen und Leisten und 12 mm starkes Sperrholz für den Deckel. Befestigen Sie den Deckel mit einem Scharnier von 10,5 cm Länge.

Vorderansicht

Seitenansicht

Leisten

Deckel

Scharnier

Messingschrauben 12 mm

Nägel 38 mm

Schrauben 38 mm

Haken und Öse

Heftklammern

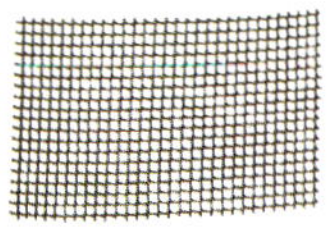

13 x 20 cm

Enger Maschendraht *6-mm-Maschendraht eignet sich am besten.*

Seite

Rückseite

Seite

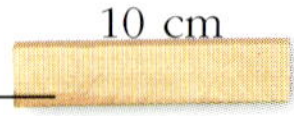

Vordere Stütze

Zusammenbau Verwenden Sie 38-mm-Nägel, um die Seiten an der Rückseite und die vorderen Stützen zu befestigen. Schrauben Sie das Scharnier an den Deckel und an eine Korbseite. Sichern Sie den Deckel mit Haken und Öse. Biegen Sie den Maschendraht, um die Vorderseite und den Boden abzudecken. Bohren Sie Löcher in die Leisten und befestigen Sie sie.

• SAMENBEHÄLTER •

Die meisten Samenbehälter bestehen aus einer harten Plastikröhre. Sie sind wasserfest und halten Beschädigungen durch Eichhörnchen stand. Man kann sie einfach auseinander nehmen und reinigen. Einige Röhrenbehälter haben innen einen in der Mitte spitz zulaufenden oder schalenförmigen Boden, um sicherzustellen, dass alle Samen am unteren Futterloch ankommen.

Aus dem breiten Angebot an unterschiedlichen Größen und Modellen können Sie den Automaten auswählen, der Ihren Vorstellungen am besten entspricht. Sie können sich z. B. dafür entscheiden, in verschiedenen Teilen des Gartens mehrere kleine Automaten aufzustellen. Wenn Sie mehrere Automaten benutzen, können Sie verschiedene Samenarten anbieten und so die Artenvielfalt der Vögel, die Ihren Garten besuchen, erhöhen. Wenn Sie jedoch länger nicht zu Hause sind, ist ein einziger großer Automat besser geeignet. Ein Problem ist, dass die Vögel Samen beim Herauspicken verstreuen, doch können die Verluste durch ein Tablett unter dem Automaten verringert werden.

Großer Automat *Hiermit kann man zwei Samenarten anbieten.*

Pfahlautomat *Er lässt sich leicht an einen anderen Platz stellen. Die Röhre ist so konstruiert, dass man sie zum Füllen entfernen kann.*

Hängeautomat *Diesen Behälter kann man an einem Ast oder Mauerbalken aufhängen. Er muss regelmäßig aufgefüllt werden.*

Fensterautomat *Dieser Automat macht es möglich, Vögel aus der Nähe zu beobachten. Durch ein Dach werden größere Vögel fern gehalten.*

• NUSSBEHÄLTER •

Traditionell werden Vögeln Nüsse angeboten, indem man geschälte Erdnüsse in ein Plastiknetz steckt. Darauf sollte man jedoch verzichten, denn es besteht die Gefahr, dass ein Vogel hängen bleibt. Die neue Generation von röhrenförmigen Nussbehältern verhindert dieses Problem und lockt eine größere Vielfalt von Vögeln an. Die Vorrichtungen bestehen aus haltbarem verzinktem oder Stahlmaschendraht, an dem sich Vögel gefahrlos festhalten können. Der Maschendraht ist eng genug, um größere Vögel und Eichhörnchen davon abzuhalten, ganze Erdnüsse herauszuholen.

Hängender Nussbehälter *Der Maschendraht macht es möglich, dass ein kleiner Schwarm gleichzeitig frisst, ohne dass die Vögel sich in die Quere kommen.*

Fensterautomat *Mittels diesem mit Saugnäpfen am Fenster befestigten Automaten können Sie Ihre Gäste genau beobachten.*

• BODENFÜTTERUNG •

Einige Vögel, wie z. B. Heckenbraunellen, Goldammern und Fasane, fressen lieber am Boden als an hängenden Futterautomaten oder Tischen, die weit über dem Boden liegen. Samen und andere Nahrung können auf niedrigen Futtertischen ausgelegt werden (S. 42), aber es besteht besonders bei nassem Wetter oder Schnee die Gefahr, dass das Futter verfault. Es geht weniger Futter verloren, wenn man es in einen Trichter schüttet, woraus es nach Bedarf freigegeben wird. Stellen Sie den Trichter auf eine freie Fläche, wo Katzen den Vögeln nicht auflauern können.

Futtertrichter aus Sperrholz *Zur Reinigung leicht auseinander nehmbar.*

Holzbetontrichter *Dieser hat eine durchsichtige Front, so dass man die vorhandene Menge sieht.*

• GESCHÜTZTE FUTTERAUTOMATEN •

Eine der größten Schwierigkeiten beim Füttern der Vögel im Garten ist es, ungebetene Vogelarten und Saugetiere vom Futter fern zu halten. Ein anderes Problem ist, dass die Vögel selbst für Räuber, besonders für Sperber, zu Futter werden können. Eine sorgfältige Standortwahl für Futterautomaten und -tische verringert diese Probleme, aber einen besseren Schutz bieten Vorrichtungen, die eigens dazu konstruiert sind, ungebetene Gäste abzuschrecken.

Besonders Eichhörnchen stehlen Futter, das für Vögel gedacht ist, und zerstören oft die Automaten, indem sie Löcher hineinnagen, so dass Samen oder Nüsse herausfallen. Eine durchsichtige Plastikkuppel, die über einem hängenden Automaten oder unter einem auf einem Pfahl stehenden Futterbehälter angebracht ist, bietet guten Schutz. Es gibt auch Automaten zu kaufen, bei denen Eichhörnchen mittels eines harmlosen Elektroschocks abgeschreckt werden.

Eine Käfigkonstruktion mit starken Stahlstäben kann Erdnuss- oder Samenautomaten schützen. Eichhörnchen können die Stäbe nicht durchnagen oder zwischen ihnen durchschlüpfen, aber größere Vögel, wie z. B. Spechte, können sich an den Stäben festhalten und bis ans Futter gelangen. Am stärksten sind Vögel durch Katzen und andere Räuber gefährdet, wenn sie eine Bodenfutterstelle aufsuchen. Man erreicht einen hohen Grad an Sicherheit, wenn man den Futtertrichter mit einem Käfig aus Maschendraht umgibt. Die Maschen sollten so weit sein, dass sich kleinere Vögel hindurchzwängen können, aber zu eng für größere Tauben oder Fasane.

Eichhörnchensperre *Die höhenverstellbare Plastikkuppel kann von Eichhörnchen und größeren Vögeln nicht erreicht werden.*

Geschützter Futterautomat *Wenn ein Eichhörnchen oder ein großer Vogel auf der Stange sitzt, werden die Futterlöcher geschlossen. Über eine Feder kann man die Empfindlichkeit des Systems variieren.*

Futterkäfig *Die starken Stäbe dieses Käfigs halten Eichhörnchen fern.*

Schutz bei der Bodenfütterung *Eingegrabene Metallstäbe halten diesen Käfig an seinem Platz.*

·: KOST FÜR DEN VOGELTISCH :·

· KÜCHENABFÄLLE ·

DIE VOGELFÜTTERUNG MIT KÜCHENABFÄLLEN ist bei Experten umstritten. Sollten Sie sich trotzdem dafür entscheiden, verwenden Sie auf keinen Fall andere Lebensmittelreste als die auf dieser Doppelseite behandelten. Um Krankheiten zu verhüten, legen Sie unbedingt nur gekochte Knochen und Fleisch aus. (Achten Sie immer darauf, dass Geflügelknochen außer Reichweite von Hund und Katze liegen.) Geben Sie Vögeln niemals getrocknete Kokosnuss oder ungekochten Reis, da diese im Magen aufquellen. Deshalb auch trockenes Brot in Wasser einweichen, bevor man es auslegt.

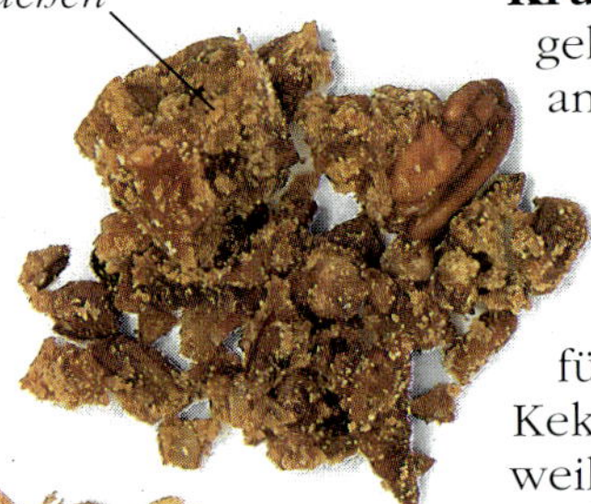

Krusten und Krümel Brot gehört zu den am häufigsten an Vögel verfütterten Nahrungsmitteln. Es ist nicht besonders nährstoffreich, aber es hilft, einen leeren Magen zu füllen. Alter Kuchen und Kekse eignen sich besser, weil sie fettreich sind. Legen Sie für scheuere Vogelarten wie Heckenbraunellen und Zaunkönige Krümel aus.

Gekochte Kartoffeln Kartoffeln in der (aufgerissenen) Schale reichen eine Weile, weil der weiche Inhalt nur schnabelweise herausgepickt werden kann, und es dauert lange, bis die Schalen sauber da liegen.

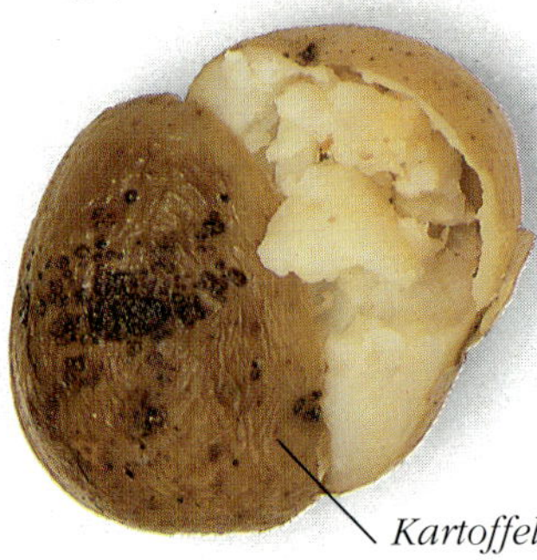

Reis, Pasta und Teig Reste von gekochtem Reis oder Spaghetti und übrig gebliebener Teig sind reich an Stärke und halten Stare und Saatkrähen in Bewegung.

Obst Die Früchte des Spätsommers ziehen Vögel ebenso an wie Schmetterlinge, Bienen und Wespen. Sammeln Sie im Herbst etwas Fallobst ein und bewahren Sie es an einem kühlen, dunklen Ort auf. Im tiefsten Winter, wenn die natürlichen Vorräte erschöpft sind, legen Sie das Fallobst auf den Rasen. Sie können das Obst auch in Stücke schneiden oder es aufgespießt auf dem Futtertisch anbieten. Amseln, Wacholderdrosseln, Rotdrosseln, Stare und kleinere Vögel wie Mönchsgrasmücke, Rotkehlchen und Blaumeisen fressen Obst.

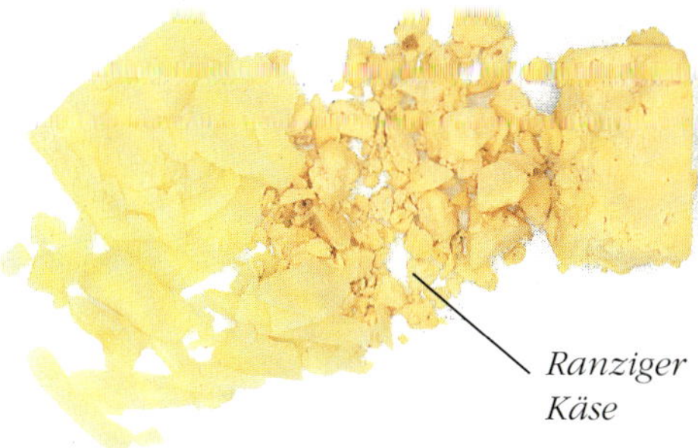

Trockener Käse Hart gewordener Käse eignet sich teilweise für Vögel, obwohl Blauschimmel- und stark riechende Sorten gewöhnlich nicht angenommen werden. Für kleinere Arten, wie z. B. das Wintergoldhähnchen, sollten Sie den Käse reiben. Bei kaltem Wetter wissen Zaunkönige, die den Futtertisch nicht besuchen, Käsekrümel am Boden zu schätzen. Ranziger Käse ist eine mögliche Zutat zur Fettfuttermasse (S. 52).

Fett und Fleisch Legen Sie Fettklumpen oder Speckschwarten auf den Futtertisch. Schmelzen Sie große Fettklumpen oder Bratenfett und gießen Sie es über Zweige oder in ein Futterholz (S. 38). Hängen Sie gekochte Fleischklumpen auf, um Meisen, Stare und Spechte, aber auch Mitglieder der Krähenfamilie anzulocken.

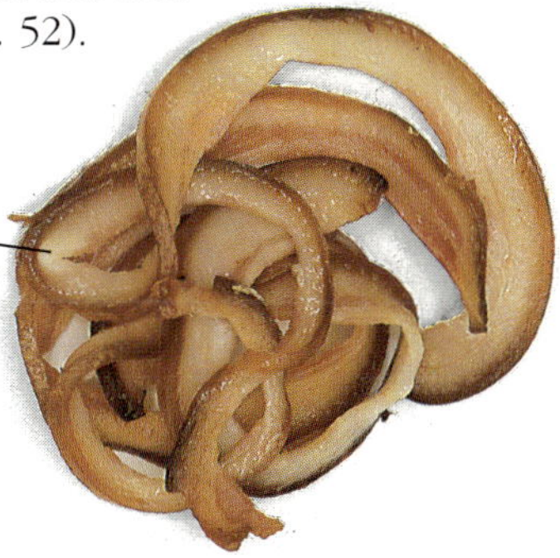

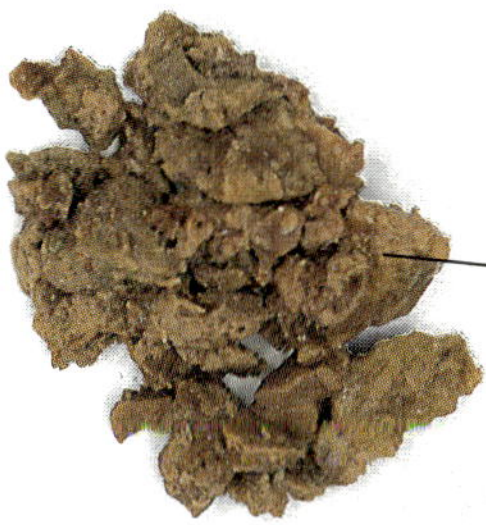

• GETREIDEKÖRNER, NÜSSE UND SAMEN •

GETREIDEKÖRNER, NÜSSE UND SAMEN versorgen die Vögel mit wertvollen Fetten, Kohlehydraten, Ölen, Mineralien und Vitaminen. Einige Vögel, wie Grün- und Buchfinken, fressen große Getreidekörner ebenso wie kleine Grassamen; Sonnenblumenkerne mögen sie jedoch am liebsten. Andere Vögel sind wählerischer. Zeisige z. B. fressen besonders gern Nigersaat, Finken, Meisen und sogar Pieper dagegen Hanfsamen. In Zoogeschäften erhält man fertige Körnermischungen. Sie sind so zusammengesetzt, dass sie dem Geschmack und den Bedürfnissen vieler Vogelarten entsprechen. Billiger ist es jedoch, wenn Sie die Mischungen selbst zusammenstellen. Kaufen Sie die Körner, Nüsse und Samen ungemischt und fügen Sie im Garten gesammelte und getrocknete Samen (z. B. Sonnenblumenkerne, Bucheckern, Distel, Ginster, Karden und Flachs) hinzu. Um größere Verluste zu vermeiden, bieten Sie die Mischungen aus einem Futtertrichter an.

Haferflocken *Haferflocken sind generell reich an Eiweiß und Fett. Füttern Sie nur entspelzte Flocken.*

Zerkleinerte Haferflocken *Diese Haferflocken sind entspelzt und zu kleinen Stücken vermahlen, so dass Vögel sie leicht fressen können.*

Erdnüsse *Sie sind eine wertvolle Quelle für Öl und Eiweiß. Kaufen Sie nur Erdnüsse ohne Aflatoxin, denn dieses Gift tötet Vögel.*

Erdnussgranulat *Diese Körnchen sind noch nahrhafter als Erdnüsse; in ihrer chemischen Zusammensetzung entsprechen sie Bucheckern.*

Hanfsamen *Diese Samen werden gern von Meisen und Kleibern gefressen, die ihre Schnäbel wie Hämmer einsetzen, um sie zu knacken.*

Hirsesamen *Diese stärkehaltigen Grassamen enthalten viele Mineralien und Vitamine. Hirse wird in Südeuropa großflächig angebaut.*

Nigersaat *Die ölhaltigen Samen stammen von einem Korbblütler, der in Ost-Afrika und in Indien angebaut wird.*

Sonnenblumenkerne *Ein gutes, sehr nahrhaftes Futter, das viel Fett, Eiweiß und Mineralien enthält.*

Schwarze Sonnenblumenkerne *Wegen des weichen Kernes und der dünnen Schale von vielen Vögeln bevorzugt.*

Sonnenblumenherzen *Diese geschälten Samen eignen sich für Samenautomaten und zur Bodenfütterung.*

Samenmischungen Viele Menschen schätzen Samenmischungen als die bequemste und effektivste Art, Vögel im Garten zu füttern. Die Vielfalt der Zutaten lockt verschiedenartige Vögel an, einschließlich der weniger oft im Garten erscheinenden Arten, und erfüllt sämtliche Nahrungsbedürfnisse.

Energiereich *Diese Mischung ist wertvoll als Extranahrung für die kalte Jahreszeit.*

Sommerfütterung *Gute Ergänzung während Brutzeit und Jungenaufzucht.*

Automatensamen *Eine Mischung ohne Getreide. Rinnt sauber durch Automatenröhren.*

Tischsamen *Diese Mischung eignet sich für Futtertische oder für Bodenfütterung.*

• VOGELFUTTER SELBST ZUBEREITEN •

ES IST GANZ EINFACH, Futter selbst herzustellen, das die Vögel an den Futtertisch bringt. Selbermachen ist außerdem billiger und oft sehr viel befriedigender, als fertiges Futter zu kaufen. Eine Fettfuttermasse lässt sich leicht zubereiten und ist eine ideale Möglichkeit, Essensreste zu verwerten. Allerdings sind die meisten Gemüsesorten, gekocht oder ungekocht, nicht geeignet. Bieten Sie außerdem Vögeln nie stark gewürztes oder gesalzenes Futter an, obwohl man Eichhörnchen dadurch abschrecken kann, wenn man Erdnüsse mit Kochfett überzieht, in das Chilipulver gemischt wurde. Mehlwürmer zu züchten, macht ein bisschen mehr Arbeit, aber Ihr Lohn könnte darin bestehen, dass Ihnen ein Rotkehlchen aus der Hand frisst. Mehlwürmer sind auch für Vögel von Nutzen, die ihre Jungen füttern.

Futtermasse mit Samen

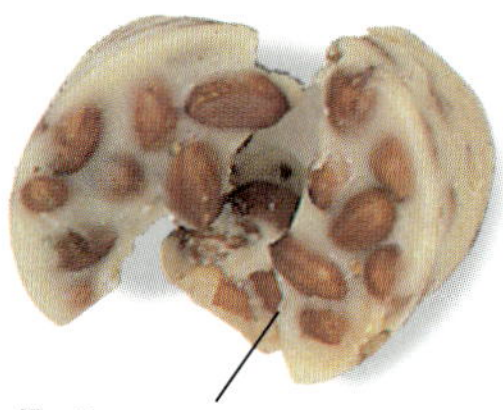

Futtermasse mit Nüssen

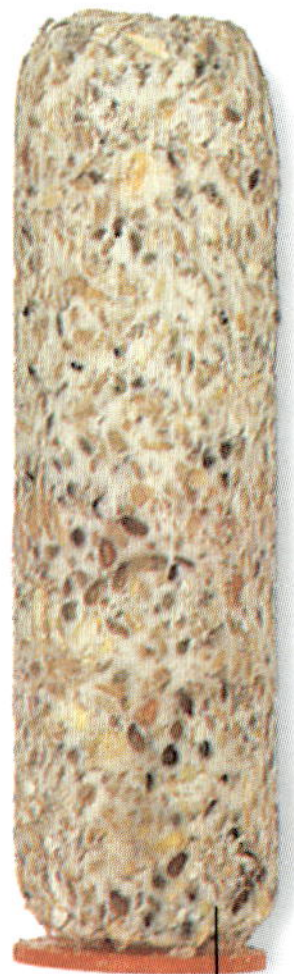

Futterstab

Fettfuttermasse mit Erdnüssen und Samen
Dieser nährstoffreiche Kuchen lockt Vögel an.

Fettfuttermasse Sie können Meisenknödel oder Talgrollen kaufen, die Futtermasse aber auch selbst herstellen. Als Zutaten kommen u.a. Samen, Erdnüsse, Sultaninen und Käsekrümel in Frage. Erdnussmehl, geschrotete Haferflocken, Kuchen- oder Brotkrümel und sogar tote Insekten sind weitere mögliche Ingredienzien. Rühren Sie zum Abbinden etwa die gleiche Menge geschmolzenes Fett oder Talg unter.

Füllen Sie die Masse in eine Meisenglocke, eine halbe Kokosnussschale oder eine Blechdose und hängen Sie diese für die akrobatischen Meisen, Kleiber, Spechte und vielleicht Baumläufer und Wintergoldhähnchen auf. Für weniger gelenkige Vögel: Gießen Sie die heiße Mischung in eine Dose oder Schüssel und stecken Sie ein längeres Stück Schnur oder galvanisierten Draht hinein. Wenn die Masse fest geworden ist, kann man sie herausnehmen und aufhängen.

Früchte und Nüsse Meisen fressen gern eine frische, halbierte, mit der Schnittfläche nach unten aufgehängte Kokosnuss. Trockenfrüchte können der Futtermasse beigemischt oder direkt ins Futterhaus gelegt werden. Dann muss man sie aber vorher einweichen. Vögel mögen alle Sorten Nüsse. Für viele Arten sollte man die Schalen öffnen, damit sie an die Kerne kommen. Spechte und Kleiber hämmern sie jedoch selbst auf. Kleineren Vögeln sollte man die Nüsse zerkleinern. **Erdnüsse** Sie eignen sich wegen ihres hohen Fett- und Eiweißgehalts gut als Vogelfutter. Fädeln Sie für Meisen die Erdnüsse in der Schale auf einen dünnen Draht oder Bindfaden, oder füllen Sie geschälte, ungesalzene Nüsse in ein Netz, um Grünfinken und andere Arten anzulocken.

Frische halbe Kokosnuss

Ungeschälte Erdnüsse

Mehlwürmer *Die Larven des Mehlkäfers sind während der Brutzeit, wenn das Insektenangebot oft gering ist, eine wichtige Nahrungsquelle.*

Wachswürmer *Diese Mottenlarven sind erst kürzlich als Vogelfutter entdeckt worden. Sie finden mehr Anklang als Mehlwürmer.*

Regenwürmer *Drosseln und ihre Verwandten lieben diese Würmer besonders, aber auch andere Vögel schätzen sie.*

Würmer Wenn man die Vögel im Garten mit lebendem Futter versorgen will, sind mehr Zeit und Aufmerksamkeit erforderlich. Jede Art Würmer, außer Regenwürmern, müssen lebendig gehalten werden, bis sie gebraucht werden. Wenn man Würmer auf dem Futtertisch auslegt, ist es ziemlich wahrscheinlich, dass sie rasch von hungrigen Staren aufgepickt werden, aber wenn man sie unter einer Hecke oder einem Busch versteckt und sie teilweise abdeckt, erhalten auch andere Arten eine Chance.

MEHLWURMKOLONIE

Die Mehlwurmlarven, die es in Zoogeschäften zu kaufen gibt, können in einem schichtweise mit Kleie und Keksen gefüllten Behälter großgezogen werden. Die Larven verpuppen sich zu Käfern, die Eier legen. Daraus schlüpfen nach etwa einer Woche weitere Larven. Nach wenigen Wochen hält sich die Kolonie selbst am Leben und Sie können nach Bedarf Mehlwürmer entnehmen.

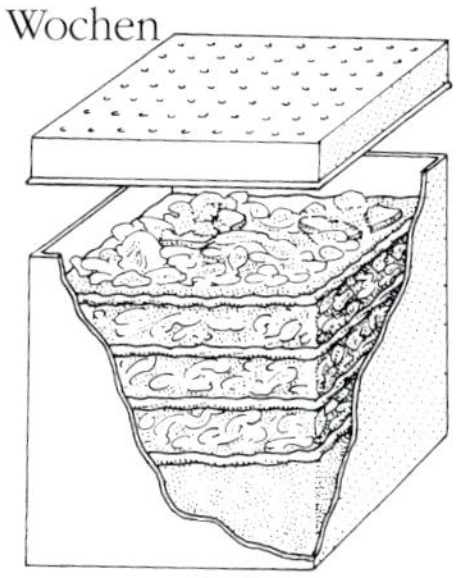

Blechbüchse *Ein Deckel mit Löchern sorgt für Atemluft.*

VOGELTRÄNKE, VOGELBAD

WASSER IST FÜR VÖGEL GENAUSO WICHTIG wie Futter. Eine Vogeltränke ist deshalb eine sinnvolle Ergänzung zum Futterhaus. Vögel kommen das ganze Jahr über an die Wasserstelle, um zu trinken und zu baden. Beim Baden wird das Gefieder gepflegt; im Sommer verschafft ein Bad den Vögeln Kühlung. Die Aktivitäten an der Wasserstelle zu beobachten, ist sehr unterhaltsam, und Sie werden etliche Arten identifizieren können. Stare und Spatzen benützen das Vogelbad am häufigsten, und wie am Futterhaus drängen sich diese geselligen Vögel auch am Wasser zusammen. Amseln, Blaumeisen, Grünfinken, Buchfinken, Zaunkönige und Türkentauben besuchen eine Vogeltränke ebenfalls regelmäßig. Hin und wieder sieht man auch Birkenzeisige, Kernbeißer oder Fichtenkreuzschnäbel.

VOGELTRÄNKEN

Sonnenuhr *Dieses Vogelbad mit Sonnenuhr ist für Vögel wahrscheinlich weniger attraktiv.*

In Gartenzentren und Zoogeschäften gibt es zweckmäßige Vogeltränken für jeden Geschmack zu kaufen. Einige Modelle sind aber eher dekorativ als praktisch. Aus Sicht eines Vogels sind zwei Eigenschaften wichtig: Das Vogelbad sollte sanft ansteigende Seitenwände haben, damit auch kleine Vögel leicht hinein- und wieder herauskommen, und eine raue Oberfläche, damit ihre Füße festen Halt finden. Günstig ist es, wenn das Bad einen »tiefen Teil« (8–9 cm Wassertiefe) hat, der so groß ist, dass auch eine Taube richtig eintauchen kann, ohne dass sie gleich das meiste Wasser verspritzt.

Vielleicht finden Sie auch in einem Haushaltswarengeschäft ein billiges Vogelbad, oder Sie können leicht selbst eines her-

Günstige Vogelbäder
Blumentopf-Untersetzer

Zeit zum Baden *Ein Zaunkönig plantscht.*

stellen. Der umgedrehte verzinkte Deckel einer Mülltonne, der mit Ziegelsteinen abgestützt ist, wird oft als akzeptables Vogelbad genannt, allerdings könnte das Metall zu rutschig sein. Eine andere Möglichkeit sind große Schalen oder Untersetzer für Blumentöpfe. Wenn es die Form des Behälters nicht erlaubt, Bereiche mit unterschiedlichen Wassertiefen einzurichten, legen Sie einfach einen Stein als Insel hinein. Sie können eine Vogeltränke aber auch aus Mörtel selbst bauen und ein Eisenrohr oder einen Betonpfosten als Sockel benutzen. Stellen Sie die Tränke am besten in der Nähe eines Baumes auf, so dass die Vögel sich dort in Ruhe zum Trocknen und Putzen niederlassen können.

VOGELBAD MARKE EIGENBAU

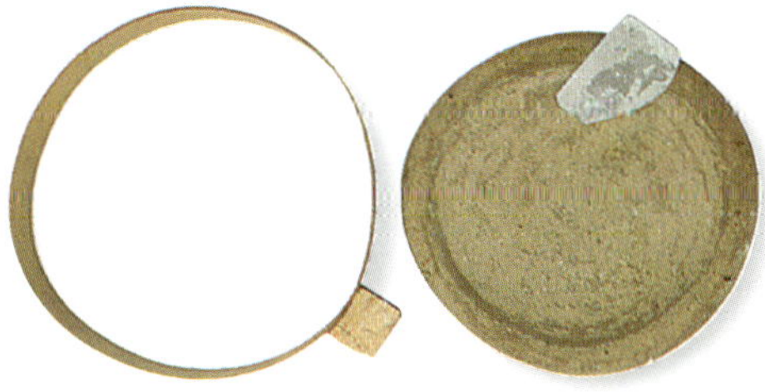

Schneiden Sie einen Streifen aus einer Hartfaserplatte. Nageln Sie die Enden auf einem Holzklötzchen zu einem Ring zusammen. Schütten Sie Mörtel hinein und formen Sie eine flache Schale. Das Vogelbad kommt dann auf einen Pfosten oder auf den Rasen.

• WASSER IM WINTER •

Auch im Winter brauchen die Vögel Wasser (S. 39). Nach dem Baden putzen sie sich. Dabei werden die Federn eingefettet und gepflegt. Das Gefieder behält dadurch seine isolierenden Eigenschaften, die bei kaltem Wetter zum Überleben notwendig sind. Achten Sie darauf, dass das Vogelbad nicht zufriert. Befindet sich das Bad knapp über der Erdoberfläche, kann man ein Teelicht darunterstellen, um es eisfrei zu halten. Sie können das Eis auch, sobald es sich bildet, mit kochendem Wasser zum Schmelzen bringen. Einfacher ist es, eine Aquariumheizung und einen Thermostat in einer Kiesschicht unter dem Bad zu installieren. Bringen Sie bei lang anhaltenden, strengen Frösten zwei Heizgeräte an. Alle elektrischen Leitungen im Freien müssen natürlich gegen Feuchtigkeit isoliert sein. Fragen Sie im Zweifelsfall einen Elektriker. Benutzen Sie niemals Frostschutzmittel oder Salz – dies würde den Vögeln schaden!

• TEICHE •

Ein Gartenteich ist eine ansprechende Alternative zum Vogelbad. Es gibt viele Ratgeber mit Tipps, wie man einen solchen Teich anlegt. Die Einzelheiten interessieren uns deshalb hier nicht weiter – nur so viel dazu: Am einfachsten ist es, einen entsprechend geformten Fiberglasbehälter zu kaufen, am billigsten, eine Vertiefung in der Erde mit dicker Polyäthylenfolie (Teichfolie) auszulegen. Damit der Teich auch wirklich von den Vögeln genutzt werden kann, sollten die Ränder sanft abfallen, so dass ein Vogel ins Wasser hineinwaten kann. Ein Teil des Ufers sollte mit Steinen ausgelegt, ein anderer mit Sumpfpflanzen wie Gelbe Schwertlilie, Fieberklee oder Sumpfdotterblume bepflanzt sein. So schafft man Flachwasserbereiche für kleine Vögel, und Drosseln und Schwalben können den feuchten Boden auch noch gut zum Nestbau gebrauchen.

Vogelteich *Trittsteine oder ein sanft abfallender Rand ermutigen Vögel, im Teich zu baden.*

NISTKÄSTEN

NUR WENIGE GÄRTEN VERFÜGEN ÜBER DIE ausgewachsenen Bäume und Sträucher, die Vögel mit passenden Nistplätzen versorgen. Deshalb verlassen viele Vögel, die sich den Winter über an Futtertischen und -automaten gütlich getan haben, den Garten auf der Suche nach einem Platz, wo sie ihre Jungen aufziehen können. Nur wenige Arten benutzen Nistkästen, und einige von diesen benutzen sie nur selten, aber eine Auswahl an Kästen, kombiniert mit einem Fütterungsprogramm für den Sommer, dürfte etliche Vögel davon überzeugen, im Garten zu bleiben.

STANDORT FÜR NISTKÄSTEN

Der beste Platz für einen Nistkasten ist nicht immer augenfällig. Mitunter wird ein Vogel den Kasten inspizieren, sobald er hängt. Ein anderer Kasten steht jahrelang leer, bevor er bezogen wird. Generell sollten Nistkästen außerhalb der Reichweite von Katzen platziert werden, und sie sollten nicht zu sehr Sonne und Regen ausgesetzt sein. Wenn möglich, sorgen Sie dafür, dass das Eingangsloch ungehindert angeflogen werden kann. Am besten hängt man einen Nistkasten im Spätwinter oder zu Beginn des Frühjahrs auf, so dass die Vögel sich daran gewöhnen können.

Guter Standort *Dieser Nistkasten hängt geschützt und lässt sich zugleich gut beobachten.*

NISTKÄSTEN BAUEN

Es macht viel Spaß, einen Nistkasten selbst zu bauen. Sie brauchen dazu keine besonderen Fertigkeiten. Wählen Sie eine Nistkastenform, die für die Vögel, die in Ihrer Umgebung leben, geeignet ist. Der Kasten sollte auf jeden Fall nicht zu klein sein und eine Grundfläche von mindestens 100 cm^2 haben. Die Jungen sitzen sonst zu beengt, und an heißen Tagen wird es ihnen zu warm. Am besten verwendet man 15 cm lange und 15 mm dicke Bretter oder eine 15 mm dicke Sperrholzplatte. (Die genauen Abmessungen richten sich nach der Dicke des Holzes, das Sie benutzen.) Behandeln Sie den Kasten mit Holzschutzmittel, aber nur auf der Außenseite, denn die Chemikalien könnten den Vögeln schaden. Dichten Sie die Fugen mit Leim oder Mastix ab und bohren Sie, da dies den Kasten vielleicht nicht vollkommen wasserdicht macht, Abflusslöcher in den Boden.

Kasten aus Stammholz *Ein Nistkasten aus einem ausgehöhlten Stück Baumstamm passt besser zu den Bäumen in Ihrem Garten als ein Sperrholzkasten. Wie bei jedem geschlossenen Kasten sollte das Dach an einem Scharnier befestigt sein.*

• ÜBLICHE NISTKASTENFORMEN •

Nistkasten für Höhlenbrüter Kleine Höhlungen, wie man sie in alten Bäumen findet, sind im Garten oft rar. Geschlossene Nistkästen sind da ein guter Ersatz. Damit Sie den Kasten prüfen und reinigen können, befestigen Sie den Deckel mit einem Streifen wasserdichten Materials (ein Stück Fahrradschlauch ist optimal). Das Flugloch eines Meisenkastens sollte höchstens 29 mm Durchmesser haben; sonst nehmen ihn Spatzen oder sogar Stare in Besitz. Befestigen Sie ein Blechstück um das Flugloch herum, damit es nicht durch Spechte oder Eichhörnchen vergrößert wird.

Geschlossener Kasten *mit Dachüberhang.*

Offener Kasten *mit niedriger Front.*

Nistkasten für Halbhöhlenbrüter Dieser Nistkastentyp ist eine Variante der geschlossenen Form. Statt ein Einflugloch zu bohren, sägen Sie die Vorderseite auf halbe Höhe.

Vorbereitungen Diese beiden üblichen Nistkastenformen werden in gleicher Weise gebaut. Sie brauchen ein 15 mm starkes Brett von 1,80 m Länge und 15 cm Breite oder eine entsprechende Menge Sperrholz. Machen Sie sich am besten Papier- oder Pappschablonen der einzelnen Teile mit den unten angegebenen Maßen und sägen Sie die Holzstücke zu. Die Deckelkante, die an der Rückwand des Kastens anliegt, und die Oberkante der Vorderseite des Höhlenbrüterkastens sollten abgeschrägt werden, damit das Innere trocken bleibt.

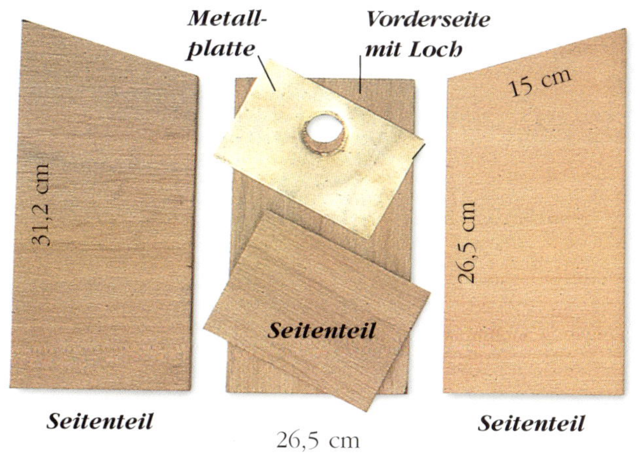

Zusammenbau Bohren Sie die Löcher zum Aufhängen oben und unten in die Rückseite. Befestigen Sie die Seitenwände mit Nägeln (38 mm) an der Grundfläche, dann Rück- und Vorderseite. Für das Dachscharnier eignen sich 12-mm-Stifte.

• NISTKASTEN FÜR BAUMLÄUFER •

Baumläufer nisten normalerweise in Baumspalten oder unter loser Rinde, sie beziehen aber auch künstliche Nitzplätze, wenn die natürlichen rar sind. Manchmal kann man sie dadurch anlocken, dass man ein großes Stück Rinde über einem natürlichen Spalt in einem Baumstamm festbindet. Der Nistkasten für Baumläufer ist eine kompliziertere Konstruktion, die den natürlichen Nistplatz nachahmt. Der Baum bildet die Rückwand des Kastens. Sie benötigen ein 65 cm langes und 15 mm starkes Brett oder Sperrholz. Markieren Sie das Holz nach unten angegebenen Maßen und sägen Sie es zu. Schrägen Sie die langen Innenkanten der Seitenteile ab, so dass sie genau zusammenpassen. Sägen Sie im oberen Drittel der anderen Kante einen Halbkreis von 2,5 cm Durchmesser aus. Mit einer Feile bearbeiten Sie die langen Kanten von Boden und Deckel so, dass keine Lücke zwischen Kasten und Baumstamm entsteht.

Seiteneingänge *Durch die seitlichen Einschlupflöcher ahmt dieser Kasten die natürlichen Nistplätze, z. B. in Baumspalten, nach.*

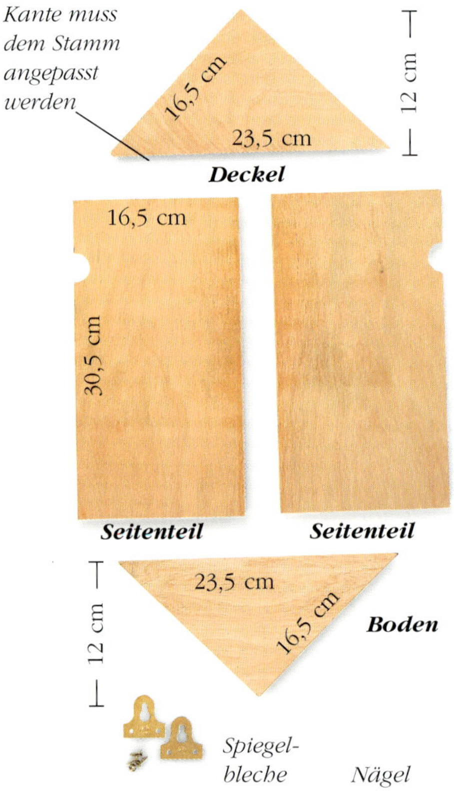

Zusammenbau Nageln Sie die beiden Seitenteile zusammen (achten Sie darauf, dass beide Einschlupflöcher am selben Ende sind) und setzen dann Boden und Deckel ein. Schrauben Sie Spiegelbleche an jedes Ende und ziehen Sie Draht hindurch, mit dem der Kasten am Stamm befestigt wird. Platzieren Sie den Kasten 1 bis 3 m über dem Boden. Damit er für Baumläufer attraktiver wird, können Sie außen Rindenstücke aufkleben.

Baumläufer *Dieser Waldbaumläufer wird mit einem Schnabel voll Insekten gleich zu seinen Nestlingen zurückfliegen und so den Standort seines Nestes verraten.*

• NISTKASTEN FÜR MAUERSEGLER •

Fast alle Mauersegler nisten in Gebäuden, aber neue Häuser benutzen sie nur selten, weil dort geeignete Zugänge zum Dachraum fehlen. In Ihrem eigenen Haus können Sie Löcher anbringen, und manchmal können Bauherren überzeugt werden, in neuen Gebäuden Nistlöcher einzuplanen.

Doch es ist einfacher, Nistkästen unter den Dachüberständen oder an den Giebelwänden anzubringen. Um zu verhindern, dass Spatzen den Kasten beschlagnahmen, verstopfen Sie das Einschlupfloch, bis die Mauersegler im Frühjahr von ihrem Zug zurückkehren.

Winkelstütze

Vollständiger Kasten *Platzieren Sie den Kasten mindestens 6 m über dem Boden und sorgen Sie dafür, dass die Vögel ungehindert ein- und ausfliegen können. Dennoch können mehrere Jahre vergehen, bevor die Vögel den Kasten finden.*

Metallplatte

Vorderseite

Seitenteil

Rückseite

Seitenteil

Verstärkter Einschlupf *Die Metallplatte, die verhindert, dass andere Vögel den Eingang vergrößern, kann aus dem Deckel einer alten Büchse stammen.*

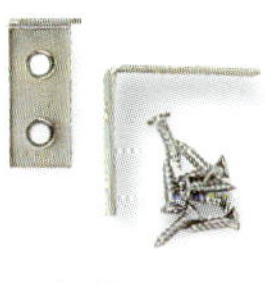

Winkelstützen

Nägel

Zusammenbau Sie brauchen ein 1,6 m langes, 15 mm starkes Brett oder Sperrholz. Sägen Sie die Seitenteile in den angegeben Maßen zu. Für das Einschlupfloch bohren Sie Löcher im Kreis und sägen diesen aus. Verstärken Sie das Loch mit einer Metallplatte, deren scharfe Kanten abgefeilt sind. Für das Loch in der Platte bohrt man wiederum kreisförmig Löcher und bricht den Innenteil mit einem Hartmeißel heraus. Nageln Sie die Teile zusammen, so dass der oben abgebildete Kasten entsteht, achten Sie darauf, dass die Vorderseite nach außen zeigt. Schrauben Sie die Metallwinkel so fest, dass man den Kasten leicht am Balken der Dachüberstände oder Giebel befestigen kann.

Deckel

Boden

• NISTPLATTFORM •

Die Nistplattform, die der Halbhöhle (S. 57) ähnelt, bildet eine feste Unterlage für das Nest des Grauschnäppers, der Bachstelze und der Amsel. Eine solche Nisthilfe ist billig und einfach zu bauen. Da Größe und Form nicht so wichtig sind, kann man Holzreste verwenden. Die abgebildete Plattform wurde aus einer 12,5 x 77 cm großen und 1,5 cm dicken Sperrholzplatte gebaut. Schneiden Sie die Stücke entsprechend den angegebenen Maßen zu.

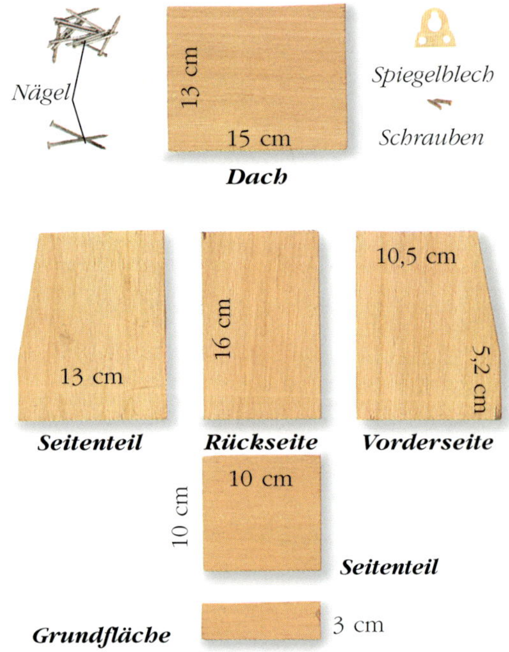

Vorderansicht *Der offene Kasten ist bei Grauschnäppern, die gern hinausgucken, beliebt.*

Zusammenbau Benutzen Sie dazu lange Nägel. Befestigen Sie das Dach so, dass es vorne übersteht. Schrauben Sie zum Schluss die Aufhängung fest.

• SCHÜSSELFÖRMIGE NESTER •

Mehlschwalben bauen schüsselförmige Nester aus Schlamm unter Dachrinnen oder Dachvorsprüngen und nisten meist in Kolonien an angestammten Plätzen. Ist ein Kunstnest vorhanden, nehmen sie auch einen neuen Standort an. Die Nester werden aus Gips oder schnell abbindendem Zement gebaut. Als Grundform verwenden Sie einen Wasserball mit 12,5 cm Durchmesser. Tragen Sie das feuchte Material 9 mm dick auf den Ball auf. Lassen Sie dabei ein Eingangsloch von 6 cm Durchmesser und 2,5 cm Tiefe frei, und betten Sie auf jeder Seite eine Winkelstütze ein. Bauen Sie dann einen Rahmen aus zwei rechtwinklig zusammengeschraubten Brettern. Wenn das Nest trocken ist, schrauben Sie es mit den Winkeln am Holzrahmen fest.

Vorderansicht *Mit etwas Glück benutzen Schwalben das Kunstnest im Schuppen.*

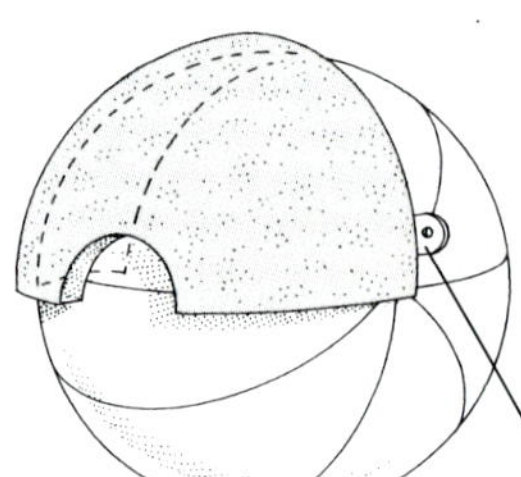

Formen des Nestes *Glätten Sie das Material mit einem Messer. Feilen Sie die Ecken ab, damit das Nest in den Rahmen passt.*

Winkelstütze *Drücken Sie Messingwinkel in das Material.*

GESCHLOSSENE NISTKÄSTEN (S. 57)

	Grundfläche	Höhe (bis zum Flugloch)	Durchmesser (des Fluglochs)	Bemerkungen
Haussperling	15 x 15 cm	15 cm	3,2 cm	Leicht zu stören.
Dohle	20 x 20 cm	40 cm	15 cm	Hängen Sie ihn hoch an abgelegenen Stellen.
Steinkauz	30 x 30 cm	30 cm	10 cm	Unterteilen Sie den Kasten, um das Loch abzudunkeln.
Stockente	30 x 30 cm	20 cm	15 cm	Standort auf einem Floß oder einer Insel.
Kleiber	15 x 15 cm	12 cm	3,2 cm	
Rotschwanz	10 x 25 cm	13 cm	35 mm	
Star	15 x 15 cm	30 cm	5,2 cm	
Straßentaube	20 x 20 cm	10 cm	10 cm	Fügen Sie eine Sitzstange hinzu.
Meise	15 x 15 cm	12 cm	2,9 cm	Kohlmeisen benötigen auch größere Kästen.
Specht	15 x 15 cm	40 cm	60 cm	Mit Styropor füllen.

GESCHLOSSENE NISTKÄSTEN (S. 57)

	Grundfläche	Tiefe (des Kastens)	Höhe (der Vorderseite)	Bemerkung
Turmfalke	30 x 50 cm	30 cm	15 cm	Machen Sie ihn auf einer 5 cm hohen Stange fest. Bringen Sie eine Sitzstange an.
Rotkehlchen	10 x 10 cm	15 cm	5,2 cm	
Zaunkönig	10 x 10 cm	15 cm	10 cm	

NISTPLATTFORMEN (S. 60)

Amsel	20 x 20 cm	20 cm	2,5 cm	
Bachstelze	10 x 10 cm	10 cm	2,5 cm	Gut geschützt aufhängen.
Grauschnäpper	15 x 15 cm	10 cm	2,5 cm	Mit freier Aussicht in der Nähe eines Astes aufhängen.

SPEZIELLE NISTKÄSTEN

Mehlschwalbe	Schüsselförmiges Nest (S. 60)	Befestigen Sie es außen am Haus unter Dachvorsprüngen.
Rauchschwalbe	Schüsselförmiges Nest (S. 60)	Anbringen im Innern eines Stalls o.Ä.
Mauersegler	Rechteckiger Kasten mit dem Eingang auf der Unterseite (S. 59), 50 x 20 x 90 cm	Befestigen Sie ihn waagerecht unter Dachvorsprüngen.
Waldkauz	Kaminförmiger Kasten	Bringen Sie ihn unter einem Ast an.
Baumläufer	Keilförmiger Kasten mit Seiteneingang (S. 58)	Machen Sie ihn an einem Baumstamm fest.

• IM HANDEL ERHÄLTLICHE NISTKÄSTEN •

Wenn Sie keine Zeit oder keine Lust haben, selbst einen Nistkasten zu bauen (S. 56–61), können Sie im Handel zwischen verschiedenen Typen von Kästen wählen. Am besten geeignet sind Nistkästen aus Holz oder Holzbeton (siehe unten). Wenn Sie einen Holzkasten kaufen, prüfen Sie, ob er mit Holzsschutzmittel behandelt ist. Bei einem geschlossenen Kasten müssen Sie darauf achten, dass die Vorderseite oder das Dach entfernt werden können. Einige Nistkästen haben eine Stange vor dem Einschlupfloch. Das ist unnötig, weil die Vögel den Eingang ohne Hilfe überwinden; vielmehr erleichtert eine Stange aber Räubern den Zugang.

Holzbetonkästen Holzbeton, eine Mischung aus Beton und Sägemehl, ist ein sehr hartes und widerstandsfähiges Material. Ein zusätzlicher Vorteil besteht darin, dass es »atmet«, was die Feuchtigkeit im Kasten verringert. Die Holzbetonkästen sind zwar teurer als Holzkästen, halten aber sehr lange. Tests haben erwiesen, dass Vögel sie bevorzugt nutzen und dass sie darin mehr Junge großziehen als in anderen Kästen.

Offener Nistkasten *Dieser Nistkasten aus Holzbeton ist für Rotkehlchen und Grauschnäpper attraktiv.*

Geschlossener Nistkasten *Der Deckel ist verschraubt, um ihn zum Reinigen zu öffnen.*

Drei-Löcher-Kasten *Extra-Löcher gewähren mehr Licht. Die Vögel nisten dann eher an der Rückwand, wo es vor Räubern sicherer ist.*

Reinigung Nistkästen sollten nach Gebrauch gereinigt werden. Alte Nester können Parasiten beherbergen, die bis zum nächsten Jahr überleben und dann die Nestlinge befallen. Warten Sie bis zum September, um sicherzugehen, dass der Kasten nicht mehr benutzt wird. Holen Sie das alte Nest heraus und entfernen Sie alle Reste.

Nistkästen für bestimmte Arten Welche Vogelart in einen Nistkasten einzieht, ist oft Zufall. Allerdings sind die Konstruktion des Kastens und besonders die Größe der Öffnung wichtige Faktoren. Geschlossene Nistkästen mit kleinen Löchern locken normalerweise Blau- und Kohlmeisen an. Sperlinge besetzen zumeist die Kästen mit größeren Löchern. Nistkästen mit offener Vorderseite wirken anziehend auf Rotkehlchen und Zaunkönige, während Grauschnäpper die mit den größten Öffnungen bevorzugen. Außerdem gibt es eine Reihe von Spezialkästen zu kaufen, die für seltenere Gartenvögel gedacht sind. Die Investition lohnt sich besonders, wenn bereits solche Vögel in der Nähe leben und es an natürlichen Nistplätzen mangelt. Schleiereulen z. B. nisten gewöhnlich nicht in Gärten, aber viele der Scheunen, in denen sie früher ihre Nester bauten, haben Wohnhäusern Platz gemacht. Schwalben nisten gern in alten Gebäuden. In Gegenden, wo viele solcher Häuser renoviert wurden, nehmen die Schwalben eher künstliche Nester an.

Variabler Kasten *Verschieden große Einschlupflöcher, die geöffnet oder geschlossen werden, ermöglichen es, diverse Arten anzulocken.*

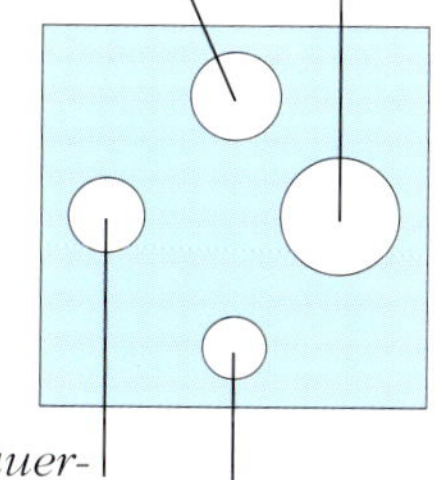

Bachstelzenkasten *Bachstelzen brüten gern unter Brücken. Befestigen Sie den Kasten unter einem Brückenboden, der keine Höhlungen oder Simse hat.*

Schwalbennest *Im Gegensatz zu dem Mehlschwalbennest (S. 60) ist dieses oben offen. Hängen Sie es in einem Schuppen oder in einer Garage auf.*

Eulenkasten *Hoch im Baum platziert, wird dieser Nistkasten vielleicht nicht nur von Schleiereulen benutzt, sondern auch von Vögeln wie Turmfalken und Hohltauben.*

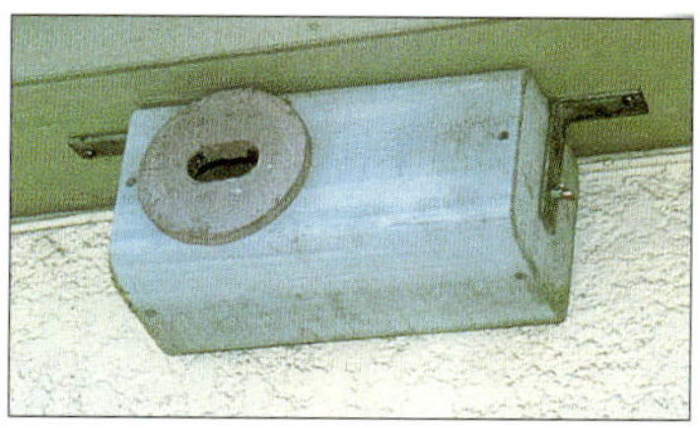

Mauerseglerkasten *Dieser Kasten kann unter dem Dachüberstand angebracht werden. Platzieren Sie ihn hoch, damit die Vögel nicht gestört werden.*

KAPITEL DREI

VERHALTEN

WIE FÜR JEDES ANDERE TIER dreht sich auch für einen Vogel alles ums Überleben. Er muss genügend Futter finden, um für den anstrengenden Flug ausreichend Energie zu haben, um in kalten Nächten nicht zu frieren und um Fettreserven für Schlechtwetterperioden aufzubauen. Nur wenn er selbst überlebt, kann er sich auch fortpflanzen und seine Fertigkeiten an die nächste Generation weitergeben. Welch unterschiedliche Strategien jede Art im Kampf ums Überleben anwendet, zeigt sich in der Verschiedenheit des Verhaltens. Im Lauf der Entwicklungsgeschichte haben sich die Vögel durch ihre jeweilige Art zu fressen, zu fliegen, zu laufen, sich zu verständigen, zu nisten, zu bruten oder weite Strecken zurückzulegen, optimal an ihre Umwelt angepasst. Der Garten ist ein günstiger Ausgangspunkt, um die interessante Lebensweise vieler verschiedener Vogelarten zu beobachten und die Verhaltensweisen zu ergründen.

◁ *Nestlinge wetteifern um die Aufmerksamkeit der Eltern*

DAS LEBEN DER VÖGEL

IM GARTEN KANN MAN VÖGEL bequem beobachten – oft sogar vom Fenster aus. (Berufsornithologen müssen meist auf solche Annehmlichkeiten verzichten!) Wir beneiden Vögel um ihre Freiheit, aber auch sie haben je nach Jahreszeit verschiedene Pflichten zu erfüllen, die sie zeitweilig von früh bis spät beschäftigen. Im Sommer müssen sie sich um die Aufzucht der Jungen kümmern, während im Winter das Überleben im Vordergrund steht.

WIE VÖGEL SICH VERHALTEN

Die einzigartige Möglichkeit, am Privatleben der Vögel teilzuhaben, ist ein guter Grund, seinen Garten möglichst vogelfreundlich zu gestalten. Wenn man Futter auslegt, Nistkästen bereitstellt, Bäume und Sträucher anpflanzt, Fruchtstände von Stauden stehen lässt und bei Insektenschädlingen ein Auge zudrückt, hilft man den Vögeln, in einer zunehmend feindlichen Umwelt zu überleben, und hat selbst noch die Freude der Gesellschaft dieser Tiere. Das Vergnügen ist umso größer, je genauer Sie die Vögel beobachten und verstehen lernen, warum sie ein bestimmtes Verhalten zeigen. Sie können dazu entweder ein Vogelbuch lesen und dann versuchen, das Gelesene im Garten selbst zu beobachten. Natürlich geht's auch umgekehrt – erst beobachten und dann nachschlagen. So oder so macht es Spaß, Neues zu entdecken.

Vor einiger Zeit waren selbst die alltäglichsten Verhaltensweisen der Gartenvögel nicht bekannt, und immer noch lernen wir Neues über ihr Verhalten dazu. Früher nahm man lediglich an, dass die Vögel tun, was

Vogelbeobachtung *Blaumeisen lernen, Zuckerwasser zu trinken. Reines Wasser, das ihnen im gleichen Behälter angeboten wird, ignorieren sie.*

Kampf am Futterhaus *Eine Kohlmeise spreizt die Flügel und zeigt aggressives Imponiergehabe, um eine Blaumeise zu vertreiben. Ohne viel Anstrengung hat sie sich das Futter gesichert.*

»vernünftig« und zweckmäßig für sie ist. Die wissenschaftliche Forschung zeigt nun, dass dies tatsächlich der Fall ist. Auf den ersten Blick könnte man z.B. denken, dass es für den Grauschnäpper das Beste ist, wenn er die größten Insekten jagt, die er finden kann, da bereits wenige davon ausreichen, um seinen Hunger zu stillen. Wie auf Seite 77 beschrieben, kann die Jagd auf Schmetterlinge und Bienen aber so schwierig sein, dass es viel vernünftiger ist, kleinere Insekten zu fangen.

Versucht man herauszufinden, welche Vorteile die Vögel durch bestimmte Lebens- und Verhaltensweisen haben, lassen sich viele Vorgänge im Garten erklären. Trotzdem ist noch manche Frage offen – z. B., warum Saatkrähen manchmal mit dem Kopf nach unten an Telegrafendrähten hängen. Beobachtet man eine Saatkrähe auf einem Draht, hat man den Eindruck, dass sie schwankt – so, als könnte sie nicht das Gleichgewicht halten. Ist vielleicht das Mit-dem-Kopf-nach-unten-Hängen für sie weniger anstrengend als das Aufrecht-Sitzen?

Die Futterglocke, die vor meinem Fenster hängt, lockt zahlreiche Kohl- und Blaumeisen an. Sie fliegen hinein, drehen sich um und halten sich mit den Füßen am Rand fest, so dass sie sitzen können, während sie von der leckeren Fettfuttermasse fressen. Lange Zeit zeigten die Haussperlinge keinerlei Interesse an der Futterglocke, und ich nahm an, dass ihnen einfach die Anpassungsfähigkeit und die Flugfertigkeit fehlten, um dort zu landen.

Ich hatte Unrecht. Am Ende des Winters hielt sich ein einzelner Sperling flügelschlagend unter der Glocke in der Luft, pickte schnell etwas von dem Futter weg und kehrte dann zu seinem Ast zurück. Einige Wochen später hatten bereits mehrere Sperlinge den Trick erlernt und drängelten sich mit den Meisen an der Glocke. Allerdings mussten sie weiterhin flatternd in der Luft stehen bleiben, was ungefähr genauso ist, als versuche man zu essen, während man auf der Stelle läuft. Schließlich gelang es einem Sperling, kopfüber auf der Glocke zu landen, sich wie eine Meise an deren Rand festzuhalten und gemütlich zu fressen. Wenn ich das Geschehen nicht monatelang beobachtet hätte, wären mir die Intelligenz und die Beweglichkeit der Sperlinge entgangen.

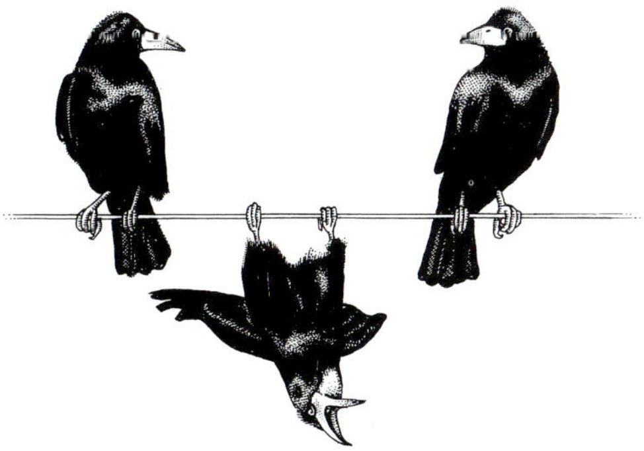

Verkehrt herum *Hin und wieder hängen Saatkrähen mit dem Kopf nach unten; vielleicht ist das für sie weniger anstrengend.*

Der richtige Dreh *Eine Kohlmeise* (oben) *lässt sich auf dem Rand einer Meisenglocke nieder. Überraschenderweise erwies sich ein Haussperling* (rechts) *nach vielen Versuchen als fast ebenso geschickt.*

• DIE TÄGLICHE RUNDE •

Vögel bemerkt man meist nur dann, wenn sie in Aktion sind – wenn sie eine Futterstelle besuchen, hoch oben in einem Baum singen oder Futter für ihre Jungen sammeln. Es entsteht der Eindruck, dass jeder Moment eines Vogellebens nach einem genauen Zeitplan abläuft. Doch auch Vögel haben nicht immer etwas Besonderes zu tun und können zu manchen Zeiten des Jahres auch regelrecht Zeit »verbummeln«.

Sonnenbad *Eine junge Amsel sitzt in der Sonne; vielleicht ist sie satt und hat Zeit für eine Pause.*

Ein langer Tag *Rotkehlchen stehen früh auf und kehren spät zu ihren Schlafplätzen zurück. Auch in der Abenddämmerung sieht man sie manchmal noch am Futterhaus.*

An einem normalen Tag muss sich ein Vogel hauptsächlich um zwei Dinge kümmern: Er muss fressen und sein Gefieder durch Putzen und Baden pflegen. Mir fällt auf, dass Vögel, die mein Futterhaus besuchen, sich morgens mit dem Fressen Zeit lassen. Wenn es dämmert, sammeln sie sich in den Bäumen nahe der Futterstelle, beginnen aber erst zu fressen, wenn es richtig hell ist. Manche Vögel sind früher dran als andere – so sind Rotkehlchen Frühaufsteher, Tauben tauchen erst später auf. Auch am Abend gibt es zeitliche Unterschiede: Möwen und Stare kehren früh an ihre Schlafplätze zurück, während Rotkehlchen meist als letzte verschwinden. Haussperlinge haben einen längeren »Arbeitstag«; sie fangen im Licht der Straßenlampen Nachtfalter.

Zweimal im Jahr bleibt den Vögeln keine freie Zeit. Im Winter müssen sie mehr Zeit am Tag auf die Futtersuche verwenden, weil es weniger Futter gibt und weil sie mehr Nahrung brauchen, um ihre Körperwärme zu halten. Kleine Vögel suchen dann fast den ganzen Tag über nach Futter, und die Futterhäuser sind voller Leben. Im Sommer, wenn sie ihre Jungen aufziehen, haben die Vögel wieder viel zu tun. Nahrung gibt es nun zwar reichlich, die Vögel müssen aber auch ihre gefräßigen Jungen füttern und noch für sich selbst sorgen, damit sie trotz der ständigen Flüge zum Nest bei Kräften bleiben.

Gähnende Taube *Eine Ringeltaube ruht sich im Schutz einer Eiche aus.*

• DAS VOGELJAHR •

Pflichten beim Brüten *Ein Star kehrt mit Futter für die Nestlinge zum Nest zurück. Die Brutzeit ist für Vögel sehr anstrengend.*

Beine vorgestreckt zum Landen

Dreimal im Vogeljahr ist der Energieverbrauch besonders hoch: beim Brüten, bei der Mauser und – bei einigen Arten – beim Vogelzug. Diese drei Ereignisse überschneiden sich normalerweise nicht, denn es ist leicht nachzuvollziehen, dass ein Vogel ein vollständiges Federkleid braucht, wenn er brütet oder gen Süden zieht.

Einige Vögel beginnen schon Mitte Februar mit der Partnersuche. Bei milder Witterung werden manchmal bereits im Spätwinter Eier gelegt. Folgt eine Kälteperiode, wird das Verhaltensprogramm unterbrochen und die Paare trennen sich wieder. Die Zeit des Eierlegens variiert von Jahr zu Jahr um einige Wochen, je nachdem, wann Futter für die Jungen vorhanden ist. Die Eier werden zeitlich so gelegt, dass die Jungen gerade dann aufwachsen, wenn es genügend Nahrung für sie gibt. Meisen und Rotkehlchen haben Junge, wenn es viele Raupen gibt. Grauschnäpper nisten fast zwei Monate später, da sie ihre Jungen mit fliegenden Insekten füttern, die mitten im Sommer in Schwärmen auftreten. Der Waldkauz nistet früh, weil Mäuse und Wühlmäuse leichter zu fangen sind, wenn das Gras noch nicht so hoch ist. Die Jungen des Sperbers schlüpfen, wenn es viele junge Meisen und Rotkehlchen gibt. Nach der Nistzeit lässt der Vogelgesang nach, und man sieht die Vögel weniger häufig. Das ist die Zeit der Mauser – die Vögel wechseln ihr Gefieder. Mit dem neuen Federkleid überstehen sie den Winter oder ihre langen Flüge besser. Zugvögel wandern nicht erst dann ab, wenn sie nicht mehr genügend Futter finden. Die Vorbereitungen für den Vogelzug beginnen schon früher, damit Fettreserven aufgebaut werden können. Der Abflug im Herbst geht ganz allmählich vor sich und verzögert sich, wenn das Wetter gut bleibt. Im Frühjahr dagegen beeilen sich die Vögel, zurückzukommen und mit dem Nisten zu beginnen.

Früher Brüter *Ein Waldkauz wärmt seine Jungen. Waldkäuze brüten früh im Jahr; dann ist die Vegetation noch nicht so hoch, dass sich ihre Beutetiere darin verstecken können.*

INTELLIGENZ

TIEREN WIRD LEICHT INTELLIGENZ ZUGESCHRIEBEN, wenn sie etwas tun, was klug erscheint. Wahrscheinlich reagieren sie einfach automatisch, aber weil sie das »Richtige« tun, sieht es so aus, als handelten sie überlegt. Obwohl die meisten Verhaltensweisen von starren, genau festgelegten Instinkten bestimmt werden, lernen Vögel oft, mit neuen Situationen umzugehen.

INSTINKT

Fehlalarm *Der Anblick roter Federn löst den Angriff eines Rotkehlchens auf einen Artgenossen aus, auch wenn der »Rivale« tot ist.*

Ein Instinkt ist ein starres Verhaltensmuster, das man bei allen Exemplaren einer Art vorfindet. Jedes Individuum ist von Geburt an mit Verhaltensregeln ausgestattet, so dass es weiß, was es in bestimmten Situationen zu tun hat. Der Instinkt ist lebenswichtig. Ein Jungvogel muss ordentlich fliegen können, sobald er das Nest verlässt; sonst stürzt er ab. Der Nestbau vollzieht sich ebenfalls instinktiv. Wenn ein Vogel zum ersten Mal brütet, weiß er, wie er sein Nest bauen muss. Er kann einen geeigneten Platz aussuchen und er weiß, welches Material er sammeln muss. Der ganze Vorgang erscheint sehr durchdacht.

Tatsächlich gehorcht der Vogel lediglich einfachen Regeln, die in seinem Gehirn festgelegt sind und zum richtigen Zeitpunkt ausgelöst werden. Der Auslöser ist oft ein einfacher Reiz oder ein Signal. Der Anblick eines Falken z. B. löst automatisch einen Alarmruf und die Suche nach Deckung aus, auch wenn der Vogel nie im Leben einen Falken gesehen hat. Wenn ein Vogel mit einer unnatürlichen Situation konfrontiert wird, versagt der Instinkt und führt zu unangemessenem Verhalten. Das Rotkehlchen links auf dem Bild vertut seine Zeit damit, einen ausgestopften Vogel mit roter Brust zu attackieren.

Überlebenssignale *Der Instinkt lässt Nestlinge angesichts der Eltern den leuchtend gefärbten Schlund aufsperren, um Futter zu erhalten.*

• LERNEN •

Früher dachte man, das Leben eines Vogels werde fast vollständig von seinem Instinkt bestimmt und sein Verhalten laufe automatisch ab. Inzwischen weiß man, dass die grundlegenden Instinkte, die den Vogel in die Lage versetzen, zu funktionieren, oft durch Lernen modifiziert werden, so dass der Vogel effizienter handeln und auch mit veränderten Umständen fertig werden kann. Ein Jungvogel weiß instinktiv, wie er seine Flügel bewegen muss, um zu fliegen, aber er braucht Übung, um gut zu manövrieren

Wintervorrat *Das Gedächtnis des Eichelhähers befähigt ihn, vor Wochen vergrabene Eicheln, trotz Schneedecke, wieder zu finden.*

Vom Beispiel lernen *Als Meisen lernten, Löcher in die Kappen der Milchflaschen zu picken und die Milch zu stehlen, verbreitete sich dieser Trick allerorts, denn die Vögel lernten voneinander.*

und ordentlich zu landen. Der Nestbau erfolgt instinktiv, aber erfahrenere Vögel bauen in kürzerer Zeit bessere Nester als Neulinge.

Lernen ist die Fähigkeit, ein Verhalten auf Grund von Erfahrung zu modifizieren, aber dass Vögel offensichtlich dazulernen, bedeutet nicht, dass sie genauso denken wie Menschen. Das Erlernte ist zumeist das Ergebnis von Versuch und Irrtum. Hühner auf einem Bauernhof picken instinktiv nach kleinen Objekten auf dem Boden, aber durch Erfahrung lernen sie, nach essbaren Körnern zu picken und nicht nach Kieselsteinen. So ergänzen Instinkt und Lernen einander. Der Instinkt ist entscheidend für das Überleben, wenn keine Zeit zum Lernen ist, aber durch Lernen kann der Vogel sein Verhalten weiterentwickeln und effizienter machen.

Vögel sind auch in der Lage, voneinander zu lernen. Sie können neue Gewohnheiten erlernen, z. B. wie man eine neue Art Futter findet. Indem sie andere Vögel beobachten, können sie herausfinden, wie sie an ungünstig gelegenes Futter kommen, wie der Haussperling, der auf Seite 67 beschrieben ist. Ebenso beobachten Meisen einander, wenn ein ganzer Schwarm Futter sucht. Wenn eine Meise zwischen Blättern versteckte Insekten findet, suchen die anderen an ähnlichen Stellen.

Problemlösung *Blaumeisen beweisen ihre Lernfähigkeit, wenn sie eine Möglichkeit finden, eine Erdnuss aus einer Röhre zu holen.*

∴ SINNE ∴

DIE SINNE DER VÖGEL ÄHNELN DEN UNSEREN, aber sie sind ihren speziellen Bedürfnissen angepasst – sie eignen sich besonders für Reisen durch die Luft (wenn sie ihre Bewegungen in drei Dimensionen kontrollieren müssen). Vögel müssen außerdem Futter und Artgenossen finden, nach Gefahren Ausschau halten und auf dem Vogelzug navigieren. Wie beim Menschen sind bei den Vögeln die Fähigkeiten zum Sehen und Hören gut entwickelt. Riechen können die meisten Vögel nur schlecht.

• SEHEN •

Ein gutes Sehvermögen ist für Vögel lebenswichtig, weil sie sofort und exakt die Position der sie umgebenden Objekte erkennen müssen, wenn sie fliegen. Das auf den Punkt genaue Manövrieren zeigen sehr eindrucksvoll der Mauersegler, der im Flug Insekten aufschnappt, oder der kleine Vogel, der im Flug zwischen den Gitterstäben eines Zaunes hindurchschlüpft. Aber jeder Vogel muss manövrieren können, um auf einer Sitzstange zu landen oder durch Bäume zu fliegen. Dennoch ist die Sehfähigkeit der Vögel nur wenig besser als unsere. Der Unterschied liegt darin, dass Vögel sehr viel schneller als Menschen Einzelheiten erfassen können: Eine Szene, die ein Mensch Stück für Stück in sich aufnimmt, erfasst ein Vogel auf einen Blick. Außerdem können Vögel die kleinste Bewegung wahrnehmen. Dank dieser Fähigkeit können sie mögliche Gefahrenquellen entdecken und schnelle Beutetiere erjagen. Vögel können sehr gut Farben erkennen, ähnlich wie wir Menschen. Ihre Augen reagieren besonders sensibel auf die Farbe Rot, so dass sie problemlos rote Beeren zwischen grünen Blättern herauspicken können. Außerdem nehmen sie ultraviolettes Licht wahr, das wir nicht sehen können. Einige schwarze Beeren, z. B. Efeu, reflektieren ultraviolettes Licht.

Die Bedeutung des Sehvermögens für Vögel zeigt sich in der erheblichen Größe ihrer Augen. Eulen haben so große Augen, dass diese fast in der Mitte des Gesichts

Sehvermögen der Vögel *Vögel können ultraviolettes Licht besser sehen als Menschen. Das bedeutet, dass Vögel und Menschen die Merkmale von Pflanzen unterschiedlich wahrnehmen.*

Normale Sicht *Unsere Augen nehmen kein ultraviolettes Licht wahr; wir sehen nur gelb.*

Silbermöwe *Wenn sie um Futter betteln, picken die Jungen der Silbermöwe ihren Eltern auf den roten Punkt an der Schnabelspitze.*

aneinander stoßen. Wie alle Vögel können sie jedoch ihre Augäpfel nur wenig drehen. Wenn sie nach hinten gucken, müssen Vögel Hals und Kopf hin und her bewegen. Eulen können ihren Kopf um bis zu 270 Grad drehen.

Greifvögel wie Eulen und Habichte haben ihre Augen vorne im Kopf. Dadurch können sie gut binokular sehen, also die Entfernung bis zu ihrer Beute richtig einschätzen und präzise angreifen. Außerdem können sie den Fokus rasch verändern, wenn sie auf ihre Opfer zurasen. Andere Vögel haben die Augen an den Seiten des Kopfes, so dass sie erkennen können, wenn sich eine Gefahr aus irgendeiner Richtung, außer genau von hinten, nähert. Weil diese Vögel nur schlecht binokular sehen, müssen sie den Kopf auf und ab bewegen, um Entfernungen abzuschätzen. Wenn sie etwas genau untersuchen wollen, müssen sie den Kopf drehen und das Objekt mit einem Auge betrachten. Wenn Amseln im Rasen nach Würmern suchen, legen sie den Kopf schief, um ins Gras zu spähen. Stare dagegen schielen an ihrem Schnabel entlang, wenn sie nach Insekten oder Regenwürmern im Rasen Ausschau halten.

Rundblick *Seitwärts gerichtete Augen erfassen zwei Richtungen.*

Binokulare Sicht *Die Schleiereule schätzt Entfernungen sicher ab.*

Sehen und Gehen *Das Nicken des Kopfes beim Gehen erleichtert es der Schafstelze, die winzigen Insekten auszumachen, die sie fressen will.*

• HÖREN •

Vögel nutzen ihren Gehörsinn, um den Gesang und die Rufe der anderen wahrzunehmen. Die Analyse ihrer Rufe zeigt, dass sie Feinheiten hören können, die wir nicht entdecken. Es gibt außerdem Belege dafür, dass einige Vögel ihr Gehör dazu benutzen, um Beutetiere aufzuspüren. Die Ohren eines Vogels ähneln den unseren in Bezug auf die Empfindlichkeit, allerdings können sie Laute wahrnehmen, die für uns zu tief sind.

Ein offensichtlicher Unterschied zwischen Vögeln und Säugetieren besteht darin, dass Vögel keine Ohrmuscheln besitzen. Stattdessen sind die Öffnungen ihrer Ohren von Federn bedeckt. Doch Eulen nutzen den Ring feiner Federn um jedes Auge (siehe das Bild von der Schleiereule oben) dazu, Geräusche in ihre Ohren zu leiten. Die Ohren einer Eule sind asymmetrisch am Kopf, so dass beide Ohren ein Geräusch mit einer kleinen zeitlichen Verzögerung wahrnehmen. Dies versetzt die Eule in die Lage, die Quelle des Geräusches sehr genau zu lokalisieren – ein unschätzbarer Vorteil für die Nachtjägerin. Das schwache Rascheln einer Maus reicht aus, um einem Waldkauz ihre Position zu verraten und seinen Beuteschlag zu lenken.

Junge Wachtel *Die Ohröffnung ist bei Nestlingen, die noch keine Federn haben, gut zu erkennen.*

NAHRUNG UND ERNÄHRUNGSWEISE

KEIN TIER KANN OHNE NÄHRSTOFFE, die es zum Wachsen, für die Muskelarbeit und die Wärmeerzeugung braucht, überleben. Zusätzlich benötigt ein Vogelmännchen besonders während der Balz und der Revierverteidigung genügend Futter, das Weibchen muss während der Eiablage und der Brutzeit bei Kräften bleiben. Später müssen die Eltern Futter für ihre Jungen suchen.

WAS VÖGEL FRESSEN

Die Nahrungssuche ist das Wichtigste im Leben jedes Tieres. Weiß man, was und wie ein Vogel frisst, kann man bereits viel über seine Lebensweise aussagen. Wir sollten jedoch die Tiere nicht mit menschlichen Maßstäben messen und z. B. Stare nicht als Vielfraße verurteilen, weil sie die Futterstelle schnell leer räumen, oder Amseln brutal nennen, weil sie Drosseln das Futter stehlen. Beides sind natürliche Strategien, um an die tägliche Nahrung zu gelangen. Wenn wir uns die Fressgewohnheiten der Gartenvögel genauer ansehen, wird deutlich, wie jeder Vogel die natürlichen Futterquellen nutzt, wie er seine Lebensweise den Gegebenheiten möglichst gut anpasst und wie wir den Vögeln durch Fütterung helfen können.

Größe und Form des Schnabels geben Auskunft darüber, was ein Vogel frisst (S. 10). Stare, Amseln und Möwen haben »Allerweltsschnäbel«, mit denen sie ganz unterschiedliches Futter fressen können. Das hat zu ihrer weiten Verbreitung in Städten und auf dem Land geführt. Andere Vögel haben Schnabelformen, die nur für bestimmte Nahrung geeignet sind. Die meisten Finken z. B. haben kegelförmige Schnäbel, mit denen sie Samen öffnen können.

Stieglitz und Zeisig können mit ihren schlanken Schnäbeln Samen aus Distelköpfen herausholen. Andere Finken müssen dazu erst die Samenköpfe aufreißen oder warten, bis sich die Samen von selbst lösen. Der Grünfink mit seinem kurzen,

Spezialisiert *Der Stieglitz* (links) *pickt mit seinem pinzettenähnlichen Schnabel Samen aus Karden und Disteln; der Dompfaff* (oben) *zerdrückt mit dem Schnabel Samen und Früchte.*

breiten Schnabel frisst die Samen von Getreide, Ulme, Brombeere, Kreuzkraut und Kletten. Oft pickt er heruntergefallene Samen vom Boden auf. Der Kernbeißer, den man im Garten wegen seiner heimlichen Lebensweise oft übersieht, hat einen großen Schnabel mit kraftvollen Kaumuskeln. Er knackt damit die Kerne von Kirschen und Schlehenfrüchten, frisst aber auch die Samen von Ulmen und anderen Bäumen.

Der Dompfaff kann mit seinem kurzen, scharfkantigen Schnabel gut Knospen abrupfen, Samen und Früchte zerdrücken und schälen und sogar kleine Schnecken aus ihrem Gehäuse lösen. Einzelne Samen aufzupicken, bereitet ihm jedoch Schwierigkeiten. Buchfink und Bergfink können mit ihren langen Schnäbeln gut Samen vom Boden aufpicken; mit Fruchtständen kommen sie dagegen

Fester Griff *Ein Turmfalke hält mit seinen Krallen eine Maus fest.*

nicht zurecht. Den spezialisiertesten Schnabel unter den Finken haben die Kreuzschnäbel. Obwohl der einzigartig geformte Schnabel (die Spitzen sind gebogen und überkreuzen sich) besonders geeignet ist, Samen aus Zapfen von Nadelhölzern herauszuholen, können Kreuzschnäbel damit auch Äpfel zerteilen und die Kerne herauspicken oder ein Stück Baumrinde abziehen, um die darunter lebenden Insekten freizulegen.

Der Vogelschnabel ist ein Universalwerkzeug, das sehr vielseitig und geschickt beim Fressen und beim Nestbau eingesetzt wird. Dagegen halten nur wenige Arten die Nahrung beim Fressen mit den Füßen fest. Der Dompfaff schält Samen mit Hilfe der Zunge und der beiden Schnabelhälften; er benutzt niemals seine Füße, um die Samen festzuhalten. Der Stieglitz

Kreuzschnabel *Der einzigartig geformte Schnabel ermöglicht es dem Kreuzschnabel, Samen aus Kiefern-, Lärchen- und Fichtenzapfen herauszuholen.*

Geöffnete Kiefernzapfen

dagegen hält Birken- und Erlenkätzchen mit dem Fuß fest, während er darauf herumpickt. Greifvögel wie Sperber und Turmfalke töten kleine Säugetiere mit ihren Krallen; beim Fressen halten sie ihre Beute mit den Krallen fest. Meisen und Krähen benutzen ihre Füße, und wenn sie Füße und Schnabel zusammen einsetzen, können sie sogar lernen, an einer Schnur zu ziehen, um an Futter – z. B. ungeschälte Erdnüsse – am anderen Ende zu gelangen.

Dehnübung *Eine Tannenmeise entwickelt bei dem Versuch, ein Futternetz festzuhalten, akrobatische Fertigkeiten.*

• EFFEKTIVE FUTTERSUCHE •

Ein Vogel versucht, möglichst leicht an möglichst nahrhaftes Futter heranzukommen. Dazu wählt er im Rahmen seiner Möglichkeiten, die durch Schnabel- und Zehenform und andere körperliche Merkmale, aber auch durch seine flugtechnischen Fertigkeiten vorgegeben sind, das bestmögliche Futter aus. Das Ziel wird klar, wenn man es mit finanztechnischen Begriffen umschreibt: Ein Vogel hat das Ziel, seinen Lebensunterhalt zu verdienen, indem er ein möglichst hohes Einkommen (Futter) mit möglichst geringem Aufwand (Energieverbrauch für den Nahrungserwerb) erhält. Überschüsse, die als Fett gespeichert werden, dienen als Reserve für schlechte Zeiten und als Kapital, das bei besonderen Ereignissen, wie dem Brüten oder dem Vogelzug, ausgegeben werden kann. Futterstellen sind beliebt bei Vögeln, da hier der Lebensunterhalt leichter verdient werden kann als unter natürlichen Bedingungen.

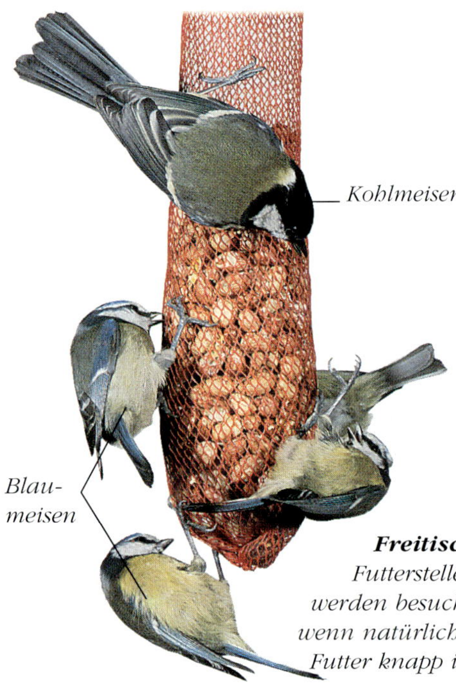

Freitisch *Futterstellen werden besucht, wenn natürliches Futter knapp ist.*

Unter der für ihn bekömmlichen Nahrung sucht sich ein Vogel das Futter aus, das er am leichtesten beschaffen kann. Dompfaffen bevorzugen die Samen von Esche, Brombeere, Ampfer oder Brennnessel. Erst wenn diese Nahrungsquellen gegen Ende des Winters aufgebraucht sind, fallen sie auch in Obstgärten ein. Jeder Dompfaff kann pro Minute mehr als 30 Knospen abreißen. Wie viel Zeit er auf dieses zerstörerische Tun verwendet, hängt davon ab, wie viel Futter er sonst finden kann. Obstgärtner verfluchen den Vogel, aber die Knospen sind seine letzte Rettung, auch wenn sie so wenig Nährstoffe enthalten, dass er sehr viele davon fressen muss, um zu überleben.

Ungewöhnliche Fressgewohnheiten können Sie am ehesten beobachten, wenn die üblichen Nahrungsquellen knapp werden. Wenn Wacholderdrosseln sehr hungrig sind, fressen sie sogar Rüben, und Amseln füttern in Trockenperioden, wenn sie keine Würmer finden, ihre Jungen mit Weißbrotkrusten. Schnecken sind eine Notration für Singdrosseln, jedoch nur bei Frost oder Dürre, da das Öffnen der Schneckenhäuser viel Mühe macht. Noch langwieriger wird dieses Geschäft, wenn Amseln die schnelle Mahlzeit erspähen und den Drosseln den Lohn ihrer mühevollen Arbeit stehlen.

Aufwendiges Mahl *Schneckenfleisch ist für die Singdrossel eine hart erarbeitete Mahlzeit. Um eine große Schnecke zu öffnen, muss sie diese mehrmals gegen einen Stein schleudern.*

Wie flexibel die Regeln der Vogelökonomie sind, beweist am besten der Grauschnäpper: Er wartet auf einem Zweig und startet dann, um Insekten im Flug zu fangen. Wenn er die Insekten, die er von diesem Ast aus erreichen kann, gefressen hat, zieht er weiter zum nächsten. Gibt es viele Insekten, bevorzugt er die nahrhaften Fliegen von Schmeißfliegengröße, da sie leicht zu fangen und zu verschlucken sind. Schmetterlinge und Bienen beachtet er nicht – sie sind zwar größer, er müßte sich jedoch auch länger mit ihnen beschäftigen. Winzig kleine Fliegen und Mücken kann er zwar mühelos verschlucken, es bedarf aber vieler Energie verbrauchender Flüge, um so viele davon zu sammeln, dass er satt wird. Wenn sich die Gelegenheit ergibt, steigt der Grauschnäpper auf andere Beutetiere um. Trifft er zufällig auf Schmetterlinge, pickt er sie auf. Findet er einen Schwarm Mücken, schnappt er sich schnell einige von ihnen.

Mundgerecht *Grauschnäpper fressen gern fliegende Insekten von der Größe einer Schmeißfliege.*

· DAS ANLEGEN VON FUTTERVORRÄTEN ·

Wenn man Futter sammelt, solange es im Überfluss vorhanden ist, muss man in Notzeiten nicht hungern. Manchmal verschwinden Erdnüsse und Sonnenblumenkerne schneller aus dem Futterhaus, als die Zahl der dort fressenden Vögel vermuten ließe. Dann tragen Vögel das Futter weg, um es zu verstecken. Tannenmeise, Sumpfmeise und Kleiber z. B. legen sich Futtervorräte an. Sie holen sich Erdnussstücke vom Futterhaus, um sie in der Rinde eines Baumes zu verstecken. Ein Futtervorrat wird angelegt, wenn reichlich Futter vorhanden ist, also im Herbst oder an einer Futterstelle. Oft werden Nüsse versteckt, da sie nährstoffreich sind und sich gut halten. Meisen lagern aber auch Insekten ein, Krähen sogar Brot, Fleisch und andere Speisereste. Es kann Wochen dauern, ehe der Besitzer zu einem Versteck zurückkehrt. Der Vogel merkt sich die Stelle offensichtlich genau; er orientiert sich dabei an bestimmten Merkmalen in der Umgebung. Eichelhäher finden vergrabene Eicheln sogar unter einer dicken Schneedecke wieder. Vorräte dienen normalerweise als Notration für harte Zeiten. Die beiden Tannhäherarten in Nordeuropa und Amerika verlassen sich – beim Überlebenskampf im Winter und bei der Aufzucht der Jungen im Frühjahr – stark auf ihre Haselnussvorräte, die sie im Herbst angelegt haben.

Für harte Zeiten gerüstet *Tannenmeisen legen Vorräte an; diese hier transportiert eine Erdnuss, um sie zu verstecken.*

• NEUE NAHRUNGSQUELLEN •

Durch Beobachtungen von Gartenvögeln weiß man, wie Vögel lernen, neue Futterquellen zu nutzen. Es kommt immer wieder vor, dass der eine oder andere Star oder Haussperling im Garten lernt, wie die Meisen an Futternetzen oder -glocken zu fressen (siehe S. 67). Man kann aber schwer beurteilen, ob sie diese Fertigkeit zufällig oder durch das Nachahmen der Meisen entwickeln. Vögel lernen in der Regel durch Versuch und Irrtum, was essbar ist. Die verschiedenen Finkenarten probieren als Jungvögel alle Samenarten aus und kommen dann auf diejenigen zurück, die sie mit ihrer Schnabelform und -größe am besten bearbeiten können. Auch junge Amseln picken zuerst alles an und lernen so, was sie fressen können. Der Lernprozess wird durch das Beobachten und Nachahmen der Eltern und anderer Vögeln im Schwarm beschleunigt.

Manchmal kommt eine neue Gewohnheit auf; die Vögel verhalten sich dann ganz ungewöhnlich. Der Buntspecht jagt Insekten in der typischen Spechtmanier: Er hackt die Rinde von Bäumen ab und legt die darunter versteckten Kleintiere und ihre Larven frei. Man hat jedoch auch schon Spechte beobachtet, die wie Schnäpper fliegende Insekten im Sturzflug jagten. Solche ungewöhnlichen Verhaltensweisen können darauf hindeuten, dass Vögel eine neue Fertigkeit erlernt haben. Vielleicht gehören sie aber auch zum Verhaltensrepertoire der jeweiligen Art und kommen nur selten zum Ausdruck.

Manchmal ist ein Verhalten jedoch wirklich neu. Das bekannteste Beispiel sind Meisen, die gelernt haben, Milch aus Flaschen zu stehlen (siehe S. 11). Es scheint, dass diese Angewohnheit unabhängig voneinander an mehreren Stellen gleichzeitig entstand, sich dann aber schnell ausbreitete, da immer mehr Vögel den Trick beherrschten. Die Flaschen werden mit derselben Technik geöffnet, mit der Meisen Nüsse aufhämmern oder Rinde von Bäumen abziehen, um nach Insekten zu suchen.

Neue Futterquelle *Buntspechte fressen regelmäßig Samen und Nüsse; dass sie Futterautomaten aufsuchen, ist aber eine relativ neue Gewohnheit.*

Milch *Eine Meise stiehlt Rahm aus einer Milchflasche. Sie hat gelernt, unter welcher Deckelfarbe sich die fettreichere Milch verbirgt (S. 11).*

• VÖGEL UND FRÜCHTE •

Es ist nicht sehr erfreulich, wenn Vögel in Ihrem Garten die Früchte abreißen, sobald sie reifen. Den Pflanzen tun die Vögel damit jedoch einen Gefallen, denn die Früchte dienen der Verbreitung der Samen. Manche Samen werden durch den Wind verbreitet, z. B. die flaumigen Samen von Disteln und die »Flieger« von Ahorn und Esche. Fleischige Früchte sind dazu da, gegessen zu werden. Vögel sprechen auf dieselben Eigenschaften an wie wir: leuchtende Farben und süßes, saftiges Fruchtfleisch. Die Vögel verdauen das Fruchtfleisch, scheiden die Samen aber weit entfernt von der Mutterpflanze wieder aus.

Fruchtfleisch ist zwar nicht so nahrhaft wie Insekten oder Samen, aber leichter zu sammeln. Früchte sind deshalb im Winter, bei harten Wetterbedingungen, aber auch bei Sommerdürre eine wichtige Nahrungsquelle für Vögel. Finden Vögel im Winter einen Obstbaum, können sie viel Energie sparen. Sie brauchen die Früchte nur zu verschlingen und können in der Nähe sitzen bleiben, bis die nächste Mahlzeit fällig ist.

Die wichtigsten Gartenvögel, die Früchte fressen und dadurch deren Samen verbreiten, sind Drosseln, einige Grasmücken (z. B. Mönchs- und Gartengrasmücke), Stare und einige Rabenvögel. Andere Arten wie Finken, Meisen und Ringeltauben verdauen sowohl das Fruchtfleisch als auch die Samen und bringen dadurch die für beide Seiten nützliche Beziehung zwischen Pflanzen und Vögeln durcheinander.

Früchte fressende Vögel tauchen oft in Schwärmen auf, und im Winter kann man eine Schar Amseln oder Wacholderdrosseln bei ihrer Arbeit in einer Stechpalme oder aufgereiht an einer Weißdornhecke beobachten. Manchmal versucht eine Mistel- oder eine Wacholderdrossel, ihren Obstbaum gegen andere Vögel zu verteidigen. Die Anstrengung lohnt sich: Sie kann sich dadurch eine zuverlässige Futterquelle sichern. Wenn jedoch ein ganzer Schwarm von Früchtefressern über den Baum herfällt, wird der ehemalige Besitzer einfach überrannt. Er hat dann keine andere Wahl, als sich ihnen anzuschließen, um auch noch ein paar Früchte zu ergattern.

Überreife Frucht *Im Winter ist ein alter, verrotteter Apfel eine üppige Mahlzeit für die Misteldrossel.*

Rote Früchte *Vögel scheinen besonders auf leuchtende Beeren anzusprechen.*

·: FLIEGEN :·

MIT IHRER FLUGFÄHIGKEIT verfügen Vögel über eine Fortbewegungsmöglichkeit, die allen anderen Tieren – außer Insekten und Fledermäusen – verschlossen bleibt. Eichhörnchen, Hasel- und Waldmäuse können zwar auf Bäume klettern, aber nicht von Ast zu Ast fliegen oder einen weiteren Umkreis nach Nahrung absuchen.

• DIE »KOSTEN« DER FLUGFÄHIGKEIT •

Schnelligkeit ist der große Vorteil beim Fliegen, hoher Energieverbrauch – 10- bis 15-mal höher als beim Gehen – der entscheidende Nachteil. Ein Vogel muss deshalb abwägen, ob er aus Sparsamkeitsgründen lieber auf Geschwindigkeit verzichtet. Wenn Sie trockenes Brot aus dem Fenster werfen, muss ein Star, der in der Nähe am Boden sitzt, entscheiden, ob er über den Rasen laufen oder fliegen soll. Will er seinen Artgenossen zuvorkommen, lohnt sich die zusätzliche Anstrengung des Fluges.

Einige Vögel, und zwar so unterschiedliche wie der Zaunkönig und die Stockente, müssen dauernd mit den Flügeln schlagen, um sich in der Luft zu halten, andere können mit geringem Aufwand durch die Luft gleiten. Den Weg von ihren Schlaf- zu den Futterplätzen legen Möwen mit ständigem Flügelschlag zurück. Dort angekommen, kreisen sie langsam und Energie sparend über dem Gelände, um nach Nahrung Ausschau zu halten. Außerdem nutzen sie die Windböen, die sich oft zwischen Gebäuden bilden, um aufzusteigen. Mauersegler nutzen diesen

Insektenfalle *Wenn sich Mauerseglern die Gelegenheit bietet, fressen sie Insekten, die in einem Luftwirbel gefangen sind.*

Zaunkönig im Flug *Zaunkönige fliegen schnell und geradlinig. Ihr Flügelschlag erzeugt ein wahrnehmbares Surren.*

Effekt doppelt, denn in den Luftwirbeln, die z. B. an einer Baumreihe entstehen, sammeln sich auch Insektenschwärme. Die Mauersegler fliegen langsam in die Luftströmung hinein und bleiben immer wieder fast auf der Stelle stehen, um die Insekten aufzuschnappen, die in dem Luftwirbel gefangen sind. Mauersegler nutzen auch die Thermik aus – also die Aufwinde, die an sonnigen Tagen entstehen, wenn der Boden sich stark erwärmt hat. Auch diese sind Insektenfallen, und die Mauersegler, mitunter aber auch Schwalben, Möwen oder Stare, lassen sich hochtragen und genießen dabei eine Mahlzeit ohne großen Aufwand.

Auf weiten Strecken wird die Ökonomie oft wichtiger als die Geschwindigkeit. Kleine Vögel können die Thermik nicht ausnutzen, einige von ihnen, z. B. Meisen, Finken und Stare, sparen jedoch dadurch Energie, dass sie abwechselnd mit den Flügeln schlagen und diese geschlossen halten. Die Vögel halten dabei ihre Flügel eher geschlossen, als dass sie gleiten, denn bei Vögeln dieser Größe ist der Nachteil durch den Luftwiderstand an den ausgebreiteten Flügeln größer als der Vorteil des Auftriebs, den sie erzeugen.

Wellenflug *Das Flügelschlagen trägt die Blaumeise empor. Wenn sie ihre Flügel anlegt, schießt sie durch die Luft, dann sackt sie nach unten.*

REISEGESCHWINDIGKEITEN
in km/Stunde

Blaumeise	29	Graureiher	43,5
Rauchschwalbe	32	Sperber	43,5
Zaunkönig	32	Rabenkrähe	50
Star	34	Fasan	55
Silbermöve	40	Ringeltaube	61
Mauersegler	40	Stockente	68

• START UND LANDUNG •

Vögel müssen eine bestimmte Geschwindigkeit erreichen, ehe sie abheben können. Um Auftrieb zu erzeugen, werden die Flügel hin und her bewegt; dadurch entsteht an der Flügeloberfläche ein Luftstrom. Start und Landung sind gegen den Wind leichter, weil sich so zusätzlich Auftrieb ergibt. Die meisten Gartenvögel starten, indem sie in die Luft hüpfen. Das ist anstrengend, aber der Hüpfer hilft beim Abheben. Tauben, die recht schwer sind, starten oft mit einem lauten Flügelklatschen. Dieses Geräusch entsteht, wenn sie ihre Flügel nach vorn und nach unten bewegen, um einen Luft-

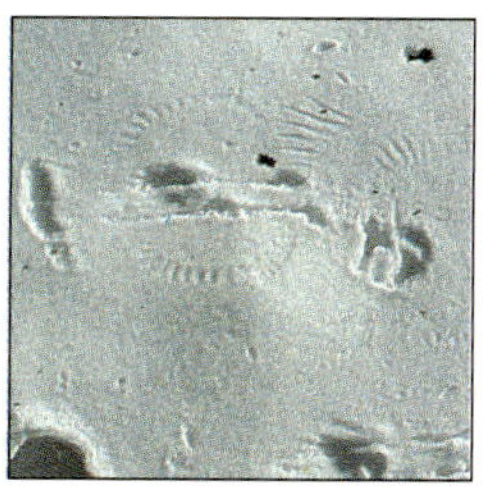

Fußspuren *Im weichen Schnee sind die Spuren der Flügelspitzen einer Amsel zu sehen und der tiefe Abdruck ihrer Füße, als sie in die Luft hüpfte.*

Katapultstart *Ein junges Turmfalken-Männchen stößt sich ab.*

Aufsetzen *Um Beute zu machen, muss der Waldkauz präzise landen. Durch die ausgebreiteten Flügel und den gespreizten Schwanz kann er sein Tempo kontrolliert verlangsamen.*

strom über den Flügeloberflächen zu erzeugen. Größere Vögel lassen sich einfach von einem Ast fallen, breiten ihre Flügel aus und beschleunigen mit Hilfe der Schwerkraft. Auf dem Boden rennen sie ein paar Schritte, um abzuheben. Schwieriger ist es, aus dem Wasser zu starten. Enten gelingt dies, aber Blässhühner und Schwäne müssen erst rennen, um sich in die Luft erheben zu können.

Beim Landen müssen die Vögel ihre Geschwindigkeit so weit wie möglich verringern. Kleine Vögel können ihr Tempo leicht bremsen, bis sie mit flatternden Flügeln in der Luft stehen bleiben und dann behutsam aufsetzen. Wollen große Vögel auf einem Ast landen, fliegen sie ihn tief an und steigen wieder nach oben, um Tempo zu verlieren. Landen sie auf dem Boden, rennen sie noch ein kurzes Stück, um den Schwung abzubremsen.

• FLÜGEL- UND SCHWANZFORMEN •

Größe und Form der Vogelflügel bestimmen die Art und Weise des Fliegens. Im Allgemeinen geben breite Flügel bei langsamem Flug guten Auftrieb, z. B. bei einer kreisenden Saatkrähe, oder ermöglichen einen schnellen, senkrechten Start, wie beim Fasan. Mit dem Schwanz können die Tiere manövrieren. Wenn ein Vogel seine Schwanzfedern verloren hat, kann er immer noch fliegen.

Aus der allgemeinen Form von Flügeln und Schwanz kann man viel über die Lebensweise eines Vogels erfahren. Im Laufe der Evolution sind viele unterschiedliche Flügelformen entstanden; sie sind dem jeweiligen Nahrungserwerb und der Lebensweise angepasst. Wenn der Mauersegler durch die Luft kreist, um Insekten zu jagen, wechseln Flügelschläge mit kurzen Gleitphasen ab. Die Rauchschwalbe fliegt

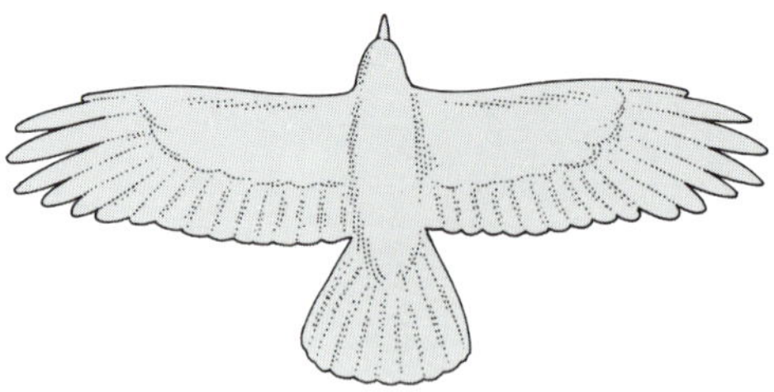

Saatkrähe *Lange, breite Flügel und ein runder Schwanz erzeugen guten Auftrieb. Die Krähe kann so mit geringer Anstrengung gleiten.*

Abheben *Beim Aufschlag werden die Flugfedern gespreizt und damit die Tragflächen vergrößert.*

dagegen in Bodennähe oder über Wasser oft mit einem weniger Energie sparenden Flug. Dennoch ist sie der leistungsfähigere Jäger, weil sie mit ihrem langen Schwanz besser manövrieren und auch größere und schnellere Insekten verfolgen kann. Das erklärt, warum Rauchschwalben vor den Mauerseglern in Europa ankommen, obwohl sie nach ihnen aus Afrika abfliegen und mehr Junge aufziehen.

Rauchschwalbe *Gute Manövrierfähigkeit durch lange Schwanzfedern*

Mauersegler *Energie sparendes Fliegen durch sichelförmige Flügel*

• RÜTTELN UND SCHWIRRFLUG •

Der Auftrieb entsteht durch das Flügelschlagen, aber auch durch den Luftstrom an den Flügeloberflächen, der durch die Vorwärtsbewegung des Vogels erzeugt wird. Je langsamer ein Vogel fliegt, desto geringer ist der Auftrieb, der durch den Luftstrom erzeugt wird; er muss deshalb stärker mit den Flügeln schlagen. Wenn ein Vogel flatternd in der Luft steht, entsteht der Auftrieb gänzlich durch das Flügelschlagen, und das kostet viel Energie. Der Turmfalke ist einer der wenigen einheimischen Vögel, die regelmäßig in der Luft rütteln. Andere Arten tun dies, wenn die Situation es erfordert, z. B. um Insekten zu fangen oder Früchte zu pflücken. Amseln, Rotkehlchen, Buchfinken und Stare können nicht wie Meisen kopfüber an einer Meisenglocke landen. Sie können jedoch lange genug unter der Glocke »stehen bleiben«, um an der Futtermischung zu picken.

Rüttelnder Turmfalke *Der Turmfalke fliegt mit derselben Geschwindigkeit, mit der er zurückgetragen wird, gegen den Wind, so dass er auf der Stelle steht.*

Ausgesperrt *Eine Kohlmeise – durch das Acrylglas getäuscht – versucht vergeblich, eine Erdnuss zu ergattern.*

Futterautomat

• FORMATIONSFLUG •

Es ist erstaunlich, dass es nicht mehr Zusammenstöße gibt, wenn z. B. eine Gruppe von Haussperlingen sich in die Luft erhebt oder ein Starenschwarm seine Runden dreht. Ein Schwarm zeigt beim Abflug eine fantastische Koordination und ändert die Richtung wie ein einzelner Vogel. Das ist möglich, weil die Vögel aufmerksam auf die kleinsten Bewegungen der anderen achten. Wenn ein Vogel sich zusammenkauert und seine Flügel vor dem Start ausbreitet, folgen die andern schnell seinem Beispiel und erheben sich fast gleichzeitig in die Luft. Ähnlich präzise ändert ein Schwarm die Richtung. Jeder Vogel beobachtet dabei nicht nur seinen direkten Nachbarn, sondern mehrere Vögel, die vor ihm fliegen, und wählt den richtigen Zeitpunkt für sein Flugmanöver, wenn ihn die Bewegungswelle im Schwarm erreicht.

·: SITZEN UND LAUFEN :·

DER VOGELKÖRPER IST bestens an das Fliegen angepasst. Die meisten Vögel verbringen jedoch nur wenig Zeit in der Luft. Im Garten sitzen sie häufiger auf einem Baum oder Strauch, hüpfen über den Rasen oder klettern beim Futtersuchen im Laub herum. Wie die Flügel haben auch die Füße der Vögel je nach deren Lebensweise sehr unterschiedliche Formen.

· SITZEN ·

Die meisten Vögel in Parks und Gärten gehören zur Gruppe der Singvögel (siehe S. 218). Ihre Füße sind bestens zum Festhalten an Zweigen geeignet. Einige Vögel – wie Meisen und Grasmücken – sind darin wahre Meister. Wie fast alle anderen Vögel haben sie vier Zehen; drei zeigen nach vorn, eine nach hinten. Die Hinterzehe ist bei Laufvögeln (z. B. Hühnern) und bei Schwimmvögeln (z. B. Enten) sehr kurz. Sitzende Vögel dagegen haben eine viel längere Hinterzehe, die teilweise wie ein Daumen bewegt und benutzt werden kann. Sitzfüße eignen sich gut zum Festhalten an dünnen Zweigen. Beim Landen an senkrechten Oberflächen geben lange, scharfe Krallen festen Halt.

Fester Halt *Ein Sperling sitzt auf einem Ast.*

Das Schlafen auf einem Zweig wäre eine unsichere Sache, wenn der Griff der Zehen sich nicht automatisch schließen würde. Er löst sich auch nicht, wenn die Vögel eindösen. Die Sehnen, die die Zehen beugen, laufen um die Knöchel- und Kniegelenke. Wenn der Vogel beim Landen mit seinem Körpergewicht aufkommt und die Beine abgewinkelt werden, spannen sich diese Sehnen und biegen die Zehen automatisch um den Ast. Die Zehen strecken sich nur, wenn der Vogel losfliegt – wenn also sein Gewicht nicht mehr auf den Beinen lastet und diese sich dadurch gerade biegen. Als zweiter Verschlussmechanismus rasten Querrillen in den Sehnen und Sehnenscheiden ein, wenn der Vogel sich hinsetzt.

· KLETTERN ·

Spezialisierte Baumkletterer haben kurze Beine mit kräftigen Zehen, mit denen sie sich leicht an senkrechten Oberflächen festhalten können. Bei Spechten, die am besten an diese Art der Fortbewegung angepasst sind, zeigen zwei Zehen nach vorn und zwei nach hinten. Die Vögel haben ferner starke Schwanzfedern, mit denen sie sich an den Baumstämmen abstützen. Baumläufer sind ähnlich ausgestattet. Sie hüpfen wie die Spechte bei der Futtersuche an Baumstämmen hinauf. Nachdem sie einen Baum abgesucht haben, fliegen sie zum nächsten. Im Gegensatz zu Spechten und Baumläufern kann der Kleiber seinen kurzen Schwanz nicht als Stütze benutzen. Ihm fällt es aber genauso leicht, an Baumstämmen nach unten zu laufen wie nach oben. Nicht nur Spechte und Waldbaumläufer benutzen ihren Schwanz als Stütze. Auch Meisen stützen sich an einer senkrechten Futterquelle mit ihrem Schwanz ab. Stare und Sperlinge machen das genauso, wenn sie sich an einem Nistkasten niederlassen.

Auf der Jagd *Ein Buntspecht sucht in einer Baumhöhlung nach Käferlarven.*

• HÜPFEN UND LAUFEN •

Normalerweise bewegen sich Vögel, die die meiste Zeit in den Bäumen verbringen, auf dem Boden hüpfend fort. Das liegt wahrscheinlich daran, dass das Hüpfen von Ast zu Ast in den Bäumen die beste Art der Fortbewegung ist. Vögel, die sich mehr am Boden aufhalten, laufen oder rennen. Buchfinken z. B. laufen, während Grünfinken hüpfen. Ausnahmen sind die am Boden lebende und trotzdem hüpfende Heckenbraunelle und die Amsel, die sowohl hüpft als auch läuft.

Gehen *Das Blässhuhn* (l.) *hat, wie viele Wasservögel, einen unbeholfenen Gang.*

Hüpfen *Wie viele Kleinvögel, die auf Bäumen leben, hüpft die Blaumeise* (r.) *auf dem Boden umher.*

• MIT DEM KOPF NICKEN •

Vom Pfau über Hühner bis zu Tauben, Staren und Bachstelzen – das Kopfnicken ist bei den Vögeln, die eher laufen als hüpfen, weit verbreitet. Man könnte annehmen, dass ein Vogel, der mit dem Kopf nickt, schwer erkennen kann, wohin er geht, geschweige denn, dass er Futter findet. (Versuchen Sie mal, das hier zu lesen, während Sie mit dem Kopf wackeln.) Wenn Sie aber die Bewegung in Zeitlupe sehen könnten, würde der wirkliche Sachverhalt deutlich. Bei jedem Schritt gibt es einen Moment, wo der Kopf, obwohl er relativ zum Körper gesehen in Bewegung ist, im Vergleich zur Umgebung stillsteht. Die Augen bleiben dadurch ruhig; kleine Nahrungsstücke oder Räuber, die noch weiter weg sind, können so bereits aus der Entfernung leicht entdeckt werden. Der Beweis, dass Kopfnicken ein Mittel ist, um die Augen stillzuhalten, erbrachte ein Experiment, bei dem Tauben auf einem Förderband laufen mussten. Wenn dessen Geschwindigkeit so eingestellt war, dass die Tauben relativ zu ihrer Umgebung stillstanden, hörten sie auf, mit dem Kopf zu nicken.

GEFIEDERPFLEGE

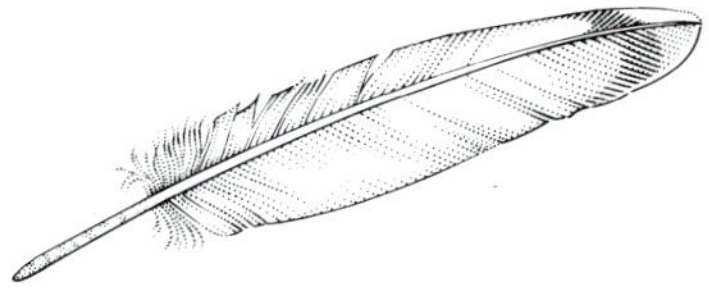

DIE FEDERN ERFÜLLEN VOR ALLEM zwei Aufgaben: Sie halten den Vogel warm und trocken und bilden die Tragflächen für den Flug. Wenn Federn beschädigt werden oder verloren gehen, verschlechtert sich die Isolation, und das Fliegen wird anstrengender. Dies kann Vögeln im Winter, oder wenn sie von einem Räuber verfolgt werden, zum Verhängnis werden. Das Gefieder muss deshalb täglich gepflegt, und der Verschleiß muss ein- oder zweimal im Jahr durch die Mauser ausgeglichen werden.

PUTZEN

Durch Tausende von Widerhaken, die wie ein Reißverschluss die einzelnen Äste der Federn zusammenhalten, bekommen die Federn Stabilität und Elastizität. Die zwischen den Widerhaken eingeschlossene Luft verleiht den Federn ihre isolierenden und Wasser abweisenden Eigenschaften. Einige dieser Widerhaken öffnen sich durch die tägliche Benutzung und müssen durch Putzen wieder in Form gebracht werden. Zum Putzen gehört ein leichtes Beknabbern oder Streichen der Federn mit dem geschlossenen Schnabel; so werden Lücken zwischen den Widerhaken geschlossen. Sie können die Wirkung des Putzens leicht an einer Feder ausprobieren. Durch das Knabbern und Reiben werden auch Schmutz und Parasiten (wie Federläuse und Milben) entfernt und die Federn wieder in die richtige Stellung gebracht.

Während des Putzens drückt der Vogel seinen Schnabel immer wieder gegen die Bürzeldrüse am Schwanz und presst Öl heraus, das er als dünnen Film über die Federn verteilt. Die genaue Wirkung dieses Öls kennt man noch nicht, es scheint jedoch Bakterien und Pilze abzutöten. Wird ein Vogel am Einölen gehindert, sieht das Gefieder bald verwahrlost aus. Körper-

Gefiederpflege *Eine Schleiereule zieht eine Feder durch ihren Schnabel.*

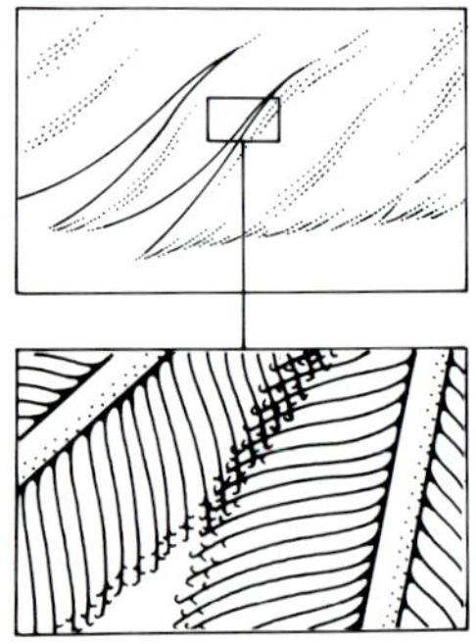

Reißverschluss *Die Vergrößerung der Feder (rechts) zeigt, wie zwei mit Widerhaken ineinander greifende Äste gerade auseinander reißen. Leichtes Knabbern mit dem Schnabel bringt die Widerhaken wieder in die richtige Stellung.*

teile, die der Vogel mit seinem Schnabel nicht direkt erreichen kann, z. B. der Kopf, werden mit den Füßen geputzt. Der Vogel streicht dann entweder mit den Füßen zuerst über den öligen Schnabel und dann über den Kopf, oder er reibt den Kopf an Federn, die er vorher eingeölt hat.

Säuberungsaktion *Während kleinere Putzarbeiten zwischendurch erledigt werden, plant die Stockente, wie alle Vögel, extra Zeit für eine besondere Putzzeremonie ein.*

• BADEN •

Die meisten Garten- und Parkvögel baden gern. Wenn der Vogel sich vergewissert hat, dass er nicht von eine Katze überrascht werden kann, watet er ins flache Wasser. Er plustert sich auf und macht seine Federn nass, indem er sich ins Wasser duckt oder den Kopf hin und her schüttelt, dabei den Körper dreht und mit den Flügeln Wasser verspritzt. Dann kauert er sich hin, um seinen Bauch ins Wasser zu tauchen, und schöpft mit den Flügeln Wasser über den Rücken. Durch das Aufstellen der Federn wird auch die Haut gewaschen. Der Vogel achtet sorgfältig darauf, dass er nicht zu tief ins Wasser taucht, wo er bei einem Angriff festsäße.

Nach dem Bad fliegt der Vogel auf einen sicheren Ast und schüttelt das Wasser aus Flügeln und Schwanz. Durch das Aufplustern der Körperfedern entsteht ein Luftstrom, der das Gefieder trocknet und wieder richtig ordnet. Anschließendes Putzen gibt den letzten Schliff. Anstelle eines Bades nehmen Tauben eine Dusche im Regen. Sie beugen sich nach vorne, strecken einen

Trocknen *Eine Singdrossel schlägt schnell mit Flügeln und Schwanz, um Wasser abzuschütteln.*

»Duschflügel« *Ein Rotkehlchen benutzt die Flügel und den gefächerten Schwanz, um seinen Rücken mit Wasser zu bespritzen.*

Flügel in die Luft und stellen ihre Körperfedern auf, damit das Wasser hindurchfließen kann. Grasmücken und einige andere Vögel nehmen ihr Bad beim Flug durch regennasses Blattwerk. Rauchschwalben, Mauersegler und Eulen tauchen während des Fluges kurz in Pfützen ein. Ornithologen sind sich über die genaue Bedeutung des Badens nicht im Klaren. Das Reinigen der Federn scheint nicht der wichtigste Grund zu sein. Möglicherweise verteilt sich das Öl jedoch besser im feuchten Gefieder. Versuche haben gezeigt, dass Federn elastischer werden, wenn sie nass sind. Das Baden könnte dazu dienen, sie wieder in Form zu bringen.

Bei Vögeln gibt es auch so etwas wie eine Trockenreinigung. Der Haussperling gönnt sich gern ein Staubbad, das meist auf ein Bad im Wasser folgt. Er landet auf der lockeren, trockenen Erde eines Blumenbeetes oder auf einem staubigen Weg und verhält sich dann genauso wie beim Baden im Wasser. Manchmal schließen sich andere Spatzen an, und es gibt Streit, wenn sie einander mit ihren ausladenden Bewegungen in die Quere kommen. Wenn sie auffliegen, bleibt ein Krater im Boden zurück.

• SONNENBADEN •

Wir nehmen ein Sonnenbad, weil die warme Sonne auf der nackten Haut angenehm ist, oder weil wir braun werden wollen. Wir wissen jedoch nicht, warum Vögel sich sonnen. Manchmal sitzen sie an kalten Tagen an einem sonnigen Plätzchen, um sich zu wärmen. Amseln z. B. sitzen bei kaltem, aber klarem Wetter mit ausgebreiteten Flügeln im Schnee in der Sonne, als ob sie versuchen wollten, die schwachen Sonnenstrahlen aufzufangen. Dies kann jedoch nicht der einzige Grund sein, da Vögel auch an heißen Sommertagen in der größten Hitze sonnenbaden. Oft hecheln sie dabei, um sich Kühlung zu verschaffen.

Platz an der Sonne *Eine Türkentaube* (links) *genießt ein intensives Sonnenbad. Sonnenbaden dient nicht nur zum Aufwärmen; die Amsel* (oben) *hechelt mit geöffnetem Schnabel, was bedeutet, dass es schon recht warm ist.*

Vögel erscheinen beim Sonnenbaden fast wie in Trance und haben einen ziemlich verklärten Gesichtsausdruck. Vielleicht genießen sie es ebenso wie menschliche Sonnenanbeter!? Vielleicht unterstützt das Sonnenbaden in Wirklichkeit aber auch nur die Gefiederpflege. Man konnte beobachten, dass das Gefieder eines Geiers, das während des Flugs ziemlich zerzaust worden war, sich in der Sonne innerhalb weniger Minuten glättete. Im Schatten dauert das einige Stunden. Bei unseren Garten- und Parkvögeln könnte es ähnlich sein.

• MAUSER •

Trotz der täglichen Pflege wird das Gefieder durch das Fliegen und das ständige Vorbeistreifen an Blättern und am Nest mit der Zeit abgenutzt. Der Vogel verliert deshalb mindestens einmal im Jahr seine alten Federn. Damit er dadurch möglichst wenig beeinträchtigt wird, wird das Gefieder meist nach und nach ersetzt: Wenn alte Federn ausfallen, entwickeln sich an derselben Stelle neue, so dass keine großen Lücken entstehen. Bei kleinen Singvögeln dauert die Mauser etwa fünf Wochen, bei Staren etwa drei Monate.

Nur bei den langen Federn der Flügel und in geringem Maße am Schwanz entstehen offensichtliche Lücken im Gefieder. Bei Raben- oder Saatkrähen können Sie das im Winter gut erkennen. Sie verlieren ihre Flugfedern jedoch auch über einen längeren Zeitraum verteilt, so dass ihnen nie zu viele auf einmal fehlen.

Die Mauser ist eine anstrengende Zeit für die Vögel. Ein Vogel mit unvollständigem Gefieder braucht mehr Energie, um sich warm zu halten und zu fliegen, und er muss noch zusätzliche Energie aufbringen, um neue Federn zu bilden. Vögel leben während der Mauser zurückgezogen und sparen Energie, indem sie ruhig dasitzen. Beide Mausern finden statt, wenn die Vögel nicht durch das Aufziehen der Jungen beansprucht sind, und wenn sie genügend Futter finden. Mit dem neuen Gefieder haben sie bessere Chancen, die Winterkälte oder die Belastungen des Zuges zu überstehen. Eine Ausnahme ist der Mauersegler, der sich nach der Rückkehr aus Afrika mausert.

Mit diesem allmählichen Ausgehen einzelner Federn wechseln manche Vögel auch die Farbe. Nach der Sommermauser ist das Bergfinkenmännchen ein recht unauffälliger Vogel mit braunem Kopf und Rücken. Im Lauf des Winters verschwinden die gelbbraunen Federspitzen und das glänzend schwarze Brutgefieder kommt zum Vorschein.

Beschädigte Federn *Diese »abgetragenen« Federn fallen einem Vogel von selbst aus. Die Farben sind gedeckt, die Kanten ausgefranst, die Federfahne ist abgewetzt und unordentlich.*

Neues Federkleid *Die weißen Tupfen, die das neue Ruhekleid des Stars so auffällig machen, verschwinden, wenn er sich ständig durch das Flugloch zu seinem Nest zwängt.*

Ungewöhnliche Mauser *Diese Elster hat alle Kopffedern auf einmal verloren. Die neuen Federn sprießen aus wächsernen Scheiden.*

RUHEN UND SCHLAFEN

DIE MEISTEN VÖGEL SIND TAGSÜBER aktiv, obwohl Eulen und oft auch Enten nachts fressen und während des Tages ruhen. Besonders die Vögel im Garten ziehen sich zum Ausruhen zurück, sobald es dunkel wird, und werden wieder aktiv, bevor es hell wird. Die Ruhezeit ist von Art zu Art verschieden. So suchen Rotkehlchen noch nach Würmern, wenn Sperlinge und Tauben bereits schlafen. Sie können Schlafplätze ausfindig machen, wenn Sie nach Kot-Ansammlungen auf dem Boden Ausschau halten.

RUHEN

Ruhe- und Schlafplätze müssen Schutz vor Räubern und Wetterunbilden gewährleisten. Baumhöhlen oder Nistkästen bieten den besten Schutz, aber sogar ein kahler Baum schützt vor Wind. Eine Studie zeigte, dass ein kahles Dickicht die Windgeschwindigkeit so stark vermindert, dass die darin ruhenden Amseln mindestens ein Drittel weniger Fett zur Aufrechterhaltung ihrer Körperwärme abbauen, als wenn sie sich anderweitig warm gehalten hätten.

Oft wird das Nest als Schlafplatz benützt, besonders vom Weibchen, ehe es Eier legt. Einige Vögel bauen sich jedoch besondere Schlafplätze für den Winter. In Gebieten mit strengen Wintern bauen Haussperlinge Winternester, die kleiner sind als die Brutnester und dick mit Federn ausgekleidet werden. Spechte zimmern im Winter oft besondere Höhlen, und Waldbaumläufer graben manchmal Nischen in morsches Holz. Der Ruheplatz bietet umso mehr Schutz, je mehr Vögel sich aneinander kauern, um sich gegenseitig zu wärmen. Im Winter sammeln sich Zaunkönige in Nistkästen, und Schwanzmeisen reihen sich nebeneinander auf Zweigen auf, im Gegensatz zu anderen Meisen, die allein in Höhlungen ruhen. Amseln ruhen, wenn sie einen geeigneten Platz finden, in ihrem

Winterlicher Schlafplatz *Weiße Kotflecken weisen auf Schlafplätze hin.*

Gemeinsamer Ruheplatz *Haustauben putzen sich gern noch einmal, ehe sie einschlafen.*

Revier. Gibt es in Ihrem Garten kein schützendes Buschwerk, verlassen ihn die Amseln abends, besonders im Winter, um in einem immergrünen Busch auszuruhen. Dabei können sich Hunderte an einem Platz sammeln. Auch bei Finken, Tauben, Möwen und Haussperlingen gibt es Massenschlafplätze. Stare sind für ihre großen Schlafplätze bekannt, die in Stadtzentren bisweilen zur Plage geraten. Die regelmäßigen Wanderungen zu den Ruheplätzen am Abend, die lang gezogene V-Formation der Möwen oder ganze Wolken von Staren, sind in der Stadt ein vertrauter Anblick. Kleine Gruppen starten zusammen von den Fressplätzen, sammeln sich an angestammten Stellen und erreichen den Schlafplatz im Schwarm.

Gemeinschaftsruheplätze geben den einzelnen Vögeln die gleiche Sicherheit wie ein Schwarm (S. 92) bei Tag und helfen dabei, gute Futterplätze zu finden.

• SCHLAFEN •

Nur wenige Vögel stecken zum Schlafen den Kopf unter den Flügel; das wäre eine unbequeme Haltung. Vielmehr stecken sie den Schnabel unter die Schulterfedern oder legen den Kopf auf die Brust. Zum Warmbleiben plustern sie ihre Federn auf, und oft ziehen sie ein Bein an den Körper. Man nimmt an, dass Mauersegler im Flug schlafen (sie ruhen aber auch in ihren Nestern) und dass Teichhühner ein Nickerchen machen, während sie im Kreis schwimmen.

Es ist sehr schwer, sich unbemerkt an einen schlafenden Vogel heranzuschleichen.

Schlafende Ente *Ein Stockenten-Weibchen* (rechts) *schläft während des Tages. Es wechselt sich mit andern beim Wachehalten ab.*

Daunendecke *Ein Buchfink-Weibchen hält während des Schlafes seine Körperwärme aufrecht, indem es seine Federn aufplustert.*

Das merken Sie gleich, wenn Sie eine Gruppe schlafender Tauben oder Stockenten beobachten. Jeder Vogel öffnet in regelmäßigen Abständen seine Augen – eine Vorsichtsmaßnahme gegen Überraschungsangriffe. Wenn Sie näher kommen, öffnen die Vögel ihre Augen häufiger, um Ihre Bewegungen genau zu überwachen.

Die Funktion des Schlafs kennt man, auch beim Menschen, immer noch nicht genau. Die einleuchtendste Erklärung ist, dass Schlaf die beste Möglichkeit ist, Energie zu sparen. Einige Vögel senken im Schlaf ihre Körpertemperatur ab und sparen dadurch noch mehr Energie. Schlaf scheint auch vor Räubern zu schützen: Ein schlafender Vogel sitzt unbeweglich da und wird dadurch unauffälliger. Alles in allem bringt Schlafen an einem sicheren, geschützten Platz einem Vogel große Vorteile.

·: LEBEN IM SCHWARM :·

MANCHE VÖGEL LEBEN IN Schwärmen, andere nur einzeln oder zu zweit. Stare sind gesellig, Rotkehlchen dagegen leben allein, obwohl sie Winternächte manchmal an Gemeinschaftsplätzen verbringen. Es gibt einleuchtende Gründe dafür, dass manche Vögel in Schwärmen leben, andere dagegen allein.

· DIE VORTEILE DES SCHWARMS ·

Ein Vogel ist in einem Schwarm vor Räubern besser geschützt, ganz einfach deshalb, weil z. B. ein Habicht Schwierigkeiten hat, seine Blitzattacke auf ein einzelnes Ziel zu richten, wenn so viele Vögel herumschwirren. Stellen Sie sich vor, Sie haben eine ganze Schachtel Tennisbälle fallen lassen und wollen einen davon fangen. Es ist schwer, sich aus dem halben Dutzend herumhüpfender Bälle für einen zu entscheiden. Außerdem weiß der Habicht, dass er sich verletzen könnte, wenn er mit einem der Vögel im Schwarm zusammenstößt. Stare schließen sich deshalb zu einer engen Formation zusammen, wenn ein Greifvogel auftaucht. Die Gefahr, von einem Räuber herausgegriffen zu werden, verringert sich.

Vögel im Schwarm haben auch bei einem Angriff bessere Chancen, da zahlreiche Augenpaare Wache halten. Versuche haben gezeigt, dass Vogelschwärme bei Gefahr früher auffliegen als einzelne Vögel. Der Unterschied beträgt nur Sekundenbruchteile, die aber entscheidend sein können.

Wenn er zu einem Schwarm gehört, muss ein Vogel also weniger Zeit damit verbringen, seine Umgebung nach möglichen Gefahren abzusuchen. Am Futterhaus können Sie beobachten, dass ein Vogel häufig und in regelmäßigen Abständen aufhört zu fressen, seinen Kopf schief legt und sich umschaut. Ist er von anderen Vögeln umgeben, kann er es sich leisten, weniger wachsam zu sein. Teilt er sich das Wachehalten mit anderen, bleibt ihm mehr Zeit zum Fressen.

Auch bei der Futtersuche erweist sich das Leben im Schwarm als Vorteil. Bei der Nahrungssuche sparen die Vögel Zeit, indem sie einander beobachten, um zu sehen, was die anderen finden. Sind erst einmal ein oder zwei Stare an Ihrem Futterhaus, fällt

V-Formation *Im Winter fliegen Lachmöwen* (oben) *abends zu ihren Schlafplätzen zurück.*

Auf Wache *Stare* (links) *verlassen sich aufeinander.*

bald ein ganzer Schwarm darüber her. Wenn der erste Vogel in Ihrem Garten landet, bemerken die anderen, dass er eine Futterquelle gefunden hat und folgen ihm.

Da die Vögel sich gegenseitig observieren, spricht es sich schnell unter ihnen herum, dass Sie Futter auslegen, und die Vögel werden in Scharen in Ihren Garten kommen. Wenn der Nachschub ausbleibt, suchen die enttäuschten Besucher anderswo nach Futter.

Dieses Einander-Folgen bei der Futtersuche funktioniert auch kleinräumig. Im Winter ernähren sich Meisenschwärme, denen sich Wintergoldhähnchen und Baumläufer anschließen, von winzigen Insekten und noch kleineren Insekteneiern, die sie auf Blättern oder in Spalten finden. Solches Futter ist schwer zu finden, selbst für einen Vogel mit scharfen Augen. Sie sparen also Zeit, wenn sie einander beobachten. Findet eine Meise Blattläuse im Laubwerk, suchen die andern Vögel ebenfalls die Blätter ab. Hat ein anderer Vogel Raupen oder Puppen ausgemacht, sucht der ganze Schwarm nach diesem neuen Futter.

Warum aber leben nicht alle Vögel in Schwärmen, wenn dies solche Vorteile mit sich bringt? Auch das Leben als Einzelgänger hat Vorzüge. Räubern kann man auch durch gute Deckung, List und Tarnung entgehen. Das funktioniert besser, wenn man allein ist. Auch das Fressen in Gruppen ist nur dann von Vorteil, wenn es genügend Futter gibt. In Schwärmen lebende Vögel spezialisieren sich auf große Futterflächen: Tauben lassen sich auf Kreuzblütlern nieder, Wacholderdrosseln auf Hecken voller Mehlbeeren und Stieglitze auf brachliegendem Gelände, auf dem Samen tragendes Kreuzkraut wächst. Diese Flächen liegen weit auseinander, so dass viele Augen das Auffinden erleichtern. Andere Futterquellen sind zwar nicht so üppig, dafür aber gleichmäßiger verteilt. Vögel in Schwärmen behindern sich dann eher gegenseitig. Wenn sie jedoch allein auf Jagd gehen und sich auf ein Gebiet konzentrieren, können sie leicht herausfinden, wo die besten Futterplätze liegen.

Fressen im Schwarm *Saatkrähen* (links) *nisten und fressen gemeinsam. Für Vögel, die ungeschützt in offenem Gelände fressen* (oben), *bietet der Schwarm Vorteile.*

Dreiergesellschaft
Das gemeinsame Fressen ist nur von Vorteil, wenn es genügend Futter gibt.

·: INDIVIDUALABSTAND UND REVIER :·

ALLE VÖGEL ACHTEN DARAUF, dass ihr Individualabstand nicht verletzt wird. Wie groß dieser Abstand ist, hängt von der Lebensweise des Vogels, seinem Platz in der Rangordnung und anderen Bedingungen ab. Hält ein Vogel Abstand, werden Zusammenstöße beim Auffliegen eines Schwarms und Konflikte beim Fressen vermieden. Vögel verteidigen auch ein so genanntes Revier, das sie zum Fressen und Brüten brauchen.

· INDIVIDUALABSTAND ·

Wenn zwei Vögel einander zu nahe kommen, muss einer sich zurückziehen. Die geringste Distanz, in der sie einander dulden, wird als Individualabstand bezeichnet. Bei Rauchschwalben, die nebeneinander auf einer Stromleitung sitzen und dabei Distanz zum Nachbarn halten, kann man dies gut sehen. Der Individualabstand hängt von der Größe der jeweiligen Art ab. Bei Lachmöwen beträgt er etwa 30 cm, bei kleineren Vögeln weniger. Er wird aber noch durch weitere Faktoren bestimmt. Bei Pärchen oder Vögeln, die zusammen ruhen, ist er gleich null.

Nicht näherkommen *Eine Lachmöwe hält Eindringlinge mit Drohgebärden fern.*

Der Individualabstand sorgt dafür, dass Vögel nicht miteinander zanken oder sich gegenseitig ins Gehege kommen. Interessenskonflikte über Sitzplätze und Futter werden schnell beigelegt, da jeder Vogel nach einigen Plänkeleien seinen Rang in der Hackordnung kennt. Jungvögel unterwerfen sich immer den älteren. Ein Vogel ändert seinen Platz in der Hierarchie nur selten.

Treffpunkt *Der Individualabstand verringert sich, wenn es wenig Futter gibt.*

· REVIER ·

Ein Revier ist ein bestimmtes Gebiet, das von einem Tier gegenüber Eindringlingen verteidigt wird, um nur begrenzt verfügbare Werte – gewöhnlich Futter – zu schützen. Normalerweise ist das Revier eine dauerhafte Einrichtung. Ein Waldkauz verteidigt sein Revier sein ganzes Erwachsenenleben lang. Eine Wacholderdrossel dagegen verteidigt einen Busch nur, solange er Beeren trägt. Für den Waldkauz wie für die Wacholderdrossel lohnt sich die Verteidigung des Reviers, da eine Futterquelle, zu der nur sie selbst Zugang haben, ihnen ein angenehmes Leben sichert.

Ein Revier wird auch zum Brüten benötigt und dann vom Männchen verteidigt (manchmal hilft das Weibchen dabei). Meisen-, Drossel- und Zaunkönig-Paare besetzen recht große Reviere, da sie für ihre Familien verlässliche Futtervorräte benötigen. Andere Vögel, besonders Höhlenbrüter, verteidigen dagegen nur die unmittelbare Umgebung ihrer Nester. Reviere dienen somit der sicheren Aufzucht

Wachtposten *Eine Wacholderdrossel* (rechts) *verteidigt einen Apfel gegen eine Amsel.*

Nisthöhlen-Revier *Ein Star* (unten) *verteidigt nur den Baum, auf dem er nistet.*

der Jungen. Da die Reviere meist weit auseinander liegen, wird auch die Gefahr der Nestplünderung reduziert. Wenn eine Elster die Eier aus einem Nest stiehlt, sucht sie in der Nähe nach weiteren. Wenn die Nester weit auseinander liegen, hat sie nur wenig Chancen, eines zu finden.

Die Reviergröße bei Vögeln, die Nahrungsquellen verteidigen, hängt vom Futterangebot ab. Gibt es viel Futter, kann jeder Vogel in einem kleineren Gebiet überleben. Vögel ohne Revier brüten nicht und können sogar verhungern. Sie halten ständig nach einem geeigneten Gebiet Ausschau.

REVIERGRÖSSEN EINIGER HÄUFIGER VOGELARTEN

Art	Jahreszeit	Reviergröße
Amsel	ganzjährig	2000 m²
Buchfink	zum Brüten	7000 m²
Stieglitz	zum Brüten	240 m²
Buntspecht	ganzjährig	5+ ha
Kohlmeise	zum Brüten	1,2 ha
Sumpfmeise	ganzjährig	3 ha
Rotkehlchen	ganzjährig	1–1,5 ha
Singdrossel	ganzjährig	2000 m²
Star	zum Brüten	1 m²
Mauersegler	zum Brüten	Nest
Waldkauz	ganzjährig	20+ ha
Ringeltaube	zum Brüten	4000 m²

Anmerkung
Diese Zahlen sind Zirka-Angaben. Die Reviergröße variiert je nach Eignung des Lebensraums. Im Allgemeinen werden die größeren Reviere zum Fressen benutzt; die kleineren liegen um die Nistplätze herum und werden, wenn die Eier gelegt sind, meist noch kleiner.

·: AUSDRUCKSVERHALTEN UND KÄMPFE :·

VÖGEL VERSTÄNDIGEN SICH OFT durch bestimmte Verhaltensweisen, die als Signale eingesetzt werden. Die anderen Vögel erhalten durch das Ausdrucksverhalten Informationen über die Absichten des Signalgebers. Dieses Verhalten wird sowohl bei der Balz als auch bei Auseinandersetzungen eingesetzt. Wenn das aggressive Ausdrucksverhalten eines Vogels den Rivalen nicht davon abhält, Futter oder Revieranteile zu erobern, können richtige Kämpfe ausbrechen.

· ZWECKGERICHTETE BEWEGUNGEN ·

Abflug *Eine überstürzt abfliegende Ringeltaube warnt ihre Begleiter vor einer Gefahr.*

Die einfachste Form der Verständigung sind kleine Bewegungen, die ein Vogel macht, wenn er sich auf etwas vorbereitet, z. B. wenn er sich vor dem Auffliegen duckt. So koordinieren die Vögel ihre Aktivitäten im Schwarm und übermitteln sich gegenseitig Informationen. Fliegt z. B. eine einzelne Ringeltaube aus einem Schwarm auf, und zeigt sie dabei die normalen Intentionsbewegungen, kann sie abfliegen, ohne die anderen zu stören. Fliegt sie jedoch ganz plötzlich auf, verstehen die andern dies als Alarmsignal. Dann folgt ihr der ganze Schwarm.

· AUSDRUCKSVERHALTEN ·

Ausdrucksverhalten wird sowohl in Auseinandersetzungen verwendet, um Tatsachen zu schaffen, ohne handgreiflich zu werden, als auch bei der Balz, um die Aggressionen zwischen Männchen und Weibchen herabzusetzen. Zum Teil sind es Intentionsbewegungen oder andere Aktivitäten, z. B. das Putzen, die dann übertrieben werden, um eine stärkere Botschaft zu übermitteln. So macht der Erpel während der Balz Putzbewegungen, die seinen Flügelspiegel hervorheben. Ausdrucksverhalten können Sie

Warnung *Ein Grünfink hebt seine Flügel, als ob er nach vorn fliegen und angreifen wollte.*

meist dann beobachten, wenn Vögel einander zu nahe kommen. Bei der Balz und bei Streitereien werden oft die gleichen Verhaltensweisen eingesetzt. Wenn Männchen und Weibchen nicht zu unterscheiden sind, weiß man deshalb nicht immer, was vor sich geht. Treffen Vögel am Futterhaus aufeinander, gibt es Streitereien, weil sie gegenseitig ihren Individualabstand verletzen (S. 94). Wenn jeder Streit in einen Kampf mündete, würden Vögel nicht nur Zeit verschwenden, sondern könnten sich auch verletzen. Stattdessen werden Zankereien durch Imponiergehabe ausgetragen. Die Vögel können dann abschätzen, wie aggressiv der andere ist, und sich zurückziehen oder behaupten.

• DROHUNG UND UNTERWERFUNG •

Drohgebärden lassen einen Vogel gefährlich erscheinen, da er Elemente des Angriffsverhaltens einsetzt: Er plustert seine Federn auf, streckt seinem Rivalen den Schnabel entgegen oder hebt seine Flügel, als ob er auf ihn zufliegen wollte. Bei Unterwerfung hingegen streicht er sein Gefieder zurecht und duckt sich.

Imponiergebärden werden oft durch das Gefieder verstärkt. Bei den Kohlmeisen drohen die Männchen öfter, indem sie ihre breiten Bruststreifen zeigen, als die Weibchen, die schmalere Streifen haben.

Stärke zeigen *Ein Kohlmeisenmännchen zeigt seinen breiten Bruststreifen und spreizt seine Flügel, um eine Blaumeise zu vertreiben.*

• KÄMPFE •

Kämpfe brechen am ehesten zwischen Fremden, die ihre jeweilige Rangordnung nicht kennen, oder zwischen annähernd Gleichrangigen aus. Ein älterer, dominanter Vogel vertreibt leicht einen jüngeren, ein etwa gleichrangiger Rivale weicht dagegen nicht von der Stelle. Bei immer stärkerem Imponiergehabe kann schließlich ein Kampf ausbrechen. Eine Amsel braucht meist nur hinter einem Eindringling herzuhüpfen, um ihn zu vertreiben, aber ein anderes Männchen, das sich sein eigenes Revier erkämpfen will, wird standhalten. Normalerweise gibt es keine ernsthaften Verletzungen, doch mitunter stirbt einer der Vögel, wenn er den Angriffen nicht entkommen kann.

Kämpfende Blaumeisen *Eine Blaumeise hält bei einer Auseinandersetzung um Futter eine andere Meise an den Füßen fest. Kämpfe sehen oft schlimm aus, es gibt aber selten Verletzungen.*

Eskalierter Streit *Zwei Meisen versetzen sich an einem Erdnussnetz gegenseitig Tritte.*

·: GESANG UND RUF :·

DIE STIMME IST NEBEN dem Imponiergehabe ein wichtiges Verständigungsmittel der Vögel. Die Gesänge der verschiedenen Arten sind ein wichtiges Bestimmungsmerkmal. Außerhalb der Hauptgesangszeiten hört man – hauptsächlich von jungen Männchen – eine einfache Version der voll ausgebildeten Strophe. Viele Vögel haben daneben ein Repertoire von einfachen Rufen, die sie besonders dann verwenden, wenn sie in Schwärmen oder als Paar zusammenleben.

· WAS SAGEN DIE VÖGEL? ·

Die Gesänge, die uns so viel Freude machen, werden von den Vögeln hauptsächlich zur Einschüchterung ihrer Artgenossen eingesetzt. (Ein Trost ist es allerdings, dass so viele Kämpfe vermieden werden.) Der Gesang ist am intensivsten, wenn die Vögel ihre Reviere in Besitz nehmen. Besonders leidenschaftlich singt ein Vogel dann, wenn Fremdlinge auftauchen. Haben sie sich jedoch erst einmal niedergelassen, nehmen die Reviernachbarn wenig Notiz voneinander. Männchen singen auch, wenn sie um ein Weibchen werben. Beobachtungen von Ornithologen legen nahe, dass die Weibchen mancher Arten, wie Rotkehlchen und Heckenbraunelle, ihre Männchen danach auswählen, wie lange und wie oft sie singen. Die besten Sänger sind vielleicht die gesündesten Männchen oder haben Reviere mit reichlichen Futterquellen und können so am besten für eine Familie sorgen. Eine variantenreiche Strophe könnte das stimmliche Gegenstück zum kunstvollen Gefieder, z. B. der Schleppe eines Pfaus, sein. Es soll das Weibchen ebenfalls dazu bringen, das Männchen als Partner zu wählen. Ein Rotkehlchen, das noch Junggeselle ist, singt häufiger als eines, das bereits eine Partnerin hat. Manche Vögel hören nach der Paarbildung ganz auf zu singen. Andere singen weiter, um die Paarbindung zu festigen und das Weibchen in Brutstimmung zu halten.

Manche Menschen haben die beneidenswerte Gabe, sich Gesänge und Rufe von Vögeln merken zu können und sie sofort zu erkennen. Uns anderen bleibt nichts anderes übrig, als jedes Frühjahr aufs Neue nach singenden Vögeln auszuspähen, sie zu identifizieren und sich dann wieder mit den Gesängen vertraut zu machen, die man während des Winters vergessen hat. Und

Sängerknabe *Die Heckenbraunelle singt auf der Suche nach einem Partner auch während des Fluges.*

sogar dann hat man mit den Liedern mancher Arten Schwierigkeiten – besonders, wenn das stimmliche Repertoire eines Vogels groß ist oder sein Gesang mit dem eines anderen Vogels leicht verwechselt werden kann. Es hilft unserem Gedächtnis auf die Sprünge, wenn wir uns einen Text zum Gesang ausdenken, etwa »wie, wie, wie hab ich dich lieb« zum Gesang der Goldammer.

Revierabgrenzung *Eine Rohrammer schmettert laut ihr Lied auf ihrer angestammten Singwarte.*

• DIE VERSCHIEDENEN GESÄNGE •

Es ist immer noch ein ungelöstes Rätsel, warum einige Vogelarten ganz einfache Lieder haben und damit zufrieden sind, »kuckuck« oder andere eintönige Strophen unendlich oft zu wiederholen, während andere die vielfältigsten Triller und Tremolos von sich geben. Ein Rotkehlchen hat z. B. ein Repertoire von einigen hundert Strophen, von denen meist vier in jedem Gesangszyklus verwendet werden. Die Reihenfolge wird ständig verändert, so dass das Lied eines Rotkehlchens immer wieder anders klingt. Der Variantenreichtum dient vermutlich dazu, andere Männchen glauben zu machen, dieses Stück Lebensraum sei voller Rivalen und es lohne nicht, sich hier anzusiedeln. Wenn ein männliches Rotkehlchen aber so unterschiedliche Tonfolgen singt, und das Weibchen erkennt, dass sie von einem möglichen Partner stammen, wie schafft es dann das Männchen, die richtigen Tonfolgen zu singen, und wie das Weibchen, sie zu erkennen? Die Antwort lautet, dass der Gesang teilweise von den Eltern vererbt wird (oder einem Instinkt folgt), zum Teil lernt ein Vogel aber auch von Artgenossen, denen er – oft schon als Nestling – zuhört. Während er aufwächst, hört er die Männchen seiner Art in benachbarten Gärten singen und setzt aus der Erinnerung an deren Lied seinen eigenen Gesang zusammen. Ein junger Buchfink fängt an zu

Vielfältiger Gesang *Andere Rotkehlchen und auch wir Menschen erkennen den Gesang eines Rotkehlchens* (rechts) *trotz der zahlreichen Varianten. In allen Strophen gibt es ein Grundmuster, durch das sich der Gesang z. B. von dem eines Wintergoldhähnchens* (oben) *unterscheidet.*

singen, sobald er das Nest verlässt. Sein erster Gesang ist aber nur eine leise, unzusammenhängende Aneinanderreihung von Piepsern und Rasseln, die man als Jugendgesang bezeichnet. Er scheint eine Art Übung zu sein. Der Buchfink hört im Winter auf zu singen und fängt im Frühjahr, wenn er sein erstes Revier in Besitz nimmt, wieder damit an. Der Jugendgesang verändert sich nun, wird lauter und dem der Erwachsenen ähnlicher, auch wenn die drei genau abgegrenzten Strophen noch fehlen. Schließlich lässt der Jungvogel voller Überzeugung den Gesang der Erwachsenen ertönen, doch wird er in jedem Frühjahr übungshalber auf den Jugendgesang zurückkommen.

Viele Vögel singen fast das ganze Jahr über, außer wenn sie Junge aufziehen oder in der Mauser sind. Im Herbst beginnt der Gesang von Neuem.

• DAS MORGENKONZERT DER VÖGEL •

Weckdienst *Eine Singdrossel führt das Morgenkonzert an.*

Ast im Baumwipfel

Zu keiner Zeit ist der Gesang so intensiv wie im Morgengrauen. Die ersten Töne sind bereits zu hören, wenn es noch dunkel ist. Mit zunehmender Helligkeit schwillt der Gesang an, wenn immer mehr Arten einfallen, und das volle Morgenkonzert dauert dann etwa eine halbe Stunde. Lange Zeit wusste man nicht, warum die Vögel in der Morgendämmerung so intensiv singen. Man sollte meinen, dass nach der langen Nacht das Frühstück Vorrang haben müsste.

Manche Erklärungen wurden angeboten. Eine lautet, dass ein voller Magen kleinen Vögeln nicht gut tut, da das zusätzliche Gewicht das Fliegen erschwert. Die Vögel verschieben deshalb das Fressen auf einen späteren Zeitpunkt und nutzen die Zeit zum Singen. Eine andere Erklärung ist, dass es im Dunkeln schwierig ist, Futter zu finden, und dass die Insekten am frühen Morgen, wenn es noch kühl ist, kaum aktiv (und schwer zu erkennen) sind. Ferner macht es Sinn, gleich zu Beginn des Tages die Nachbarn an die eigenen Revieransprüche zu erinnern.

Frühaufsteher *Kleine Vögel wie der Zaunkönig* (links) *ziehen es vor, die frühen Morgenstunden mit Singen anstatt mit Fressen zu verbringen.*

Silhouette in der Dämmerung *Ein Amselmännchen* (rechts) *singt bei Tagesanbruch.*

• RUFE •

Vögel singen nicht nur, sondern benutzen auch viele Rufe, die unterschiedliche Bedeutungen haben. Die Kohlmeise z. B. hat über ein Dutzend verschiedener Rufe für verschiedene Situationen. Mit Hilfe der Rufe bringen die Vögel ihre Absichten und Empfindungen zum Ausdruck und stimmen dadurch ihr Verhalten aufeinander ab.

Die einfachste Form der Kommunikation ist, anderen Vögeln durch Kontaktrufe mitzuteilen, wo man sich gerade aufhält. Schrille Rufe halten einen kleinen Schwarm von Meisen zusammen, auch wenn die einzelnen Mitglieder sich bei der Suche nach Insekten aus den Augen verlieren.

Der Versuch einer Katze, sich ans Futterhaus anzuschleichen, wird durch die Warnrufe eines wachsamen Vogels vereitelt. Vögel aller Arten erkennen solche Rufe und bringen sich dann sofort in Sicherheit.

Mit Warnrufen werden auch Eulen vertrieben. Entdecken die Vögel eine Eule bei Tag an ihrem Ruheplatz, sammeln sie sich, um sie auszuschimpfen. Mit ihren Rufen alarmieren sie andere Vögel, die dann ebenfalls am Ort des Geschehens auftauchen. Der Eule bleibt nichts anderes übrig, als ihren Ast zu verlassen und ein ruhigeres Plätzchen zu suchen. Entdecken kleinere Vögel einen Greifvogel, wird eine andere Taktik angewandt: Sie ziehen sich ins Laubwerk zurück und stoßen leise „siii"-Rufe aus, um andere Vögel vor der Gefahr am Himmel zu warnen. Im Gegensatz zum Warnruf vor einer Katze oder einer Eule ist der Habicht-Alarm leiser und schwerer zu lokalisieren, so dass die Vögel ihre Position dadurch nicht preisgeben.

Kontaktruf *Ein Stockenten-Weibchen schnattert laut zu seinem Partner hin.*

Revierabgrenzung *Ein Saatkrähen-Männchen krächzt und spreizt seinen Schwanz, um seinen Anspruch auf den Nistplatz zu unterstreichen.*

PAARBILDUNG

DIE PAARBILDUNG IST ENG mit dem Revierverhalten verbunden. Die Gesänge und das Imponiergehabe, die zur Revierverteidigung dienen, werden oft auch bei der Gattensuche eingesetzt. Bei der Balz wählen die Vögel den besten Partner aus. Männchen, die eifersüchtig ihre Rivalen vertreiben, helfen ihren Weibchen, sich auf das Brutgeschäft vorzubereiten. Während die Weibchen die Produktion der Eier und die Hauptarbeit beim Brüten übernehmen, suchen die Männchen Futter.

BALZ

Die Balz dient zum einen dazu, einen passenden Partner zu finden. Zum anderen werden dadurch auch die natürlichen Feindseligkeiten zwischen zwei Individuen vermindert, die normalerweise auf Distanz gehen (S. 94). Der Instinkt treibt das Männchen dazu, Eindringlinge aus seinem Revier zu vertreiben, aber wenn ein Weibchen nicht zurückweicht und sich unterwürfig verhält, beginnt das Männchen mit seiner Werbung. Die Paarbildung kann dann ganz schnell vor sich gehen. Einige Vögel brauchen jedoch etwa eine Woche, ehe sie sich richtig paaren, besonders, wenn es ihre erste Balz ist. Das Weibchen muss sich nicht unbedingt gleich für das erste Männchen, von dem es umworben wird, entscheiden. Die Paarbildungen aus dem Herbst werden, wenn beide Partner den Winter überlebt haben, im Frühjahr wahrscheinlich bestätigt. Durch die Vertrautheit und die Erfahrung geht die Balz schneller vor sich und der Nestbau beginnt früher. Dies ist ein Vorteil, da, zumindest bei Meisen, die ersten Gelege am größten sind.

Neuere Untersuchungen zeigen, dass die Weibchen feststellen können, welche Männchen einen guten »Ehemann und Vater« abgeben. Dies sind eher die älteren Vögel. Die Fähigkeit, genügend Futter zu finden, ist der Schlüssel zum Überleben. Ein älteres Männchen ist der lebende Beweis dafür, dass es gelernt hat, auch harte Zeiten zu überstehen, also ist es wahrscheinlich,

Partnerwahl
Mehlschwalben-Weibchen beurteilen die Eignung eines Männchens als Partner nach der Länge seiner Schwanzfedern.

Zu zweit ist's schöner
Ein Elsterpaar auf einem Ast.

dass es auch künftig genügend Futter beschaffen kann. Ein Weibchen erkennt ein älteres Männchen entweder an dessen kunstvollerem Gesang oder – wie bei den Buchfinken – an seinen leidenschaftlicheren Annäherungsversuchen. Junge Männchen balzen nicht so eifrig, während ein älteres Männchen ein Weibchen inbrünstig verfolgt, um es zum Zurückkommen zu bewegen.

Balzritual *Der Tauber verbeugt sich vor dem Weibchen und dreht sich mit aufgeplusterten Nackenfedern und aufgefächertem Schwanz.*

• DAS BEWACHEN DES BRUTPARTNERS •

Paare sind vor der Eiablage oft unzertrennlich. Gemeinsames Ruhen und Fressen sind jedoch kein Zeichen von Hingabe, in menschlichen Gefühlsdimensionen ausgedrückt, ist eher Eifersucht im Spiel. Bei Straßentauben kann man das beobachten. Das Männchen läuft so dicht hinter seinem Weibchen her, dass es fast über dessen Schwanz stolpert. Es bewacht sein Weibchen, um sicherzustellen, dass allein er der Vater der Jungen ist. Andererseits nutzt es mangelnde Wachsamkeit seines Nachbarn sofort dazu aus, um diesem Hörner aufzusetzen. Für das Männchen hat es einen eindeutigen Vorteil, zusätzlichen Nachwuchs zu zeugen, doch auch das Weibchen kann davon profitieren. Wenn sich ein Heckenbraunellen-Männchen mit einem Weibchen paart, hilft es ihm beim Aufziehen der Jungen. Hat das Weibchen einige »Liebhaber«, kümmern sich diese ebenfalls um ihren Nachwuchs (S. 10). Ein Star nimmt sich manchmal eine zweite Frau, doch da er nur die erste Brut versorgt, geht die zweite Familie oft ein. Das Zaunkönig-Männchen baut zwar mehrere Nester, paart sich normalerweise aber nur mit einem Weibchen. Wirft sein Revier genügend Futter für zwei Familien ab, lockt es manchmal ein zweites Weibchen in eines seiner Nester.

Eifersucht *Das Männchen der Stockente behält sein Weibchen eifersüchtig im Auge.*

• BALZFÜTTERN •

Bereitet sich das Weibchen aufs Brüten vor, versorgt das Männchen es oft mit Futter. (Meisenweibchen brauchen z. B. während der Eibildung 40 % mehr Futter als sonst.) Diese Fütterungen gehen weiter, wenn das Weibchen brütet. Einige Ornithologen glauben, dass die Fütterungen bei der Balz der Festigung der Paarbindung dienen, besonders bei Arten, deren Männchen nur die Bewegungen des Futterbringens vollziehen. Manche Weibchen scheinen außerdem die Fähigkeit des Männchens, während der Balz für Futter zu sorgen, als Hinweis zu nehmen, wie gut es eine Familie versorgen kann.

Blässhühner beim »Küssen« *Obwohl das Balzfüttern meist aufhört, wenn das Männchen die Jungen füttert, bietet es dem Weibchen manchmal auch dann noch Leckerbissen an.*

·: NESTBAU :·

DAS NEST DIENT ALS BEHÄLTER für die Eier (und später die Jungen), dort werden sie warm gehalten und sind vor Feinden geschützt. Vögel wie Stockenten und Fasane, deren Junge das Nest kurz nach dem Schlüpfen verlassen, bauen einfache Nester. Es sind oft nur mit ein paar Halmen ausgelegte Mulden im Boden. Vögel, deren Junge im Nest bleiben, bis sie fliegen können, bauen kunstvolle Nester. Die Nester der meisten Garten- und Parkvögel sind napfförmig. Einige Arten nisten in Höhlen.

· AUSWÄHLEN DES NISTPLATZES ·

Im späten Winter und im Frühling können Sie beobachten, dass Vögel in einer Hecke oder einem Baum von einem Zweig zum anderen hüpfen. Ihr besonderes Interesse an Astgabeln zeigt, dass sie nach Nistplätzen Ausschau halten. Bei vielen Gartenvögeln gehören das Auswählen des Nistplatzes und der Nestbau zu den Aufgaben des Weibchens, auch wenn das Männchen manchmal dabei hilft. (Das Zaunkönig-Männchen ist die Ausnahme und baut das Nest ganz allein.) Bei Höhlenbrütern, wie Meisen, Staren, Trauerschnäppern und Rotschwänzen, wählt das Männchen den Nistplatz aus.

Nach welchen Kriterien die Vögel den Nistplatz aussuchen, weiß man noch nicht genau. Wahrscheinlich suchen sie nach Zweigen oder einer anderen passenden Unterlage, die ein solides Fundament für das Nest abgeben. Auch der Schutz vor Räubern und Witterungseinflüssen ist von Bedeutung.

Rohbau *Ein Saatkrähenpaar steckt Zweige in sein unordentliches Nest, das in einer Astgabel liegt. Die Vögel stehlen mitunter auch Material aus benachbarten Nestern der Kolonie.*

Schlamm

Blätter und Nadeln

Federn

Moos

Papier und Stoff

Trockenes Gras

Gebräuchliche Materialien *Die unterschiedlichsten Materialien werden ausgesucht, damit das Nest stabil und gut isoliert ist. Vögel sammeln aber v. a. das, was leicht zu erreichen ist.*

Vögel nisten jedoch oft an ungeeigneten, exponierten Plätzen. In diesem Fall ist vermutlich der Nestbauer noch unerfahren oder es gibt zu wenig geeignete Nistplätze. Fehlen in Gärten und Parks der Unterwuchs und dichtes Laubwerk, sind gute Plätze rar, und die Vögel müssen mit weniger geeigneten Stellen vorlieb nehmen. Gelegentlich kommt ein Vogel durcheinander und baut mehrere Nester gleichzeitig. Das passiert, wenn er mit einer Mehrfachwahlsituation konfrontiert wird, die in der Natur nicht vorkommt, z. B. den Sprossen einer Leiter oder einem Stoß Abflussrohre.

• DER NESTBAU BEGINNT •

Wenn man bedenkt, dass die Vögel beim Nestbau nur ihren Schnabel (manchmal auch die Füße) als Werkzeug benutzen können, erscheinen die zarten, aus Flechten, Spinnweben und Federn gebauten Nestkugeln der Schwanzmeise, das Kuppelnest der Elster aus Zweigen und das napfförmige Nest der Amsel aus miteinander verflochtenen Gräsern als wahre Wunderwerke. Der schwierigste Teil der Konstruktion ist das Fundament. Dohlen werfen manchmal Unmengen von Zweigen in einen Schornstein, ehe einer sich so verkeilt, dass der Nestbau weitergehen kann. Der Buchfink wickelt beim Nestbau zuerst Spinnwebfäden um die Zweige und baut damit eine sichere Verankerung, dann fügt er Moos und Gras hinzu, so dass ein festes Polster entsteht. Der Vogel setzt sich auf diese Unterlage und arbeitet mit seinem Schnabel weiteres Material ein. Die Napfform entsteht, indem er mit der Brust gegen das Material drückt und es mit den Füßen festtritt (S. 106).

Nestbau mit Hilfe des Schnabels *Eine Schwanzmeise baut ein Flechtenstück am Rand des fast fertigen kuppelförmigen Nestes ein.*

Nach dem Sturm *Ein Teichhuhn flickt sein Nest mit Schilfrohr. Wenn die Eier gelegt sind, können Reparaturen nötig werden.*

Am Anfang der Brutsaison dauert der Nestbau normalerweise länger, da die Arbeit bei kaltem Wetter unterbrochen werden muss. Wenn das Nest fertig ist, dauert es oft noch einige Tage bis zum Eierlegen.

Da der Nestbau so mühsam ist, überrascht es zunächst, dass so viele Nester nach der ersten Brut nicht wieder benutzt werden. Saatkrähen und Mehlschwalben polieren ihre alten Nester zwar regelmäßig im Frühling wieder auf, und Amseln verwenden ihr altes Nest bisweilen ein zweites Mal. Viele Nester sind jedoch nach dem Winter nicht mehr zu reparieren. Meisen und Rauchschwalben ziehen ihre zweite Jahresbrut in einem ganz neuen Nest auf. Der Befall durch Flöhe und andere Parasiten kann dadurch begrenzt werden.

• NESTFORMEN •

Der Nestbau nimmt viel Zeit und Energie in Anspruch. Ein Spechtpaar braucht, wenn es mehrere Stunden am Tag daran arbeitet, einen Monat oder länger, um seine Höhle zu zimmern. Drosseln brauchen bis zu drei Wochen zum Bau ihres stabilen Nestes, während Finken ihre zarte Konstruktion in etwa einer Woche fertig stellen. Meisen haben eine gewaltige Arbeit vor sich, wenn sie eine große Naturhöhle oder einen Nistkasten auspolstern müssen. Mit etwas Übung kann man bestimmen, welches Nest zu welcher Art gehört. Dies sollte man aber erst tun, wenn die Besitzer ausgezogen sind. Achten Sie besonders auf die Nestform, die verwendeten Materialien und das Grundprinzip der Nestkonstruktion.

Blaumeise Das Nest der Blaumeise *(oben)* besteht aus Moos, Kiefernzweigen und Gras; die längliche Form zeigt, dass es in einem Nistkasten gebaut wurde.

Grauschnäpper Das recht unordentliche, lockere Nest *(oben rechts)* aus Moos, Wurzeln und Gras findet man an freien, schattigen Plätzen. Es ist mit Federn, Haaren und abgestorbenen Blättern ausgekleidet. Außen wird es oft mit Spinnweben verputzt.

Grünfink Der tiefe Napf *(oben)* aus Zweigen, Gras und Moos mit einer Wurzelauskleidung wird hoch oben in einen dichten Busch oder in einen Nadelbaum gebaut.

Buchfink Das Nest *(links)* aus Gras, Moos und einer Auskleidung aus Wurzeln und Federn wird außen mit Flechten verputzt.

Rauchschwalbe Das flache, schalenförmige Nest *(rechts)* besteht aus mit Gräsern und Pflanzenfasern vermischtem Schlamm und ist mit Federn ausgekleidet. Es wird oft auf einen Mauervorsprung in einem Stall oder Schuppen gebaut.

Wintergoldhähnchen Das tiefe, napfförmige Nest *(unten)* aus Moos und Spinnweben mit einer Auskleidung aus Federn wird am Zweig eines Nadelbaums aufgehängt.

Heckenbraunelle Das napfförmige Nest *(oben)* aus Wurzeln, Gras, Blättern und Moos wird in einer Hecke auf einer Unterlage aus Zweigen gebaut. Die Auskleidung besteht aus Wolle, Haaren und auch Federn.

Zaunkönig Das Nest *(oben)*, oft in einer Mauerhöhlung, ist eine mit Federn ausgekleidete, hohle Kugel aus Moos und Gras.

Schwanzmeise Das mit Federn ausgekleidete Moosnest *(rechts)* wird mit Spinnweben befestigt und mit Flechten bedeckt.

∙: GELEGE UND BRUT :∙

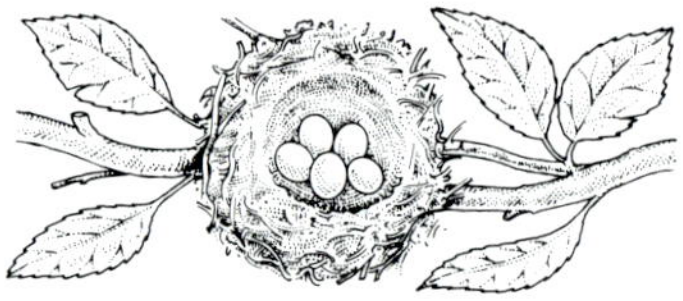

FORM, FARBE UND BESCHAFFENHEIT von Vogeleiern werden viel bewundert, aber die Entwicklung der Vogeljungen im Ei und das Verhalten der Eltern beim Versorgen der Eier verdienen die gleiche Aufmerksamkeit. Die Eibildung ist für das Weibchen sehr anstrengend. Es erstaunt deshalb nicht, dass zwischen dem Nestbau und dem Eierlegen oft eine Pause liegt, in der das Weibchen sich nur aufs Fressen konzentriert, oder dass sie ihren Partner brauchen, der sie mit zusätzlichem Futter versorgt.

· DIE ZAHL DER EIER ·

Einige Tage vor dem Legen beginnt die Eibildung im Körper des Weibchens. Das befruchtete Ei, das hauptsächlich aus Dotter besteht, wandert den Eileiter hinunter, wo das Eiweiß dazukommt und die Schale ergänzt wird. Die Eibildung ist anstrengend für das Weibchen und zehrt an ihrer Energie und ihren Körperreserven. Zur Bildung der Schale, die etwa einen Tag dauert, wird z. B. so viel Kalzium benötigt, dass es den Knochen des Vogelkörpers entzogen werden muss. Die Weibchen mancher Arten sind vor der Eiablage weniger aktiv und schlafen nachts im Nest. Sie brauchen so weniger Energie, um sich warm zu halten.

Die meisten Gartenvögel legen ihre Eier am Morgen und in 24-Stunden-Intervallen. Bei Tauben, Reihern, Eulen und Mauerseglern ist der Zeitabstand größer. Fällt das Nest herunter oder wird es von Räubern geplündert, haben die meisten Vögel bald darauf ein neues Gelege. Bei einigen Vögeln, z. B. Tauben und Möwen, besteht jedes Gelege aus gleich vielen Eiern. Bei den meisten Garten- und Parkvögeln hängt die Größe des Geleges jedoch davon ab, wie viel Futter das Weibchen sammeln kann. (Die Angaben in den Vogelsteckbriefen sind durchschnittliche Gelegegrößen.) So legt der Mauersegler bei schlechtem Wetter eher zwei als drei Eier. Bei Mehlschwalben sind

Ei der Tannenmeise *Das Gelege aus 7–12 Eiern kann so viel wiegen wie der Vogel selbst.*

Amsel-Ei

Nachtigall-Ei

Gelegegröße (oben) *Die Nachtigall legt gewöhnlich einmal in jeder Brutsaison Eier, die Amsel bis zu fünfmal.*

Napfförmiges Nest *Der Dompfaff legt durchschnittlich fünf Eier* (links).

die Eier kleiner. Wenn es zu wenig Mäuse gibt, versuchen Waldkäuze und Turmfalken gar nicht erst, Eier zu legen. Die kleineren Gelege mancher Gartenvögel zeigen, dass Gärten als Lebensraum nicht so geeignet sind wie Wälder. Es gibt auch geografisch und klimatisch bedingte Unterschiede: So legen Vögel in nördlichen Ländern mehr Eier als diejenigen im Süden. Rotkehlchen in Skandinavien legen z. B. im Durchschnitt ein Ei mehr als diejenigen in Spanien. Deutsche Meisen haben eher ein zweites Gelege als britische.

Auch die Anzahl der Bruten hängt davon ab, wie viel Futter es gibt. Raupen sind, da sie sich verpuppen, nur kurzzeitig verfügbar. Meisen, die sich von ihnen ernähren, haben deshalb meist nur eine Brut. Amseln mit ihrer vielfältigen Nahrung können dagegen mehrere Bruten aufziehen. Dompfaff und Grünfink nisten in Jahren, in denen ihre Lieblingspflanzen viele Samen tragen, bis in den September hinein.

Nest des Buchfinks *Das Gelege aus vier Eiern wird durch die isolierende Auskleidung des Nestes mit Haaren, Wolle und Federn warm gehalten. Der Buchfink hört im Hochsommer auf zu brüten, wenn es nicht mehr so viele Insekten gibt, mit denen er seine Jungen füttern könnte.*

• DIE FARBE DER EIER •

Weiß ist die Grundfarbe der Vogeleier. Die Eischalen der meisten Arten enthalten jedoch der besseren Tarnung wegen Farbpigmente. Sie werden der Schale beigefügt, während das Ei durch den Eileiter wandert. Zuerst entsteht die Grundfarbe; dann werden die verschiedenen Schichten der Schale aufgebaut. Das Muster erscheint erst auf der Oberfläche der vollständig aufgebauten Schale. Steht das Ei still, wenn die Pigmente hinzugefügt werden, zeigen sich Punkte und Flecken, bewegt es sich, entstehen Streifen und Linien. Einige Höhlenbrüter, wie Specht, Waldkauz und Steinkauz, legen glänzende, weiße Eier – vermutlich, damit die Eltern sie in der dämmrigen Höhle besser sehen können. Tarnung ist nicht nötig. Ringeltauben legen ebenfalls weiße Eier. Auch sie brauchen ihre Eier nicht zu tarnen, da sie gleich nach der ersten Eiablage mit dem Brüten beginnen. Vögel, die ihre Eier in offene Nester legen, z. B. Turmfalken, Rabenkrähen, Drosseln und Finken, haben gesprenkelte und farbige Eier, die dem Holz und dem Laubwerk der Nestumgebung angepasst sind.

Weiße Eier

Ei der Ringeltaube

Specht-Ei

Farbige Eier

Ei des Turmfalken

Ei der Aaskrähe

• BRÜTEN •

Vögel sind Warmblüter. Der Elternvogel sitzt im Nest auf den Eiern und hält so die Küken im Ei warm. Kurz bevor die Eier gelegt werden, verliert der Elternvogel auf seiner Brust Federn, so dass ein nacktes Hautstück entsteht. Da dieser Brutfleck reich mit Blutgefäßen versorgt ist, wirkt er als Wärmepolster, das die Körperwärme an die Eier überträgt. Der Brutfleck ist ein sicheres Anzeichen dafür, dass ein Vogel gerade brütet. Nur Tauben haben das ganze Jahr über einen kahlen Brustfleck.

Vögel beginnen normalerweise erst dann mit dem Brüten, wenn das Gelege komplett ist. Auch wenn der Elternvogel vorher schon auf dem Nest sitzt, benutzt er seinen Brutfleck nicht. Erst wenn er richtig brütet, stellt er, ehe er sich hinsetzt und die Eier zurechtrückt, seine Federn so auf, dass der Brutfleck freigelegt wird. Sitzt der Vogel erst einmal auf den Eiern, ist er ziemlich unruhig, bleibt aber bewegungslos sitzen, wenn er Gefahr wittert. Immer wieder steht er auf und wendet die Eier mit dem Schnabel. Das hat verschiedene Gründe: Die Luftzirkulation wird verbessert, so dass die Embryos in den Eiern atmen können (die Luft diffundiert durch die Schale), und die Eier werden gleichmäßig gewärmt. Das Wenden der Eier ist auch notwendig, damit sich die Embryos gut entwickeln. Bei den meisten unserer gefiederten Nachbarn brütet nur das Weibchen. Hilft das Männchen beim Brüten, entwickelt es ebenfalls einen Brutfleck. Das ist z. B. beim Star der Fall, obwohl auch hier das Weibchen die ganze Nacht und die meiste Zeit des Tages auf dem Nest sitzt. Bei den Spechten erledigen die Männchen die Hauptarbeit beim Brutgeschäft und sitzen auch bei Nacht auf dem Nest. Beim Mauersegler wechseln sich die Eltern etwa alle zwei Stunden ab. Der Vogel im Nest bleibt jedoch nicht die ganze Schicht über sitzen, sondern legt Pausen ein, um zu fressen, seinen Darm zu entleeren oder sich zu putzen. Meisenweibchen kann man dabei

Pflicht *Ein Dompfaff-Weibchen* (links) *brütet.*

Eier wenden *Eine Straßentaube* (u.) *dreht die Eier um, damit sie gleichmäßig warm bleiben.*

Eierwärmer *Eine Blaumeise schätzt die Temperatur der Eier auf wenige Grade genau ein.*

beobachten, wie sie aus dem Nistkasten fliegen und aufgeregt mit den Flügeln flattern, wenn sie einen Schnabel voll Raupen bekommen haben.

Brüten bedeutet mehr, als nur auf dem Gelege zu sitzen. Der brütende Vogel muss die Temperatur der Eier kontrollieren (was wahrscheinlich beim Umdrehen der Eier geschieht) und sie entsprechend regulieren. Von der Isolierung des Nestes und vom Wetter hängt es ab, wie viel Energie zum Warmhalten der Eier aufgewendet werden muss. An sonnigen Tagen können die brütenden Vögel dem Nest länger fernbleiben als bei nassem Wetter.

• SCHLÜPFEN •

Da die Vögel normalerweise erst mit dem Brüten beginnen, wenn das Gelege vollständig ist, schlüpfen alle Jungen gleichzeitig. Eulen und Tauben sind die Ausnahme. Sie fangen schon mit dem Brüten an, sobald das erste Ei gelegt ist.

Das Schlüpfen ist für die Vögel gar nicht so einfach. Die Vorbereitungen beginnen schon einige Tage vorher. Das Junge verändert seine Lage im Ei, stößt mit seinem Schnabel in die Luftkammer am stumpfen Ende des Eies und fängt an zu atmen.

Ein Kreis von Löchern *Ein schlüpfendes Teichhuhn pickt am stumpfen Ende des Eis rundum Löcher in die Schale* (oben). *Mit Hilfe des Eizahns kann es dann die Schale aufbrechen.*

Ins Freie *Ein Elsterjunges* (links) *hat mit den Füßen, dem Nacken und den Schultern die Schale geöffnet und trägt nun das stumpfe Ende wie eine Kappe auf dem Kopf.*

Dann hämmert es mit dem Schnabel, der durch einen hornigen weißen Eizahn geschützt ist, ein Loch in die Eischale. (Den Eizahn kann man auch noch bei ein bis zwei Tage alten Nestlingen erkennen.)

Einige Stunden vergehen bis zur Schlussphase, die weniger als eine Stunde dauert. Das Junge pickt kreisförmig Löcher in die Schale, um sie aufzubrechen, bevor es das stumpfe Ende absprengt. Ist der Kopf erst frei, kämpft es sich bald ganz aus der zerbrochenen Schale und liegt dann zusammengerollt und erschöpft im Nest.

In der großen, weiten Welt *Ein noch blindes, gerade geschlüpftes Amseljunges ruht sich zusammengerollt aus, nachdem es sich aus der Eischale freigekämpft hat. Der Eizahn ist noch zu sehen.*

AUFZUCHT DER JUNGEN

DIE JUNGEN DER MEISTEN Arten – Singvögel, Tauben, Spechte und Greifvögel – bleiben im Nest, bis sie fliegen können. Sie werden als Nesthocker bezeichnet. Im Gegensatz dazu verlassen junge Möwen, Blässhühner und Teichhühner das Nest schnell (sie werden Nestflüchter genannt); die Eltern füttern sie aber noch eine Zeit lang. Die Jungen einiger Arten, wie Stockente und Fasan, suchen sich ihr Futter gleich selbst.

DAS FÜTTERN DER JUNGEN

Wenn die Jungen geschlüpft sind, sind sie schwach und – wegen der Eiflüssigkeit – nass. Die Eltern wärmen sie mit ihrem Körper. Wenn die Jungen kräftiger sind, bleiben sie allein, wenn die Eltern Futter suchen. Bei Nacht und bei schlechtem Wetter werden die Nestlinge gewärmt, bis sie groß sind.

Die Vogeleltern sind den ganzen Tag mit dem Füttern beschäftigt. Die meisten Jungvögel werden mit Insekten und anderen Wirbellosen wie Spinnen, Schnecken und Würmern gefüttert. Sogar die Pflanzen fressenden Finken füttern ihre Jungen mit tierischer Nahrung, da sie mehr Eiweiß, Kalzium und Nährstoffe enthält, die die Jungen zum Wachstum brauchen. Tierische Nahrung enthält auch mehr Flüssigkeit, so dass die Jungvögel nichts trinken müssen. Das Sammeln der Insekten ist harte Arbeit, besonders bei schlechtem Wetter. 10 000 Raupen und hundertmal mehr Blattläuse sind nötig, um eine Blaumeisenfamilie großzuziehen. So erstaunt es nicht, dass Vögel während der Aufzucht an Gewicht verlieren.

Kehrt ein Elternvogel mit Futter zum Nest zurück, sperren die Nestlinge automatisch ihre Schnäbel auf. Sie tun dies schon, ehe sie ihre Augen öffnen, da sie an der Erschütterung spüren, wenn ein Elternvogel am Nest gelandet ist. Später sehen sie ihre Eltern und strecken ihnen die Schnäbel ent-

Zwei Arten von Jungen *Wie die Jungen vieler am Boden nistender Vögel verlässt das Teichhuhnküken* (oben) *das Nest bald nach dem Schlüpfen. Mit offenen Augen, großen Füßen und einem Daunenkleid ist es weiter entwickelt als eine junge Nachtigall* (rechts), *die das Nest erst nach 11 oder 12 Tagen verlässt.*

gegen. Die leuchtend gefärbte Schnabelinnenseite ist für die Eltern das Signal zum Füttern. Der Elternvogel füttert den Nestling, der ihm am nächsten ist, und denkt nicht daran, das Futter gerecht zu verteilen. Dadurch erhält der kräftigste Nestling das meiste Futter; aber wenn sein Hunger gestillt ist, hört er auf zu betteln und die andern bekommen ihren Anteil. So werden alle satt – vorausgesetzt, es gibt genügend Futter. Andernfalls verhungern einige Nestlinge. Auf lange Sicht überleben jedoch mehr Jungvögel, wenn die Eltern einige gut genährte Nestlinge aufziehen statt vieler halb verhungerter.

Den Schnabel aufsperren *Drei Tage alte Blaumeisen, noch nackt und blind, betteln um Futter, indem sie ihre gelben Schnabelinnenseiten zeigen.*

• DAS SAUBERHALTEN DES NESTES •

Nisten Vögel in Ihrem Garten, achten Sie auf leere Eischalen auf dem Rasen. Wenn die Jungen geschlüpft sind, entfernen die Eltern die zerbrochenen Schalen aus dem Nest. Auch der Kot der Nestlinge wird beseitigt. Nachdem ein Nestling gefüttert wurde, dreht er sich um und streckt dem Elternvogel sein Hinterteil entgegen, der den Kot verschluckt oder vom Nest fortträgt.

Blieben die Ausscheidungen im Nest, würden die neuen Federn der Nestlinge verkleben und Krankheiten könnten sich ausbreiten. Die weißen Kotflecken um das Nest herum müssen entfernt werden, um keine Räuber anzulocken. Für Vögel, die an sicheren Plätzen nisten, wie Rauch- und Mehlschwalben, ist das nicht so wichtig; deren Kot verunreinigt Wände und

Hausputz *Wenn die Jungen geschlüpft sind, entfernt der Eltern-Star die Eischalen aus der Nesthöhle. Andere Nestlinge könnten sich sonst darin verfangen oder daran schneiden.*

Verschmutztes Nest Da ihr Nest zwischen den Dachsparren sicher vor Räubern ist, brauchen Rauchschwalben (oben) Kot nicht zu entfernen.

Entsorgung Nach dem Füttern entfernt die Blaumeise (rechts) einen Kotballen aus dem Nest.

Gehwege. Wenn die Nestlinge fast fliegen können, setzen sie ihren Kot am Nestrand ab. Ein leeres, aber verschmutztes Nest ist deshalb ein sicheres Zeichen dafür, dass die Jungen mit Erfolg großgezogen wurden. (Tote Jungvögel werden aus dem Nest entfernt. Ein leeres Nest bedeutet deshalb nicht unbedingt erfolgreiches Brüten.)

• FLÜGGEWERDEN •

Wenn die Jungvögel ihre Federn haben, sind sie bereits so groß, dass sie fast aus dem Nest fallen. Statten Sie dem Nest jetzt keinen Besuch ab. Die Nestlinge würden bei dem Versuch zu fliehen hinaushüpfen, obwohl sie noch gar nicht richtig fliegen können. Das ist eine Schutzmaßnahme gegen Räuber; sie ist zwar gefährlich, bietet aber mehr Überlebenschancen, als im Nest zu bleiben und mit Sicherheit gefressen zu werden. Auch wenn sie nicht gestört werden, verlassen die Jungen das Nest, ehe ihre Federn voll entwickelt sind. Sie erkennen diese flüggen Jungvögel an ihren Stummelschwänzen und den kurzen Flügeln. Sie bewegen sich noch recht unbeholfen. Vögel, die in offenen, napfförmigen Nestern aufwachsen, fliegen früher als solche, die in der größeren Sicherheit von Nisthöhlen groß werden.

Die Zeit bis zum Flüggewerden kann sich um einige Tage verschieben, weil das Wachstum der Nestlinge von der verfügbaren Futtermenge und der Anzahl der hungrigen Mäuler im Nest abhängt. Besonders bei Mauerseglern variiert die Zeit bis zum Flüggewerden stark, denn bei schlechtem Wetter, wenn fliegende Insekten rar sind, hören die Nestlinge fast auf zu wachsen.

Die meisten Jungvögel fliegen in den ersten paar Tagen, nachdem sie das Nest verlassen haben, nur wenig. Sie bleiben vielmehr ruhig an einem abgeschiedenen Plätzchen, z. B. in einer dichten Hecke, sitzen und warten geduldig, bis ihre Eltern sie mit Futter versorgen. Wenn ihre Federn wachsen und sie sich sicherer bewegen,

Noch nicht flügge Ein zehn Tage alter Star mit röhrenförmigen Federscheiden; die Spitzen der Flugfedern sind schon zu erkennen.

folgen sie ihren Eltern und ersparen ihnen die Mühe, mit jedem Schnabel voll Futter hin- und herzufliegen. Achten Sie einmal auf junge Stare, die ihren Eltern auf den Fersen sind, wenn diese auf dem Rasen nach Futter suchen. Die Eltern brauchen sich nur noch umzudrehen und das Futter in die aufgesperrten Schnäbel zu stopfen. Bei manchen Arten beginnt das Weibchen gleich eine zweite Brut; dann füttert das Männchen die Jungen.

Hilferuf *Ein flügges Blaumeisenjunges, das das Nest verlassen hat, ruft nach seinen Eltern.*

• DER SCHRITT IN DIE SELBSTSTÄNDIGKEIT •

Die Aussage, dass Vögel ihren Jungen das Fliegen beibringen, gilt nur bedingt. Die Fähigkeit zu fliegen ist den Vögeln angeboren. Eine junge Meise in einem überfüllten Nistkasten oder eine Mehlschwalbe unter einem Dachvorsprung können ihre Flügel meist erst dann ausbreiten, wenn sie sich zum ersten Mal in die Luft erheben. Bereits bei ihrem ersten Flug sind die Jungvögel erstaunlich geschickt. Sie beherrschen die komplexen Flügelbewegungen und das Balancehalten von Anfang an. Es bedarf jedoch einiger Übung, um das Manövrieren und das Landen zu perfektionieren.

Junge Mauersegler verlassen das Nest aus eigenem Antrieb und werden gleich selbstständig, während Mehlschwalben-Eltern zusammen mit anderen erwachsenen Vögeln ihre Jungen aus dem Nest locken. Sie rufen sie, während sie langsam am Nest vorbeifliegen (S. 166) und begleiten sie auf ihrem ersten Flug. Vollführt eine junge Mehlschwalbe eine Bruchlandung, kreisen die erwachsenen Vögel über ihr und ermutigen sie, zum Nest zurückzufliegen.

Frühes Lernen *Fasanenküken* (oben) *haben eine längere Bebrütung hinter sich als die häufigen Gartenvögel und sind dafür ausgerüstet, das Nest wenige Stunden nach dem Schlüpfen zu verlassen. Etwa zwei Wochen später können sie fliegen.*

Jungfernflug *Ein junger Mauersegler* (links) *erhebt sich bei seinem ersten Flug mit erstaunlicher Sicherheit in die Luft. Hat er erst einmal mit dem Fliegen begonnen, landet er lange nicht mehr.*

·: WANDERUNGEN :·

VÖGEL SIND WÄHREND IHRES GANZEN Lebens in Bewegung. Die zurückgelegten Entfernungen sind dabei oft nicht größer als die tägliche Strecke zwischen Schlaf- und Futterplatz. Andere Bewegungen sind jahreszeitlich bedingt, z. B. der Ortswechsel vom Waldgebiet im Sommer in die städtischen Grünanlagen im Winter, oder wenn das Futter knapp wird. Andere Vögel legen gewaltige Entfernungen zwischen den Kontinenten zurück.

· WANDERUNGEN ·

Jedes Frühjahr warten wir voll Ungeduld darauf, dass die Vögel aus ihren Winterquartieren zurückkehren. Am Ende des Sommers verschwinden die Vögel wieder. Rot- und Wacholderdrosseln, die dem härteren Klima im Norden entfliehen, sind dann die Vorboten des Winters. Diese Vögel als Zugvögel und diejenigen, die auch im Winter bei uns bleiben, als Standvögel zu bezeichnen, ist eine Vereinfachung, die den vielfältigen Wanderungen der Vögel nur bedingt gerecht wird. Vogelwanderungen kann man definieren als jede Ortsveränderung, bei der ein Vogel seinen Standort wechselt, also das Gebiet, in dem er seinen täglichen Aktivitäten nachgeht.

Nach dieser Definition wandert eine Kohlmeise, wenn sie ihr Sommerquartier im Wald verlässt, um sich den Winter über in einem Vorstadtgarten niederzulassen. Die Meise kann dadurch das Nahrungsangebot zweier Standorte – Raupen im Wald und Erdnüsse im Garten – nutzen. Damit man Wanderungen, die z. B. bei der Kohlmeise nur wenige Kilometer betragen, und diejenigen, die Tausende von Kilometern umfassen (Mauersegler und Rauchschwalbe z. B. überwintern in Südafrika), begrifflich unterscheiden kann, spricht man bei letzteren vom Vogelzug.

Nicht alle Vögel ziehen genau zur gleichen Zeit los. So halten sich jedes Jahr einige Rauch- und Mehlschwalben noch bei uns auf, wenn die meisten Artgenossen längst abgezogen sind. Einige wenige sieht man sogar noch Anfang Dezember; ihnen ist es offensichtlich gelungen, noch genug Insekten zu finden, doch schließlich müs-

Echter Zugvogel
Der Mauersegler kann auf seiner Winterreise nach Afrika etwa 800 km am Tag zurücklegen.

sen auch sie aufbrechen. Andere, die man im Februar sieht, sind oft frühe Rückkehrer. Die dritte Gruppe, die man um Weihnachten und Neujahr herum beobachten kann, sind meist Vögel, die den Wandertrieb verloren haben. Einige Grasmücken überwintern bereits in Europa und einige hundert Zilpzalpe finden jedes Jahr genügend Insekten, um auf den Flug nach Süden verzichten zu können. Dagegen ist es unwahrscheinlich, dass Schwalben genug Insekten finden, um den Winter zu überleben.

• TEILZIEHER •

Als Carl von Linné, der große Naturforscher des 18. Jahrhunderts, Tieren und Pflanzen ihre wissenschaftlichen Namen gab (S. 218), nannte er den Buchfink Fringilla coelebs – was so viel heißt wie »Junggesellenfink«. Er hatte festgestellt, dass die wenigen Buchfinken, die den Winter über in seiner Heimat Schweden blieben, fast ausschließlich Männchen waren. Die meisten Weibchen und einige Männchen überwinterten im Süden. Auch in Deutschland, Großbritannien und den Niederlanden sind die männlichen Buchfinken im Winter in der Überzahl, während Länder mit milderem Klima zu dieser Zeit einen Zustrom von Weibchen aus dem Norden zu verzeichnen haben.

Junggeselle *Buchfinken-Männchen bleiben den Winter über.*

Die Wanderung eines Teils der Population (das kann auch eine bestimmte Altersgruppe sein) wird Teilzug genannt. Wenn Sie nicht genau Buch führen über die Zahl der Vögel in Ihrer Umgebung, werden Sie den Teilzug wahrscheinlich gar nicht bemerken. Denn im Winter kommen andererseits wegen des milden Klimas Tausende von Vögeln aus Ländern mit strengerem Klima zu uns.

Teilzieher *Die Dohle ist ein Teilzieher; in Großbritannien nimmt ihre Zahl im Winter durch den Zuzug von Vögeln aus kälteren europäischen Ländern zu. Auch Stare, Amseln, Blaumeisen und Buchfinken überwintern häufig in Europa.*

Es gibt auch Wanderungen, die durch vorübergehende Futterknappheit ausgelöst werden. Sie werden nötig, wenn alle Beeren eines Gebietes gefressen sind oder tierische Nahrung und am Boden liegende Samen durch Frost und Schnee nicht mehr erreichbar sind. Die augenfälligsten Wanderungen sind das Verschwinden der Enten, wenn die Seen zufrieren, und die plötzliche Ankunft von Rot- und Wacholderdrosseln.

• INVASIONSARTEN •

In manchen Wintern gibt es plötzliche Invasionen von Vögeln, wenn sich die Futtersituation in den Brutgebieten verschlechtert. Hat die Zahl der Vögel in Zeiten üppigen Futterangebots stark zugenommen, haben sie dann nur noch die Alternative, wegzuziehen oder umzukommen. Invasionen treten hauptsächlich bei Früchte und Samen fressenden Vögeln auf, wenn die Pflanzen wenig tragen, und bei Eulen und Greifvögeln, wenn es wenig Nagetiere gibt.

Die Nadelbäume in Nordeuropa produzieren alle zwei oder vier Jahre reichlich Samen. In den dazwischenliegenden Jahren bilden sie manchmal fast keine Samen. Die Kreuzschnäbel ziehen dann auf der Suche nach Futter in Scharen nach Süden. Bei Seidenschwänzen kommt es zu Invasionen, wenn die Ebereschen in den Wäldern im Norden keine Früchte tragen. Auch Meisen starten mitunter zu Hunderten eine Invasion.

Invasionsarten *Plötzliche Invasionen kommen vor, wenn das Futter knapp ist. Der Buntspecht* (oben) *taucht öfter an Futterstellen auf, wenn es wenig Nadelbaumsamen gibt. Der Eichelhäher* (rechts) *ist auf Eicheln angewiesen. Wenn in Europa die Eicheln knapp sind, kommen Schwärme von Eichelhähern in die Gärten und ernähren sich dort von Erdnüssen.*

• DURCHREISENDE •

Während der Zugzeiten im Frühjahr und Herbst sehen Sie oft Vögel, die nur auf der Durchreise zu weit entfernten Zielen sind. Sie bleiben vielleicht einige Tage, um zu fressen oder auf günstigen Wind zu warten. Viele dieser Durchreisenden sind häufige Vögel, aber oft entdeckt man auch seltene Arten, sogar solche aus Amerika, Zentralasien oder der Arktis. Da Zugvögel mitunter in einen Sturm geraten und weit von ihrem normalen Kurs abgetrieben werden, können sie, als Irrgäste, Tausende von Kilometern abseits ihrer üblichen Flugroute auftauchen. Unter diesen seltenen, zufälligen Besuchern in Westeuropa sind jeden Herbst auch einige amerikanische Vogelarten. Sie ziehen in Nordamerika an der Ostküste entlang in die Tropen und noch weiter nach Süden. Geraten sie dabei in stürmische Westwinde, werden sie über den Atlantik an europäische Küsten getrieben. Ihre Chancen, zurückzukehren, sind sehr gering.

• ZEIT ZUM ABFLUG •

Vor mehr als 250 Jahren erkannten Naturforscher, dass Hunger nicht der Auslöser für den Vogelzug ist. Die Vögel flüchten schon, ehe das Futter knapp wird. Würden sie warten, bis sie Hunger leiden und ihre Verfassung sich dadurch verschlechtert, könnten sie die Reise nicht überleben. Vor der Abreise fressen sich die Vögel ein Fettpolster an. Ist ein Vogel reisefertig, kann sich der Wegzug durch das Wetter noch etwas verzögern. Die Vögel starten am liebsten bei günstigem Wind und Wetter.

Vögel verlassen das Land in einer bestimmten Reihenfolge. Mauersegler z. B. sind auf Insekten als Nahrung angewiesen und ziehen früher weg, während Rauch- und Mehlschwalben auch noch zurechtkommen, wenn es nicht mehr so viele fliegende Insekten gibt, und deshalb länger bleiben. Durch die Umstellung auf Pflanzenkost können einige Grasmücken die Abreise etwas hinausschieben. Zwischen dem Abflug der ersten Individuen einer Art und der letzten Nachzügler können einige Wochen vergehen. Obwohl Vögel das beste Reisewetter abwarten, geraten sie manchmal in eine Falle: Im September 1974 wurden Schwalben durch schlechtes Wetter auf der falschen Seite der Alpen festgehalten. Viele starben, aber Tausende wurden auch in der Schweiz gefangen und in Italien wieder frei gelassen.

Bei der Rückkehr im Frühling bleibt wenig Zeit für Verzögerungen, da die Vögel die Nahrungsfülle im Sommer optimal nutzen und möglichst viele Junge aufziehen wollen. Beim Zug nach Norden bleiben die Vögel deshalb dem sich zurückziehenden Winter hart auf den Fersen. Rauchschwalben rücken täglich etwa 40 km nach Norden vor, sofern sie nicht durch kaltes Wetter oder Gegenwind aufgehalten werden.

Reisevorbereitungen *Vor der Abreise sammeln sich Mehlschwalben* (oben) *in Schwärmen auf Telefonleitungen, der Fitis* (rechts) *stellt seine Nahrung von Insekten auf kohlenhydratreiche Beeren um.*

Der Zeisig im Lauf der Jahreszeiten
Im Herbst verlässt der Zeisig die Nadelbäume, auf denen er nistet, und ernährt sich von Birkensamen, bis es Zeit zur Abreise ist.

BESONDERE VERHALTENSWEISEN

DIE BISHER BESCHRIEBENEN Verhaltensmuster sind im Garten oder Park häufig zu beobachten. Es handelt sich dabei um verbreitete Verhaltensweisen, mit deren Hilfe die Vögel – unabhängig von der Art – überleben und ihre Jungen erfolgreich aufziehen können. Hin und wieder sehen Sie bei Vögeln jedoch auch seltsame Verhaltensweisen, die keinen besonderen Zweck zu erfüllen scheinen und häufig auch nicht leicht zu erklären sind.

SICH STRECKEN UND GÄHNEN

Warum Vögel sich strecken und gähnen, weiß man nicht genau. Dieses Verhalten wird als Komfortverhalten bezeichnet; die Bedeutung ist bei weitem nicht so eindeutig wie das Sich-Putzen oder -Kratzen. Wenn wir Menschen zu lange in der gleichen Haltung sitzen oder liegen, strecken wir anschließend oft unsere Arme und Beine aus.

Hin und wieder sehen Sie Vögel, die fast das Gleiche tun: Sie strecken eine oder zwei Sekunden lang einen Flügel aus und falten ihn dann wieder zusammen. Gleichzeitig werden das Bein der gleichen Körperseite ausgestreckt und der Schwanz fächerförmig ausgebreitet. Manche Vögel strecken beide Flügel gleichzeitig aus und ziehen sie bis über ihren Rücken nach oben. Bei einem Turmfalken oder einem Sperber, der seine Beute verspeist, können Sie vielleicht ein Verhalten beobachten, das ähnlich aussieht wie das Strecken, aber eine andere Bedeutung hat. Der Vogel kauert über seiner Beute und breitet dabei seinen Schwanz und seine Flügel aus. So

Sich strecken *Eine Türkentaube* (oben) *dehnt Beine und Flügel.*

Beschirmen *Ein junger Turmfalke* (links) *schirmt seine Beute vor anderen Vögeln ab.*

schirmen Greifvögel ihre Beute vor anderen Vögeln ab, damit diese sie nicht stehlen können.

Warum Menschen, Vögel und andere Tiere sich strecken, ist noch nicht ganz geklärt. Vielleicht werden dadurch der Muskeltonus oder die Blutzirkulation in den Gliedmaßen verbessert. Das Gähnen könnte eine besondere Form des Sich-Streckens sein, aber es könnte auch dazu dienen, den Luftaustausch in den Lungen zu verbessern.

Herzhaft gähnen *Eine Lachmöwe gähnt beim Aufwachen herzhaft.*

• AMEISEN UND RAUCH •

Das Sitzen in Ameisenhaufen wurde bei vielen Vögeln beobachtet, besonders bei Eichelhähern, aber auch bei Staren und Amseln. Der Vogel breitet seine Flügel halb aus, verdreht seinen Schwanz und reibt seinen Schnabel an seinen Flugfedern, oder er hockt sich wie beim Sonnenbaden mit ausgebreiteten Flügeln und auf den Boden gepresstem Schwanz hin. Bei genauerem Hinsehen erkennt man, dass der Vogel auf dem Nest einer Ameisenart sitzt, die ihre Feinde mit Ameisensäure bespritzt. Der Vogel pickt entweder Ameisen auf und reibt damit an seinen Federn, oder er lässt sie in sein Gefieder kriechen. Wahrscheinlich tötet die Ameisensäure Federläuse ab.

Baden im Rauch ist heute weniger verbreitet, da es nicht mehr so viele Häuser mit offenen Feuerstellen gibt. Der Vogel – meist eine Rabenkrähe, eine Saatkrähe oder ein Star – sitzt auf einem Schornstein und macht ähnliche Bewegungen wie auf dem Ameisenhaufen. (Sehen Sie Vögel lediglich auf Schornsteinen sitzen, wärmen sie sich wahrscheinlich nur.)

Merkwürdige Mätzchen *Ein Eichelhäher breitet seine Flügel aus, damit Ameisen in sein Gefieder krabbeln können.*

• FENSTER ANGREIFEN •

Vögel fliegen manchmal versehentlich gegen Fensterscheiben (S. 138); dass sie die Scheiben mit Absicht angreifen, ist ein davon zu unterscheidendes Phänomen. Eine übliche Erklärung lautet, dass der Vogel sein eigenes Spiegelbild für einen Rivalen hält und versucht, diesen aus seinem Revier zu vertreiben. So hat eine Rabenkrähe eine Woche lang täglich ein Fenster mit Schnabel und Klauen derart heftig attackiert, dass man die Scheiben von Blut und Speichel reinigen musste. Häufiger sieht man, dass Vögel gegen die Scheiben stoßen. Wahrscheinlich sind sie durch die unsichtbare Barriere irritiert. Von einigen Vögeln, die vom Fenster aus gefüttert wurden, wird berichtet, dass sie gegen die Scheibe klopften, um Futter zu erbetteln.

• AKTE DER ZERSTÖRUNG •

Rowdy *Die Kohlmeise begeht Akte mutwilliger Zerstörung.*

Wir können zwar akzeptieren, dass Vögel die Blüten und Früchte unserer Bäume fressen, weil sie Hunger haben. Offensichtlich mutwillige Zerstörung kann man ihnen jedoch nur schwer verzeihen. Von Meisen weiß man, dass sie in Häusern lose Tapeten abreißen. Bestimmt suchen sie dahinter nach Insekten, wie hinter der abblätternden Rinde eines Baumes. Die Frage, warum Meisen Kitt aus Fensterrahmen oder die Gummidichtungen doppelt verglaster Fenster herauspicken, ist schon schwieriger zu beantworten. Oft betätigen sie sich am Kitt, nachdem sie an einem Vogelhaus gefressen haben. Es ist deshalb unwahrscheinlich, dass sie dabei nach Insekten suchen.

Vielleicht brechen jedoch alte Jagdinstinkte bei den Meisen durch. Bei Vögeln und anderen Tieren scheint dies manchmal der Fall zu sein, wenn sie eine mühelos zu erreichende Mahlzeit gefressen haben. (So stürzen sich z. B. Katzen auf imaginäre Mäuse, nachdem sie gefüttert wurden.)

Haussperlinge haben die Angewohnheit, einzelne Blütenblätter oder gleich die ganzen Blüten von Primeln und Krokussen abzureißen. Da sie diese nicht fressen, scheint die einzig mögliche Erklärung für dieses bizarre Verhalten reiner Vandalismus zu sein. Es ist ebenfalls ein Rätsel, warum sie dabei bevorzugt gelbe Blüten anpicken.

Gelbe Primeln *Diese Frühlingsblumen werden oft die Opfer von Haussperlingen, die sie abreißen und einfach auf dem Boden liegen lassen.*

• ANGEWOHNHEITEN DES KUCKUCKS •

Der Kuckuck ist ein eher ungewöhnlicher Besucher unserer Parkanlagen, und nur gelegentlich taucht er auch einmal in einem großen Garten auf. Er sucht nach Nestern, in die er seine Eier legt; das Ausbrüten überlässt er den Nestinhabern. Der Kuckucksnestling wirft später die rechtmäßigen Insassen aus dem Nest. Die Heckenbraunelle ist ein beliebtes Opfer, aber die Liste der selteneren »Gastgeber« für diesen Brutparasiten reicht von Amseln bis zu Zaunkönigen und Wintergoldhähnchen.

Weniger bekannt ist, dass auch andere Vögel ihre Eier manchmal in fremde Nester legen. Sie beschränken sich dabei jedoch

Eindringling *Ein Staren-Ei liegt zerbrochen auf dem Boden. Der Nestinhaber bemerkte, dass es nicht sein eigenes war und warf es hinaus.*

auf Nester von Angehörigen ihrer eigenen Art. Stareneier, die man auf dem Boden in der Nähe eines Nestes findet, sind von einem Weibchen in ein fremdes Nest gelegt worden. Dessen Inhaber hat sie entdeckt und hinausgeworfen. Hat ein Starenweibchen jedoch erst einmal selbst mit dem Eierlegen begonnen, macht es keinen Unterschied mehr und brütet die fremden Eier wie seine eigenen aus.

Untersuchungen haben gezeigt, dass dieses »Kuckucksverhalten« auch bei einigen anderen Stadtvögeln vorkommt, z. B. bei Rauchschwalben (besonders, wenn einige Paare dicht beieinander nisten). Eine Rauchschwalbe, die gerade Eier legt, muss ihr Nest in regelmäßigen Abständen allein lassen, um zu fressen. Ihre Nachbarn nutzen manchmal ihre Abwesenheit, um ihr ein Ei ins Nest zu legen.

Pflegeeltern *Ein Wiesenpieper füttert einen jungen Kuckuck.*

Passt zusammen *Ein Kuckuck entfernt ein Ei aus dem Gelege eines anderen Vogels und ersetzt es durch ein eigenes. Das Ei ahmt im Aussehen die des Wirtsvogels nach.*

• FÜTTERN VON STIEFKINDERN •

Haushaltshilfe *Blaumeisen-Junge wurden in einem Nistkasten von einem Zaunkönigpaar mit zusätzlichem Futter versorgt.*

Es ist eine Instinkthandlung, dass ein Elternvogel Futter in eine leuchtend gefärbte Öffnung steckt. Normalerweise ist das der Schnabel seiner eigenen Jungen. Manchmal kommt das Futter jedoch dem Jungen eines anderen Vogels zugute. Kuckucksjunge nehmen Vögeln, die mit Nahrung für ihre eigenen Jungen vorbeifliegen, das Futter ab, aber auch andere Vögel profitieren von Fehlern im Instinktverhalten. So fütterte eine Singdrossel, die ihre eigene Brut verloren hatte, junge Grauschnäpper. Die Jungvögel hatten bereits das Nest verlassen, bettelten aber immer noch um Futter und erhielten von der Singdrossel zusätzliche Rationen an Würmern und Raupen. Wir können vermuten, dass das Instinktverhalten der Drossel, Futter in aufgesperrte Schnäbel zu stecken, trotz des Verlusts ihrer Jungen immer noch »angeschaltet« war. Es wurde sogar einmal ein Zaunkönigpaar beobachtet, das nicht nur eine Brut Blaumeisen in einem Nistkasten fütterte, sondern auch noch deren Kot entfernte.

KAPITEL VIER

ÜBERLEBEN

IM LEBEN EINES STADTVOGELS gibt es viele Gefahren. Es ist daher eher ein Glücksfall, wenn er länger als ein paar Jahre lebt. Die meisten Vögel sterben, ehe sie ein Jahr alt sind. An dieser grausamen Tatsache können Sie nichts ändern; die vielen natürlichen und menschengemachten Gefahrenquellen können Sie nicht beseitigen. Doch es ist hart, einen einzelnen Vogel zu übersehen, der verletzt, erschöpft oder verwaist ist. Der Wunsch des Menschen, zu helfen ist groß, wenn er mit offensichtlichem Leid konfrontiert wird, und es gibt viele Möglichkeiten; Sie sollten jedoch diese Entscheidung nicht leichtfertig treffen. Denn sie bedeutet viele Stunden gewissenhaften Fütterns und Reinigens sowie Aufmerksamkeit rund um die Uhr. Seien Sie sich darüber im Klaren, dass die Sterberate natürlicherweise so hoch ist, dass weder erste Hilfe noch das Töten aus Mitleid eine nennenswerte Auswirkung auf die Zahl der Vögel hat.

◁ *Ein verletzter Star wird gefüttert.*

VOGELPOPULATION

DAS LEBEN EINES PARK- ODER GARTENVOGELS ist kurz. Einige Vögel werden viele Jahre alt, das ist aber eher die Ausnahme. Auch wenn Sie einiges dazu beitragen können, dass die Vögel in Ihrer Nachbarschaft länger überleben, ändert das nichts an der Tatsache, dass die meisten Vögel jung sterben. Im Allgemeinen sind es die gesündesten Vögel, die den vielfältigen Gefahren trotzen und das Überleben ihrer Art sichern.

LEBENSERWARTUNG

Man ist versucht, zu glauben, dass es sich bei dem Rotkehlchen, das die Futterstelle jeden Winter besucht, oder bei der Rauchschwalbe, die jeden Sommer auf der Veranda nistet, Jahr für Jahr um denselben Vogel handelt. Sofern die Vögel jedoch keine besonderen Merkmale haben, können Sie keineswegs sicher sein, dass ihr Lieblingsvogel nicht gestorben ist und ein gleich aussehender seinen Platz eingenommen hat. Sogar Ornithologen hat die geringe Lebenserwartung kleiner Vögel erstaunt, als festgestellt wurde, dass etwa 60 % der erwachsenen Rotkehlchen jedes Jahr sterben und drei Viertel der jungen Rotkehlchen umkommen, ehe sie ein Jahr alt sind.

Doppelgänger *Das Rotkehlchen* (oben), *das jeden Winter in Ihren Garten kommt, ist sicher nicht immer dasselbe.*

LEBENSERWARTUNG DER HÄUFIGEN GARTENVÖGEL

Die unten stehende Tabelle gibt in Jahren die Lebenserwartung für Vögel an, die das erste Jahr überstanden haben sowie die längste Lebensdauer.

	Durchschnitt	**Maximum**
Blaumeise	1.6	11
Rotkehlchen	1.1	9
Amsel	2.3	15
Star	2.6	16
Mauersegler	4.5	16
Waldkauz	3.6	23
Ringeltaube	2.0	15
Lachmöwe	3.6	16
Sperber	2.3	11
Graureiher	3.2	21

Schon bei Eiern und Nestlingen sind hohe Verluste zu beklagen. Dass so viele Nistversuche fehlschlagen, ist nicht immer leicht zu erklären. Einige Nester werden nach dem Angriff eines Räubers verlassen, aber viele auch aus anderen Gründen. Regen kann große Verluste unter den Nestlingen verursachen. Generell gilt: Je besser der Lebensraum, desto besser die Erfolgschancen. Kohlmeisen z. B. lassen ihre Nester in städtischer Umgebung doppelt so häufig im Stich wie im Wald. Vermutlich bietet dann der Lebensraum so wenig Futter, dass die Vögel ihr Nest verlassen und anderswo nach Nahrung suchen müssen.

Haben Jungvögel die ersten Wochen überstanden, erhöht sich ihre Lebenserwar-

MORTALITÄTSRATE BEI KOHLMEISEN

Dieses Diagramm zeigt das Schicksal von 1000 Kohlmeisen-Eiern. Zwar schlüpft aus den meisten Eiern ein Vogel, aber es werden nur noch gut die Hälfte der Jungvögel flügge und verlassen das Nest. Sehr wenige Vögel werden älter als zwei Jahre.

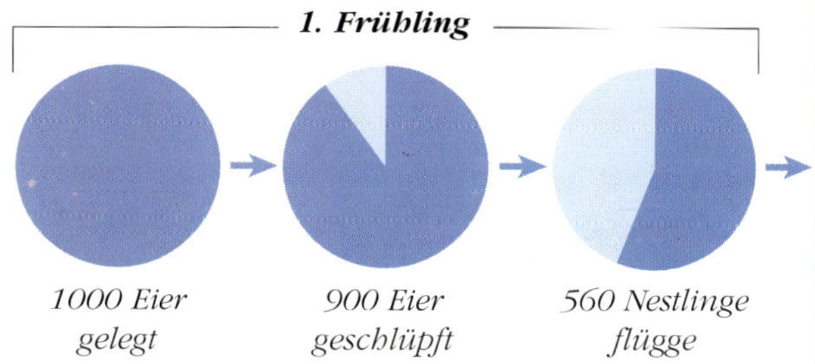

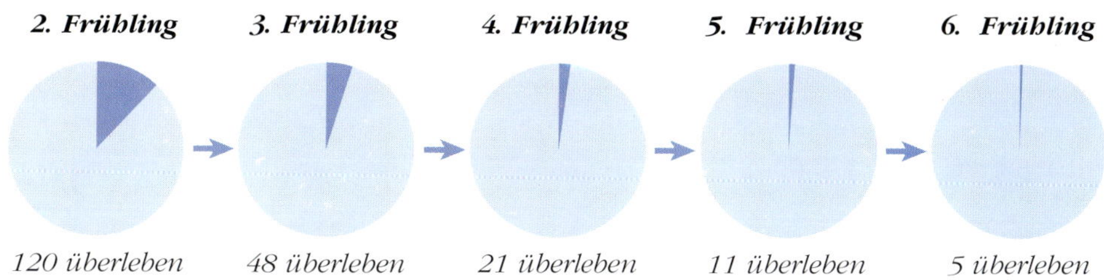

tung. Trotzdem sterben bei kleinen Vögeln jährlich etwa die Hälfte bis drei Viertel der Population, und die durchschnittliche Lebenserwartung eines erwachsenen Singvogels beträgt nur ein bis zwei Jahre.

Dass die Sterberate im Sommer genauso hoch sein kann wie im Winter, erstaunt zunächst (von Ausnahmesituationen wie besonders strengen Wintern oder Schwierigkeiten auf dem Vogelzug einmal abgesehen). Wir vergessen manchmal, dass die Brutzeit für die Vögel sehr gefährlich ist. Die Männchen sind ungeschützt, wenn sie von einer freien Warte aus singen. Die Weibchen tragen jedoch das größere Risiko: Wenn sie auf dem Gelege sitzen, sind sie leichte Angriffsziele.

Größere Vögel leben in der Regel länger als kleinere, und Vögel mit einer höheren Lebenserwartung haben weniger Nachkommen. Um die Population stabil zu halten, muss jedes Vogelpaar nur zwei Junge großziehen, die an die Stelle der Eltern treten. Wenn Sie bedenken, dass ein Amselpaar drei oder vier Gelege im Jahr mit je drei bis fünf Eiern

Gefährdetes singendes Männchen *Eine männliche Rohrammer riskiert beim Singen auf einer exponierten Warte Kopf und Kragen.*

Stabile Population bei Ringeltauben *Junge Tauben erhöhen die Population, wenn es viel Futter gibt, aber die meisten sterben während des Winters, wenn Nahrung knapp wird. Es überleben aber genügend, um die Population stabil zu halten.*

haben kann, würde es vor Amseln nur so wimmeln, wenn die Jungen alle überlebten. Würde eine Brut von zehn vollständig überleben, wäre ihre Nachkommenschaft binnen eines Jahrzehnts auf mehrere Millionen angewachsen.
In Wirklichkeit ist jedoch die Brutpopulation am Ende des Winters etwa gleich groß wie im vorangegangenen Frühjahr. Eier und Jungvögel, die verloren gegangen sind, sind der »zum Tode verdammte Überschuss«, aber ihr kurzes Leben ist nicht sinnlos. Sie sind das Rohmaterial für die natürliche Auslese. Langfristig überleben nur die gesündesten Vögel. Gibt es ein paar Vögel mehr, kann sich die Population nach einer Katastrophe, z.B. einem harten Winter oder Futterknappheit, schnell wieder erholen. Überlebt nur eine kleinere Population, steht den einzelnen Tieren mehr Futter zur Verfügung. Die Voraussetzungen zum Brüten sind damit gut. Die Tiere können mehr Junge großziehen und damit die alten Zahlen schnell wieder herstellen.

• SICH VERÄNDERNDE POPULATIONEN •

Wir sind daran gewöhnt, dass Vögel in den Garten kommen und wieder verschwinden, wenn sie im Frühjahr und im Herbst aufs Land ziehen bzw. von dort zurückkehren, aber es gibt noch andere kurzfristige Veränderungen in der Zahl der Vögel, die man im Garten sieht. Den ganzen Winter über kommen Meisen an die Futterstellen. Bis zu 100 Vögel pro Tag besuchen das Futterhaus. Zu Beginn des Frühlings sinkt diese Zahl, nicht weil die Vögel gestorben sind, sondern weil die Schwärme aufgebrochen sind und die Paare sich über die Landschaft verteilt haben, um zu nisten. Der Kasten

Opfer des Winters *Ein Dompfaff ist, als Samen kaum zu finden waren, der Kälte erlegen. Der Tod tritt schnell ein, wenn es kein Futter gibt.*

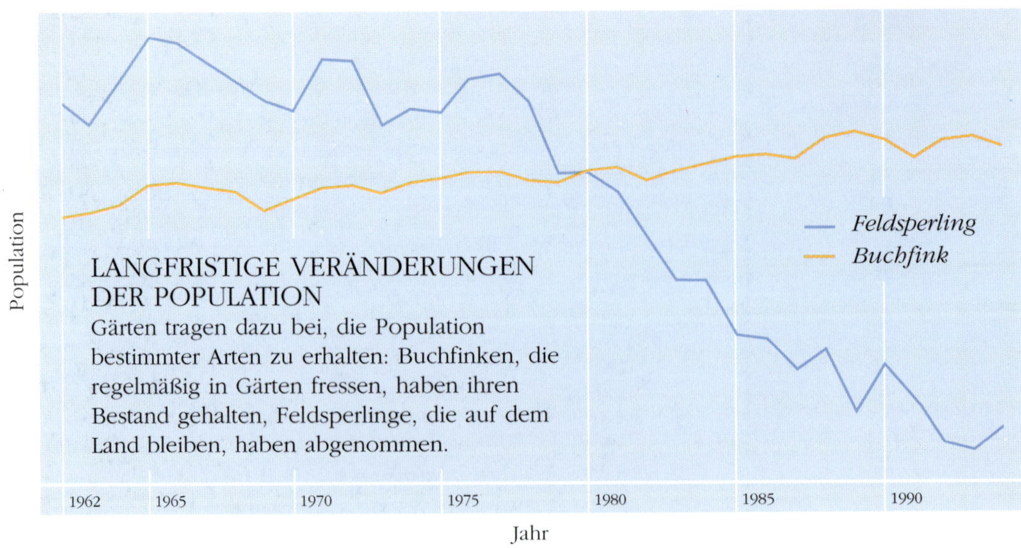

LANGFRISTIGE VERÄNDERUNGEN DER POPULATION

Gärten tragen dazu bei, die Population bestimmter Arten zu erhalten: Buchfinken, die regelmäßig in Gärten fressen, haben ihren Bestand gehalten, Feldsperlinge, die auf dem Land bleiben, haben abgenommen.

auf Seite 129 zeigt, wie sich die Zahl der Gartenbesucher im Laufe des Jahres verändert. Wir sollten uns also keine Sorgen machen, wenn Vögel plötzlich verschwinden. Dagegen ist es ein Grund zum Nachdenken, wenn die Zahlen Jahr um Jahr kontinuierlich zurückgehen. Diese Situation tritt in den letzten Jahren immer häufiger ein; der British Trust for Ornithology untersucht diese Entwicklung auf der Grundlage der Daten aus der Erhebung über die Gartenvögel. Landschaftsveränderungen, z. B. der Verlust von Waldflächen, gelten als Hauptursache für das Verschwinden einstmals häufiger Vögel.

Star auf dem Rückzug
Die Zahl der Stare ist in den letzten 25 Jahren um mehr als die Hälfte gesunken. Dies ist die Auswirkung der geringen Bruterfolge, weil das richtige Futter knapp ist.

PROZENTSATZ DER BESUCHTEN GÄRTEN

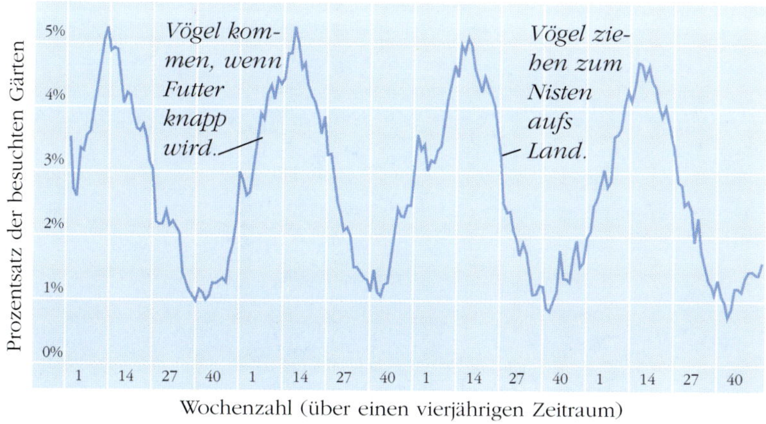

Goldammern
Jedes Jahr kommen Goldammern zum Ende des Winters in die Gärten; im Frühjahr, wenn es auf den Feldern nicht genug Nahrung gibt, sind sie am zahlreichsten.

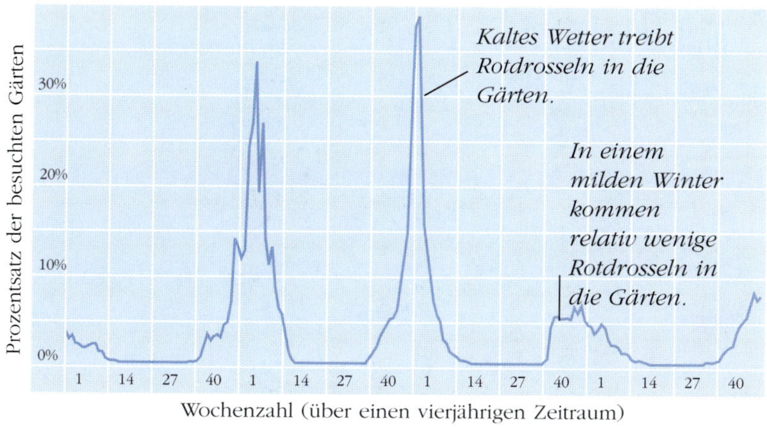

• TODESURSACHEN •

Aus bis zu einem Drittel aller Eier schlüpfen keine Jungen (S. 127). Manche sind nicht befruchtet, andere kühlen aus, vielleicht weil ein Kälteeinbruch die Eltern zwingt, auf der Suche nach Futter zu viel Zeit außerhalb des Nestes zu verbringen. Ganze Gelege gehen verloren, wenn Nester geplündert oder durch sintflutartige Regenfälle und Stürme zerstört werden.

Es ist ein unangenehmer Gedanke, dass wir zu einigen dieser Todesfälle beitragen. Oft jäten wir in der Nähe eines Nestes Unkraut oder schneiden unsere Hecke, ohne die aufgeregten Rufe der Vogeleltern zur Kenntnis zu nehmen. Je länger die Vögel dem Nest fernbleiben, desto stärker kühlen die Eier aus. Zu allem Unglück werden auch noch Räuber durch die Ruhestörung angelockt, die dann darauf warten, dass die zurückkehrenden Eltern den Standort des Nestes verraten.

Ein Vogelpaar, dessen Nest geplündert wurde, hat bald wieder ein neues Gelege. Es macht vielleicht zwei oder drei Versuche, eine Familie großzuziehen und am Ende verläuft das Brüten erfolgreicher, als der Verlust der Eier hätte vermuten lassen. Sind die Jungen erst geschlüpft, werden die Verluste geringer, vor allem deshalb, weil die am meisten gefährdeten Nester schon vorher geplündert worden sind und die Vögel Nestlinge weniger oft im Stich lassen als Eier. Einige Nestlinge verhungern, werden unter den Eltern zerdrückt oder fallen aus dem Nest. Junge Waldkäuze können zwar erstaunlicherweise den Baum hinauf ins Nest zurückklettern, doch die meisten anderen Jungvögel, die das Nest vorzeitig verlassen (man erkennt sie an den noch nicht ausgewachsenen Flügeln und dem Stummelschwanz), kommen um. Sie

Verlust *Ein Entenei liegt zerbrochen da, nachdem eine Elster es halb gefressen hat.*

Tote Rotdrossel *Die Rotdrossel brütet in Skandinavien und kommt bei uns nur auf dem Zug und als Wintergast vor, oft zusammen mit Wacholderdrosseln. Wenn sie in harten Wintern kein Futter finden kann, verhungert sie* (oben).

Wieder obenauf *Ein junger Waldkauz* (links), *der aus dem Nest fällt, ehe er richtig flügge ist, kann wieder dorthin zurückklettern.*

können versuchen, einen solchen Vogel ins Nest zurückzusetzen (nicht immer einfach) oder ihn von Hand aufziehen (S. 136).

In Gärten, in denen es keine Futterstellen gibt, verhungern wahrscheinlich mehr Vögel als in der Wildnis, wenn das Futterangebot knapp wird. In einem »aufgeräumten« Garten gibt es wenige Insekten. Schlimmer ist jedoch, dass Giftsprays, die gegen Insekten eingesetzt werden, den Vögeln schaden, die sich von ihnen ernähren. Behandeln Sie deshalb von Schädlingen befallene Pflanzen lieber mit traditionellen Hausmitteln, z. B. starker Seifenlösung.

• GEFAHREN IM GARTEN •

Die Plünderungen durch Nesträuber fallen zwar eher ins Auge und tun einem besonders Leid, im Vergleich zu den Verlusten durch andere natürliche Ursachen sind sie wahrscheinlich aber nicht so schwerwiegend. Es scheint so, dass Räuber oft Nester plündern, deren Inhalt sowieso nicht überlebt hätte. Wenn Nestlinge hungern, machen sie Räuber mit ihren unaufhörlichen Bettelrufen geradezu auf sich aufmerksam.

Hauskatzen sind die schlimmsten Nesträuber im Garten. Auch Ratten und Eichhörnchen und sogar Mäuse können zum Problem werden. Eichelhäher, Rabenkrähen, Dohlen, Saatkrähen und gelegentlich auch Waldkäuze plündern Nester, aber keiner

Der schlimmste Nesträuber *Die Hauskatze, von Natur aus ein Jäger, stellt die schlimmste Gefahrenquelle für Garten- und Parkvögel dar.*

Rattenangriff *Ratten suchen nach Eiern und Nestlingen; legen Sie Köder aus, um die Ratten zu fangen.*

Systematischer Jäger *Elstern stehlen Eier und manchmal Nestlinge an Stellen, an denen Singvögel besonders gefährdet sind, z. B. in Gärten.*

von ihnen sucht dabei so systematisch wie die Elster. Sie plündert ein ganzes Gebiet und kehrt sogar zurück, wenn ihre Opfer neue Gelege haben. Dennoch gibt es keinen Beleg dafür, dass Elstern je einen dramatischen Rückgang verursacht haben.

Vögel, die wie Mauersegler, Meisen, Dohlen und Sperlinge in Höhlen nisten, sind offensichtlich sicherer vor Räubern als solche in ungeschützten Nestern. In Nistkästen sind Vögel dagegen dem Angriff von Wieseln, die klein genug sind, um durch den Eingang zu kriechen, ungeschützt ausgeliefert. Eichhörnchen können die Seitenwände von Nistkästen durchnagen, und Buntspechte meißeln sie auf. Spechte haben leider auch gelernt, Nestlinge durch das Flugloch herauszuholen.

Haben die Jungen das Nest erst einmal verlassen, sind Kälte und Hunger die häufigsten Todesursachen. Aber auch Zusammenstöße mit Fensterscheiben und Autos oder das Hängenbleiben in Netzen oder Drähten fordern Todesopfer. Die Gefahrenquellen verändern sich: Katzen sind immer noch das größte Problem, aber Greifvögel kommen gleich an zweiter Stelle. Ein Sperberpaar tötet mit seinem Nachwuchs etwa 2000 Kleinvögel pro Jahr. Es ist zwar erfreulich, wenn man so faszinierende Vögel wie Turmfalken, Sperber und Eulen oder ausnahmsweise sogar Merlin, Wanderfalke und Weihe in der Nachbarschaft beobachten kann, aber es ist traurig, wenn Vögel, die wir mit einer Futterstelle anlocken, von Räubern weggefangen werden.

Gefahr durch Spechte *Der Buntspecht* (links) *sucht bisweilen nach den Nestern anderer Vögel, um deren Junge zu fressen. Er kann sogar Nistkästen aufmeißeln.*

Überraschungsangriff *Man muss schnell sein, um die herumfliegenden Federn auszumachen, die Zeichen für einen Sperberangriff sind. Mit seinem kräftigen, gebogenen Schnabel* (oben) *reißt der Sperber das Fleisch von den Knochen seines Opfers. Die Überreste einer Dohle* (rechts) *zeigen, dass kaum etwas übrig bleibt.*

• SCHUTZ VOR PLÜNDERUNGEN •

Es ist nicht leicht, Vögel gegen Räuber zu schützen, aber es gibt einige Möglichkeiten, wiederholte Angriffe zu verhindern. Anhänger der Abschreckung halten einen Eimer Wasser bereit oder werfen Katzen und Elstern alte Kartoffeln nach. Auch ein Hund kann sie vertreiben. Türkentauben und Misteldrosseln sind dafür bekannt, dass sie auf Elstern losgehen, aber man kann sich nicht auf sie verlassen. Die Verluste durch Nestplünderungen sind am Beginn der Brutsaison, wenn das Laubwerk erst spärlich entwickelt ist, höher. Dichte Nadelbäume bieten sicherere Nistplätze. Regelmäßig beschnittene Hecken werden undurchdringlich und halten Katzen und Elstern ab.

Wenn Sie ein gefährdetes Nest entdecken, versuchen Sie es mit einem Nylonnetz zu schützen, das Sie über den Busch oder die Hecke breiten. Dadurch werden die Räuber abgehalten, die kleinen Vögel können jedoch weiter hindurchschlüpfen – so wie durch Maschendraht mit 5 cm Maschenweite. Bringen Sie ihn am besten dann an, wenn der Vogel mit dem Brüten begonnen hat. Nistkästen können Sie mit feinmaschigem Drahtgeflecht vor Katzen und anderen Räubern schützen. Spechte und Eichhörnchen kann man abhalten, wenn man die Kanten des Nistkastens mit Metallstreifen verstärkt und den Eingang mit einer Metallplatte (S. 57) hinterlegt.

Schützende Nistkästen *Eine Röhre hält Mäuse, Wiesel und Katzen ab. Sie sollte erst entfernt werden, nachdem die Jungen flügge sind.*

Auf der Hut *Die Misteldrossel* (unten) *nistet manchmal an ungeschützten Stellen. Sie stürzt sich auf jeden, der sich dem Nest nähert.*

SELBSTVERTEIDIGUNG

ANGRIFFE DURCH RÄUBER SIND eines der vielen Risiken, mit denen Vögel zu tun haben. Dennoch ist die Beziehung zwischen Räubern und Beutetieren nicht gänzlich einseitig. Es gibt mehrere Möglichkeiten, wie Vögel natürlichen Bedrohungen begegnen und sich und ihren Nachwuchs schützen können. Um das Risiko, bei einem Überraschungsangriff gefangen zu werden, zu verringern, bleiben sie stets wachsam und warnen einander. Sie lernen außerdem, sichere Sitz- und Nistplätze zu finden. Bei einem Angriff können viele Vögel sich und ihr Nest verteidigen.

SICHERE NISTPLÄTZE

Nur ungefähr die Hälfte der Eier, die kleine Vögel legen, bringen auch flügge Jungvögel hervor, die das Nest verlassen (S. 127). Viele Eier werden von Nesträubern wie Elstern, Eichelhähern und Spechten gefressen, aber wenn eine Katze oder ein Wiesel angreifen, kann der erwachsene Vogel ebenfalls zu Tode kommen. Es ist für den Vogel von Vorteil, an einem gut versteckten Platz zu nisten. Ein gefährdetes Nest wird mitunter vor der Ei-Ablage aufgegeben, weil die Eltern beim Bau gestört wurden. Vögel, die mehrere Bruten pro Jahr haben, verlieren ihre früheren Gelege eher als die späteren. Das ist zum Teil auf Unerfahrenheit zurückzuführen. Aber die Nester sind auch zu Beginn der Nistzeit stärker gefährdet, da sie nur unzureichend kaschiert werden können, wenn die Pflanzen noch nicht voll belaubt sind.

Geplündertes Nest *Eine Elster hat die Polsterung aus dem Nest einer Schwanzmeise gerissen.*

Exponiertes Nest *Diese jungen Amseln sind in einem Nest, das ihnen keine Deckung bietet, gegenüber Angriffen gefährdet.*

• WACHSAMKEIT •

Wenn Sie Vögel am Futtertisch beobachten, werden Sie sehen, dass sie fast ununterbrochen ihre Köpfe hin- und herwenden, um nach Anzeichen für eine Gefahr auszuspähen. Die Vögel sind sogar noch wachsamer, wenn Ihr Garten regelmäßig von einem Sperber aufgesucht wird. Sie werden feststellen, dass sie sich oft in dem Moment in Deckung begeben, wenn der Sperber auftaucht. Es ist wichtig, dass Vögel eine Gefahr instinktiv erkennen können, weil sie keine Gelegenheit haben, aus ihren Fehlern zu lernen. Räuber verlassen sich auf das Überraschungsmoment, weil ein Opfer schwer zu fangen ist, wenn es bereits flüchtet. Ihre Chance auf einen Überraschungsangriff wird verringert, wenn das Beutetier Alarmrufe ausstößt (S. 101) oder Signale gibt; seine Intentionsbewegungen (S. 96) schrecken den Rest des Schwarms auf, der dann in Sekundenbruchteilen reagiert.

Aufgeplusterte Federn speichern die Wärme

Schlafende Blaumeise *Obwohl sie »völlig weg« zu sein scheint, hält diese Blaumeise Wache, indem sie regelmäßig ihre Augen öffnet.*

Sicherheit in der Gruppe *Diese Stare verlassen sich aufeinander bei der Suche nach Gefahrenzeichen.*

• REAKTIONEN AUF GEFAHR •

Die erste Reaktion der meisten Tiere auf eine Gefahr besteht darin, dass sie fliehen und einen sicheren Platz zu erreichen versuchen. Dass kleine Vögel mitunter gegen eine Fensterscheibe prallen, liegt oft daran, dass sie verzweifelt nach einem Versteck suchen. Vögel, die auf einer offenen Fläche ohne Ausweg gefangen sind, müssen eine andere Taktik anwenden, um sich zu verteidigen. Wenn Sie einen Schwarm Stare sehen, der plötzlich zu kreisen beginnt, halten Sie nach einem Sperber Ausschau (S. 92). Kleine Vögel besitzen nicht die Waffen, um zurückzuschlagen, wenn sie angegriffen werden, aber einige, z. B. Misteldrosseln, Türkentauben und Möwen, verteidigen ihre Nester, indem sie sich auf die Eindringlinge stürzen.

Abwehrhaltung *Der junge Steinkauz stellt sich tot, um zu verhindern, dass man ihn aufhebt.*

·: RETTUNG UND PFLEGE :·

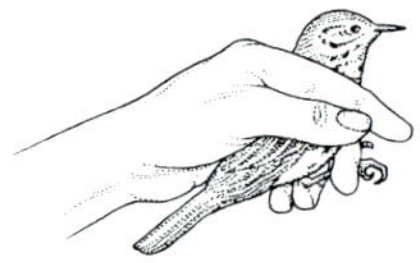

NICHT ALLE VÖGEL, DIE verlassen erscheinen, sind Waisen, und nicht alle Vögel, die einen kranken Eindruck machen, sind wirklich krank. Jedes Jahr werden jedoch Tausende von Vögeln aufgefunden, die wirklich Hilfe brauchen. Bedenken Sie, dass ein Vogel, den Sie in Pflege nehmen, unter Umständen nie mehr in der Lage ist, in die Wildnis zurückzukehren, und ständige Fürsorge braucht. Wenn Sie die Zeit und die Energie für diese Aufgabe jedoch aufbringen können, erholen sich verletzte Vögel bei geduldiger Pflege und Aufmerksamkeit manchmal gut.

· VERWAISTE VÖGEL ·

Ab Mitte April findet man immer wieder flügge Vögel, die über den Rasen hüpfen oder unter einem Busch sitzen. Viele Menschen, besonders Kinder, glauben dann, dass diese Jungvögel ihre Eltern verloren haben und »gerettet« werden müssen. Sie sehen verletztlich aus und rufen oft klagend, so dass man leicht denken könnte, sie seien verlassen worden. In Wirklichkeit ist der Elternvogel aber nur auf Futtersuche oder er wartet in einem nahe gelegenen Baum, bis Sie sich entfernen. Diese »unechten Waisen« sind meist Drosseln, Amseln und Stare, die oft das Nest verlassen, ehe sie richtig fliegen können.

Lassen Sie diese Jungvögel in Ruhe. Wurde einer versehentlich »gerettet«, tragen Sie ihn dahin zurück, wo er gefunden wurde. Er hat vermutlich bessere Überlebenschancen, wenn man ihn allein lässt. Wenn Sie besorgt sind, dass der junge Vogel in Gefahr ist, beobachten Sie aus der Entfernung, ob die Vogeleltern zurückkommen. Sitzt der Jungvogel an einer ungeschützten Stelle, sollte man ihn an einen sicheren Platz bringen. Manche Jungvögel sind jedoch schon so mobil, dass sie versuchen zu fliehen. Sie bringen sie dann durch den Versuch zu helfen nur in Schwierigkeiten.

Einige Jungvögel, wie Wald- und Steinkäuze, verlassen das Nest, ehe sie fliegen können. Manche fallen auch aus dem Nest. Man erkennt sie an den noch nicht voll entwickelten Flug- und Schwanzfedern. Versucht man, einen Vogel ins Nest zurückzusetzen, greifen manche Vogeleltern an. Und die anderen Nestlinge könnten durch die Störung aus dem Nest springen. Setzen Sie einen solchen Vogel deshalb am besten auf einen nahe gelegenen Ast; die Vogeleltern füttern ihn dann weiter.

Warten *Obwohl sie so hilflos aussieht, ist die junge Singdrossel nicht verlassen; bald wird ein Elternvogel kommen, um sie zu füttern.*

• FANGEN UND BEHANDELN EINES VOGELS •

Wenn Sie sich entschieden haben, einem Vogel zu helfen, handeln Sie entschlossen. Selbst ein verletzter Vogel kann sich noch genügend bewegen, um außer Reichweite zu bleiben. Greifen Sie einen verletzten Vogel mit einer Hand (auch wenn Sie dabei nur einen Flügel zu fassen bekommen). Legen Sie Ihre andere Hand so über den Vogel, dass er aufhört zu flattern, oder werfen Sie ein Tuch über ihn. Dann schlägt er nicht mit den Flügeln, und die Dunkelheit beruhigt ihn.

Umfassen Sie einen kleinen Vogel mit einer Hand und lassen Sie seinen Kopf zwischen Daumen und Zeigefinger herausschauen. Halten Sie ihn nicht zu fest – Sie könnten sonst Herz und Lungen quetschen. Einen größeren Vogel halten Sie vor Ihrem Körper; legen Sie dabei beide Hände um Flügel und Körper.

Einen Reiher oder eine Gans klemmen Sie unter den Arm, so dass die Flügel angelegt bleiben, und achten Sie darauf, dass der Schnabel Ihrem Gesicht nicht zu nahe kommt.

Umgang mit Vögeln *Mit den Händen eine Schale zu formen, ist eine Möglichkeit, einen Vogel festzuhalten.*

WAS MAN MIT EINEM BERINGTEN VOGEL MACHT

Wenn Sie einen verletzten oder toten Vogel mit einem Metallring, manchmal auch einem oder mehreren Plastikringen am Bein finden, können Sie dazu beitragen, dass wir immer mehr über das Leben der Vögel erfahren. Notieren Sie sich die Nummer, die im Ring eingeprägt ist, bei Plastikringen die Reihenfolge der Farben (vom »Knie« in Richtung »Knöchel«). Schauen Sie nach der in winzigen Buchstaben geschriebenen Adresse. Schicken Sie diese Informationen zusammen mit Ihrem Namen, Ihrer Anschrift, Ort und Datum des Fundes und Angaben, wie und in welchem Zustand Sie den Vogel gefunden haben, an die angegebene Stelle (z. B. Vogelwarte Helgoland). Ist der Vogel tot, entfernen Sie den Ring und schicken Sie ihn mit ein. Nach Auswertung Ihrer Mitteilung erhalten Sie eine Lebensgeschichte des Vogels, die erzählt, wann und wo er beringt wurde. Die meisten Vögel werden nur in wenigen Kilometern Entfernung von dem Platz, an dem sie zuerst gefangen wurden, gefunden. Mitunter findet man aber auch einen Vogel mit einem ausländischen Ring, der aus einer exotischen Gegend stammt.

Viele Erkenntnisse über das Vogelverhalten stammen aus Studien mit beringten Vögeln, denn nur so können die Forscher einzelne Individuen identifizieren. Die Vogelberingung lieferte den ersten Beweis, dass unsere Rauchschwalben nach Südafrika fliegen, und bis die Ergebnisse der Beringung ausgewertet waren, wusste niemand, wie gering die Lebenserwartung kleiner Vögel ist (S. 126).

Beringt *Eine tote Amsel mit einen Ring am Bein.*

• ERSTE HILFE •

Zweifellos sollten sehr schwer verletzte Vögel vom Tierarzt eingeschläfert werden. Einen schwer verletzten Vogel können Sie nur pflegen, wenn Sie ihn beim Tierarzt behandeln lassen und sich während einer langen Genesungszeit um ihn kümmern.

Ist die Verletzung nicht so schwerwiegend, kann erste Hilfe nützlich sein. Einen kranken oder verletzten Vogel sollte man warmhalten. Wenn er friert, lässt er sich nicht füttern. Behandeln Sie, wenn er zufriedener aussieht, oberflächliche Schnittwunden und Abschürfungen mit einem Wundspray. Beseitigen Sie dann eventuell bereits vorhandene längliche, hellgelbe Eier der Schmeißfliege, die diese auf sterbenden Tieren ablegt. Man findet sie in den Nasenlöchern, den Ohren, dem Schnabel des Vogels und unter seinem Schwanz. Die Eier entfernen Sie von der Haut und den Federn am besten mit einer Pinzette, aus den Nasenlöchern mit einem Holzstäbchen.

Krank *Ein verletzter Vogel wie dieser Waldkauz ist schwach und befindet sich im Schockzustand.*

• UNTERBRINGUNG •

Bringen Sie den Vogel an einen ruhigen und warmen Platz. Die meisten Tiere hören im Dunkeln auf, sich zu wehren und verletzen sich dann nicht bei einem Fluchtversuch. Der beste Platz für einen kranken Vogel ist ein gut belüfteter Karton mit einem sicheren Deckel. Legen Sie ihn mit Zeitungspapier aus oder noch besser: Benutzen Sie Küchenkrepp. Es ist saugfähiger, und der Vogel kann sich mit seinen Füßen auf der rauhen Oberfläche gut festhalten. Stellen Sie den Karton an einen warmen Platz. 30 °C dürfen aber nicht überschritten werden!

Seien Sie nicht überrascht, wenn der Vogel sich erst zu erholen scheint und dann plötzlich stirbt. Ein Vogel, der so schwach ist, dass er sich fangen lässt, ist meist in einem bedenklichen Zustand. Wenn er von einer Katze angegriffen wurde, sieht er vielleicht nur zerzaust aus, überlebt jedoch selten. Bleibt der Vogel am Leben, bauen Sie ihm eine neue Bleibe. Bedecken Sie die Stirnseite einer Holzkiste mit Maschendraht und bringen Sie an den Seitenteilen Stangen an, damit er in einer natürlichen Stellung ausruhen kann.

• UNFÄLLE AN FENSTERSCHEIBEN •

Vögel, die gegen das Glas fliegen und sich dadurch verletzen oder sogar getötet werden, sehen sicher entweder den Himmel und das Laub hinter der Scheibe, oder sie lassen sich durch Spiegelungen irritieren und meinen, in einen offenen Raum zu fliegen. Das kann man verhindern, indem man Papiersilhouetten von Habichten (oder irgendein anderes Motiv) auf die Scheiben klebt oder die Vorhänge zuzieht, um die Spiegelungen zu verhindern. Manchmal prallt ein Vogel von einer Scheibe ab, fliegt auf einen Ast und setzt sich hin, um sich zu erholen. Andere Vögel stürzen nach dem Aufprall benommen zu Boden und werden dann oft eine leichte Beute für Katzen. Bringen Sie sie, bis sie wieder richtig aktiv sind, an einen warmen, dunklen Platz. Dann können sie sich schnell von dem Aufprall erholen.

• FÜTTERN •

Das Füttern verwaister und verwundeter Vögel ist eine Zeit raubende, aber lohnende Angelegenheit. Sie brauchen für diese Aufgabe viel Geduld, denn ein kleiner Vogel muss tagsüber alle zwei Stunden gefüttert werden und wenn er älter wird, viermal am Tag. Wenn er sehr jung ist, kann er noch nicht allein fressen. Sie müssen ihm dann das Futter in den Schnabel stopfen. Wenn der Vogel gesund ist, wird er seinen Schnabel weit aufsperren, so dass Sie kleine Futterstücke in seinen Rachen stecken können. (Wenn Sie die Nahrung nur in den Schnabel fallen lassen, bekommt der Vogel vielleicht Schwierigkeiten beim Schlucken.) Mit einem leichten Klopfen auf den Schnabel kann man einen Vogel manchmal dazu bringen, den Mund aufzusperren. Jungvögel, die das Nest bereits verlassen haben, sind schwieriger zu füttern. Sie sind an ihre Eltern gewöhnt und machen bei fremden Pflegeeltern nicht gleich den Schnabel auf. Öffnen Sie den Schnabel ganz vorsichtig mit Ihrem Fingernagel. Mit etwas Glück lernen die Vögel mit der Zeit, beim Anblick von Futter den Schnabel aufzusperren.

Trockenes Futter können Sie mit einer sauberen, stumpfen chirurgischen Zange oder Pinzette in den Schnabel des Vogels stecken. Eine wirkungsvollere Fütterungsmethode ist, das Futter mit einer Plastikspritze (1, 2, 5 oder 10 ml), deren Spitze man vorher abgeschnitten hat, in den Vogelschnabel zu spritzen. Wann ein junger Vogel satt ist, merken Sie gleich: Er sperrt dann

Schnabel auf *Ein verwaister junger Star erhält Futter aus einer Spritze. Ein gesunder Vogel sperrt instinktiv den Schnabel auf, wenn er Hunger hat.*

Zwangsfütterung *Lassen Sie das Futter nicht nur in den Schnabel fallen, sondern schieben Sie es in den Rachen des Vogels. Dies verhindert, dass das Futter in die Luftröhre des Vogels gelangt und er erstickt.*

Junger Eichelhäher

Selbstbedienung *Nach einiger Zeit beginnt der Vogel selbst zu fressen. Füllen Sie Futter in Plastiknäpfe oder Schalen, die nicht so leicht umkippen.*

Von Gesetzes wegen dürfen Greifvögel nur von lizenzierten Haltern gepflegt werden.

Futter für Turmfalken
Ein verletzter Turmfalke wird mit Hilfe einer Bambuszange mit dünnen, rohen Filetstreifen gefüttert. Diese eiweißreiche Nahrung ist dem Fleisch von Nagetieren, seinem natürlichen Futter, ähnlich. Ballaststoffe sollte man hinzufügen, wenn der Vogel sich etwas erholt hat.

Handschuh
Ein dicker Lederhandschuh schützt vor den scharfen Krallen und dem Schnabel von Greifvögeln und Eulen.

seinen Schnabel nicht mehr auf. Entfernen Sie nach der Mahlzeit den Kotballen (Ausscheidungen in einer gelatine-ähnlichen Membran) des kleinen Vogels. Wenn der Vogel sauber Kot absetzt, den Sie leicht mit einer Pinzette aufnehmen können, ist das ein sicheres Zeichen dafür, dass Sie ihn richtig füttern. Wenn der Kot flüssig und gelb oder übelriechend und braun ist und Sie ihn nicht mit der Pinzette aufnehmen können, probieren Sie es mit anderem Futter oder einer anderen Zusammensetzung. Wenn Sie wissen, um welchen Vogel es sich handelt, können Sie dessen Nahrungsbedürfnisse auch in den Vogelsteckbriefen nachlesen.

Ganz junge Vögel füttern Sie mit sehr fein gehacktem oder geschabtem, rohem Rind- oder Hühnerfleisch, das Sie auch mit feinen, feuchten Getreideflocken mischen können. Gemahlene Vitamine und Mineralien (besonders Kalzium) müssen als Zusätze enthalten sein. Stellen Sie den Vogel später – entsprechend den Bedürfnissen der jeweiligen Art – auf eine Nahrung aus Futter für Hühnerküken, geriebenem Käse, eingeweichten Rosinen, Katzenfutter aus der Dose, Samen, kleinen Fleischstückchen oder zerkleinerten Erdnüssen um. Sie können auch grüne Raupen von den Blättern oder Blattläuse von Bohnen sammeln. Einfacher ist es, sich eine Kolonie von Mehlwürmern (S. 52) zu halten.

Brot, Milch und Rührei sind als Futter für Vögel in diesem Stadium nicht geeignet. Sie verderben sich damit nur den Magen. Es ist auch unvernünftig, die Vögel mit Regenwürmern zu füttern, weil diese zäh und unverdaulich sein können. Maden und Raupen eignen sich gut als Futter, müssen aber kleingeschnitten werden, sonst passieren sie den Vogelmagen unverdaut.

Kranke Vögel brauchen in erster Linie eine eiweißreiche Nahrung in Verbindung

Auf dem Wege der Besserung
Der feste Kotballen, den das Stockentenküken abgesetzt hat, zeigt, dass es richtig gefüttert wird.

mit Nährstoffen, die sofort in Energie umgesetzt werden können. Füttern Sie sie mit einem Brei aus sehr fein zerkleinertem Rind- oder Hühnerfleisch (oder Katzenfutter) mit beigefügten Mineralien und Vitaminen. Beseitigen Sie Futterreste, um die Verbreitung von Krankheiten zu verhindern. Verabreichen Sie ferner Wasser und Traubenzucker mit einer Pipette

Natürliche Nahrung *Für manche verwaisten Vögel muss man tierisches Futter fangen. Hier verschluckt ein junger Steinkauz einen Schmetterling.*

• DAS FREILASSEN DER VÖGEL •

Wenn sie nicht dauerhaft geschädigt sind, sollten Vögel nicht länger festgehalten werden, sobald sie für sich selbst sorgen können. Vögel wie Meisen, Finken und Drosseln fliegen nicht viel, wenn sie zum ersten Mal das Nest verlassen. Ihr verwaister Vogel sollte deshalb zuerst im Haus etwas Flugpraxis gewinnen. Lassen Sie ihn erst frei, wenn er richtig fliegen kann und nicht mehr nach Futter ruft. Vergewissern Sie sich auch bei einem erwachsenen Pflegefall vor der Freilassung, dass der Vogel wieder richtig fliegen kann.

Stellen Sie, bevor Sie ihn freilassen, den Vogel mitsamt seinem Holzkasten oder Käfig ins Freie; so kann er sich an seine Umgebung gewöhnen. Öffnen Sie die Tür nach einer Weile. Rauch- und Mehlschwalben sowie Mauersegler sollten in die Luft geworfen werden. Lassen Sie den Vogel morgens bei gutem Wetter frei. Er kann sich dann bis zum Einbruch der Dunkelheit satt essen und einen sicheren Schlafplatz suchen. Legen Sie regelmäßig Futter an der Stelle aus, an der Sie den Vogel freigelassen haben: Einige Vögel kommen zum Fressen zurück, bis sie sich auf ein selbstständiges Leben umgestellt haben.

Zurückgekehrt *Legen Sie dort, wo Sie den Vogel freigelassen haben, Futter aus, kommt er in den ersten Wochen vielleicht zum Fressen zurück. Rabenvögel wie die Dohle erscheinen mitunter noch nach Jahren.*

Mehlwürmer *Mehlwürmer verlocken viele Vögel zu einem Besuch.*

KAPITEL FÜNF

VÖGEL BESTIMMEN

GESANG UND Farben der Vögel machen ganz einfach Freude, aber wer neugierig ist, möchte wissen, welche Vogelarten in seiner Nachbarschaft vorkommen. Auch das Kapitel über Lebensweise und Verhalten der Vögel kann erst richtig genutzt werden, wenn man die Arten kennt. Mit Hilfe der Steckbriefe, in denen auch typische Fress- und Nistgewohnheiten beschrieben sind, können Sie die meisten der in Park und Garten vorkommenden Vogelarten bestimmen. Wo es möglich ist, wird angegeben, wie man die Geschlechter und die Altersgruppen unterscheiden kann. Wenn Sie z. B. wissen, dass die bräunliche Amsel, die über den Rasen verfolgt wird, kein Weibchen, sondern ein junges Männchen ist, wird die Vogelbeobachtung viel interessanter. Sie verstehen dann, wieso es von einem Männchen mit schwarzem Gefieder verfolgt wird.

◁ *Ein Gartenrotschwanz-Männchen sammelt Insekten.*

WELCHER VOGEL IST DAS?

IN DEN VOGELSTECKBRIEFEN stellen wir Ihnen eine repräsentative Auswahl weit verbreiteter Vögel vor. Die Steckbriefe sollen besonders denjenigen Lesern eine Hilfe sein, die wenig Erfahrung beim Beobachten haben, aber die Namen der Vögel, die in ihrer nächsten Umgebung vorkommen, kennen möchten. Wenn Sie wissen, auf welche Merkmale Sie achten müssen, wird die Bestimmung keine großen Probleme bereiten.

EINDEUTIGE BESTIMMUNG

Es gibt zwei Möglichkeiten, einen Vogel zu bestimmen: Sie können entweder ein Vogelbuch durchblättern, bis Sie das Bild des Kandidaten gefunden haben, oder einen Vogelkenner fragen. Beides funktioniert nur, wenn Sie den Vogel aufmerksam beobachten und sich seine charakteristischen Merkmale notieren. Andernfalls werden Sie in dem Buch eine verwirrende Vielfalt an Vögeln finden, die »Ihrem« Vogel alle ähnlich sehen. Der Vogelkenner wird ebenfalls Schwierigkeiten haben, auf Grund vager Beschreibungen den Vogel zu benennen. Notieren Sie sich deshalb Größe und äußere Merkmale, aber auch Stimme, Flugbild, Haltung beim Ruhen und wann und wo Sie ihn gesehen haben.

Ich wurde einmal nach einem »schwarzweißen« Vogel gefragt. Ich nannte Elster, Bachstelze, Schwanzmeise und Buntspecht – aber keiner war der richtige. Das Rätsel wurde durch den Hinweis gelöst, dass der Vogel von einem Früchte tragenden Busch aufgeflogen war. Der gesuchte Vogel war ein Dompfaff! Von hinten bilden seine schwarze Kopfplatte und der schwarze Rücken einen starken Kontrast zum weißen Bürzel. Ich wäre schneller darauf gekommen, hätte man mir die ungefähre Größe des Vogels angegeben.

DIE KÖERTEILE UND GEFIEDERPARTIEN EINES VOGELS

Merkmale festhalten Pausen Sie den Umriss durch und tragen Sie die Merkmale Ihres gesuchten Vogels ein. Notieren Sie seine Farbe und Größe, die Form und die Farbe des Schnabels und der Beine. Schauen Sie aufmerksam nach jedem Streifen im Gesicht: Schließt er das Auge ein oder verläuft er oberhalb davon? Halten Sie die Größe des Vogels im Vergleich zu bekannten Vögeln wie Sperling, Amsel oder Taube fest.

• DER VOGELSTECKBRIEF •

61 Vogelarten sind hier, der wissenschaftlichen Klassifikation entsprechend (S. 218/19), nach Familien aufgelistet. Sowohl die deutschen als auch die wissenschaftlichen Namen der Familie und der Art sind angegeben. Alle wesentlichen Merkmale werden detailliert beschrieben. Die Angaben zur Nahrung und zur Brutbiologie können Ihnen helfen, wenn Sie im Vogelschutz aktiv werden wollen.

Familie

Wissenschaftlicher Name der Familie

Deutscher Artname

Merkmale *Kennzeichen, durch die sich die Art von ähnlichen Vögeln unterscheidet oder die bei den Geschlechtern oder Altersgruppen unterschiedlich sind*

Nest *Informationen über die Nist- und Brutgewohnheiten (gegebenenfalls mit Angaben zu Nisthilfen)*

Brutzeit *Die Zeitspanne, während der normalerweise Eier oder Junge vorhanden sind*

Familie Drosselähnliche Vögel *(Turdidae)*

WACHOLDERDROSSEL

Turdus pilaris

Länge: 25 cm

VOR ALLEM IM Winter machen diese großen Drosseln, die auch als »Krammetsvögel« bekannt sind, durch laute, schackernde Rufe auf sich aufmerksam. Wacholderdrosseln kündigen ebenso den Winter an wie die Schwalben den Sommer. Bei einer Kältewelle und bei Schneefall setzen sich die Vögel in Bewegung.

Merkmale *Die Wacholderdrossel ist eine große Drossel mit grauem Kopf, grauem Bürzel und kastanienbraunem Rücken.*

Weiße Unterflügel blitzen im Flug auf

STIMME Der Gesang ist eine Mischung aus Kichern, Pfeifen, Schwätzen und harten Lauten, der Ruf ein hartes *»schack-schack-schack«*.

NAHRUNG Sie besteht meist aus Regenwürmern, Schnecken und anderen kleinen Tieren. Im Winter, wenn tierisches Futter knapp ist, werden Früchte gefressen. Die Wacholderdrossel mag Beeren von Weißdorn, Stechpalme und Eberesche sowie Falläpfel. Ein einzelner Vogel wird versuchen, einen Baum zu verteidigen. **Fütterung** Wacholderdrosseln fressen am Boden Früchte und Samenmischungen.

Winterfrucht *Lagern Sie überreife Äpfel im Dunkeln. Im Winter sind Wacholderdrosseln dankbar dafür.*

NEST Die Wacholderdrossel brütet in Nord-, Mittel- und Osteuropa. Das napfförmige Nest wird aus Gräsern, Zweigen und Schlamm gebaut, meist in einem Baum, manchmal auch am Boden. Es liegt oft exponiert, doch nisten stets mehrere Vogelpaare dicht beieinander und verteidigen ihre Nester aggressiv gegen Eindringlinge. Menschen, Katzen und Elstern, die zu nahe kommen, werden mit ärgerlichen Schreien im Sturzflug attackiert und manchmal mit Kot bespritzt.

Vogelbeeren *– bei dieser Art beliebt.*

Brut *April–Mai • 1–2 Bruten • 4–6 rot gesprenkelte, blassblaue Eier • Brutdauer 13–14 Tage. Weibchen brütet • mit 14 Tagen flügge • nach 2 weiteren Wochen selbstständig*

Wissenschaftlicher Artname

Länge *Gemessen vom Schnabel bis zur Schwanzspitze*

Stimme *Beschreibung des Gesangs und der Rufe*

Nahrung *Informationen über Nahrung und Fressgewohnheiten mit u.a. Angaben zur Fütterung*

Brut *Die Anzahl der Bruten, die in einer Saison normalerweise aufgezogen werden*

Brutdauer *Die durchschnittliche Zeit des Brütens (in Tagen) und ob Männchen und/oder Weibchen brüten*

Flüggewerden *Das Alter eines Jungvogels (in Tagen), in dem er voll befiedert und fähig ist, das Nest zu verlassen*

Selbstständigkeit *Die Zeit, die ein Jungvogel nach Verlassen des Nestes braucht, um sich ohne elterliche Hilfe ernähren zu können*

Angaben zum Ei *Die durchschnittliche Größe eines Geleges und die Färbung der Eier*

Brut Die Angaben zu Anzahl der Jahresbruten und der Eier, zur Brutdauer oder zur Zeit bis zum Flüggewerden und bis zur Selbstständigkeit (im Kasten unten auf der Seite) sind nur ungefähre Werte. Sie können je nach den Umständen variieren. So legen beispielsweise Vögel, die zum ersten Mal brüten, eher weniger Eier als angegeben. Auch das Futterangebot beeinflusst die Größe eines Geleges (S. 108/09).

Familie Reiher *(Ardeidae)*

GRAUREIHER

Ardea cinerea

Länge: 90 cm

DER GRAUREIHER ist wachsam und kommt nur selten in die Stadt. Tut er es doch einmal, stiehlt er gern Fische oder Frösche aus Teichen und kommt so lange zurück, bis der Teich leer geräumt ist. Falls Sie ihn nicht gezielt beobachten, wenn er in der Morgen- oder Abenddämmerung fast unbemerkt einfliegt, sehen Sie ihn höchstens, wenn er gestört wird und fluchtartig steil nach oben abfliegt.

Merkmale *Der Graureiher ist ein sehr großer Vogel mit langen Beinen und langem Hals.*

Flug *– mit ausgebreiteten Schwingen, s-förmig eingezogenem Hals und ausgestreckten Beinen.*

NAHRUNG Er frisst hauptsächlich Fische, Amphibien und große Insekten, aber auch kleine Säuger und andere Tiere.

Fütterung

Teichräuber *Ein Reiher frisst einen Goldfisch.*

STIMME Der Ruf, den Sie sicher am häufigsten hören, ist ein tiefes raues *»kräiik«*.

NEST Der Graureiher nistet auf hohen Bäumen (selten auf Gebäuden), normalerweise in einer Kolonie, die Hunderte von Jahren alt sein kann. Männchen und Weibchen bauen das Nest, eine große Plattform aus Zweigen, gemeinsam und kleiden es mit Gras aus. Die Kolonie wird im Winter oft als gemeinsamer Schlafplatz benutzt. Die Brut beginnt früh im Jahr; meist werden die Eier Anfang April gelegt.

Brut *Februar–Juli • 1 Brut • 4–5 hellblaue Eier • Brutdauer 25–26 Tage, Männchen und Weibchen brüten • Junge mit 50 Tagen flügge • nach weiteren 2–3 Wochen selbstständig*

Familie Entenvögel *(Anatidae)*

STOCKENTE

Anas platyrhynchos

Länge: 58 cm

DIE STOCKENTE, die Stammform fast aller Hausenten, ist einer unserer bekanntesten Vögel. In Parks mit einem Teich, See oder Fluss ist sie überall vertreten. Manchmal nistet sie sogar in großen Gärten, die genügend Deckung bieten. Helfen Sie den Weibchen dabei, ihre Jungen sicher über Straßen zum Wasser zu führen!

Merkmale *Der flaschengrüne Kopf des Erpels ist durch einen weißen Ring von der Brust abgesetzt.*

Gefieder Wenn das Männchen das Weibchen zum Nest begleitet hat, mausert es zum Schlichtkleid. Das Gefieder des Erpels ähnelt dann dem braun gesprenkelten des Weibchens. Enten verlieren alle Flugfedern auf einmal und werden flugunfähig. Nach der Brutzeit bekommen die Erpel wieder ihre leuchtende Färbung.

MÄNNCHEN (ERPEL)

Flügelspiel *Blau oder Purpur, umrandet von Schwarz und Weiß, bei beiden Geschlechtern*

WEIBCHEN

STIMME Es gibt viele schnatternde Laute. Das Weibchen stößt quakende Rufe aus, das Männchen gibt leisere, näselnde Quaklaute von sich.

NAHRUNG Die Nahrung ist sehr vielfältig. Enten grasen, fressen Eicheln und jagen im flachen Wasser nach Wasserschnecken, Köcherfliegenlarven, Fröschen oder Fischen. Entenküken fressen hauptsächlich Insekten.

Fütterung In Parks und Gärten nehmen Stockenten Brot und Getreide an.

NEST Das Nest aus Halmen und Blättern wird in dichte Vegetation gebaut. Das Weibchen, das die Jungen allein aufzieht, bedeckt das Nest mit Flaumfedern, wenn es zum Fressen geht. Die Jungen schlüpfen gleichzeitig und verlassen das Nest noch am ersten Tag.

NISTHILFE Großer, geschlossener Kasten (S. 57).

Isolierung *Die Eier werden durch Daunen warm gehalten.*

Brut *März–Oktober • 1 Brut • 8–12 graugrüne Eier • Brutdauer 27–28 Tage, Weibchen brütet allein • Junge mit 50–60 Tagen flügge • mit dem Flüggewerden selbstständig*

Familie Habichtartige *(Accipitridae)*

SPERBER

Accipiter nisus

Länge: 28–38 cm

SPERBER SIND VÖGEL des Waldes und der Felder, doch kommen sie immer häufiger in Städte. Man sieht sie an Hecken entlangstreichen und sogar zwischen Gitterstäben hindurchfliegen, um nichtsahnende kleine Vögel zu fangen. Damit machen sie sich unbeliebt, besonders wenn sie Vögel am Futtertisch angreifen, doch eine gesunde Greifvogel-Population ist nicht von Nachteil. Kleine Vögel können besser geschützt werden, wenn man die Tische z. B. in der Nähe von Sträuchern aufstellt.

Merkmale *Das Männchen ist oben grau, unten hell mit engen rostbrauen Bändern. Das Weibchen ist größer; Jungvögel sind oben braun, unten braun gebändert.*

STIMME Der Ruf ist eine schrilles, schnelles *»kik-kik-kik«* in Nestnähe.

Schlachtbank *Sperber nutzen immer wieder dieselbe Stelle, um ihre Opfer zu zerlegen.*

Flugbild *Die breiten, abgerundeten Flügel des Sperbers unterscheiden ihn vom Turmfalken.*

NAHRUNG Sperber jagen fast ausschließlich Vögel wie Meisen, Spatzen und Finken, seltener Drosseln, Amseln und Stare. Gelegentlich fressen sie auch größere Vögel und kleine Säuger.

NEST Ein Horst aus Zweigen wird in eine Astgabel gebaut und mit dünnen Zweigen und Blättern ausgekleidet. Die Jungen schlüpfen eher in Abständen als gleichzeitig. Bei Futterknappheit sterben die jüngsten Nestlinge.

Brut *Mai–Juli • 1 Brut • 4–6 blaugrüne Eier mit rotbraunen Flecken • Brutdauer 33–35 Tage, Weibchen brütet allein • mit 24–30 Tagen flügge • nach weiteren 20–30 Tagen selbstständig*

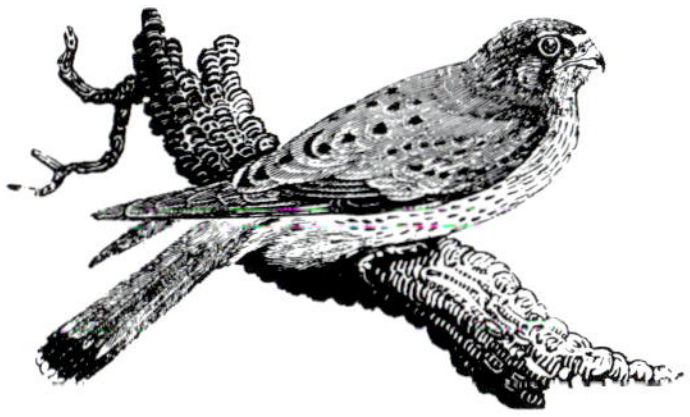

Familie Falken
(Falconidae)

TURMFALKE

Falco tinnunculus
Länge: 34 cm

Männchen *Kopf und Schwanz sind grau. (Der Schwanz des Weibchens ist schwarzbraun gestreift.)*

BEVOR SICH DIE Sperberpopulation von der weit verbreiteten Vergiftung durch Pestizide erholt hatte, war der Turmfalke der Greifvogel, der sich am häufigsten in städtischer Umgebung aufhielt. Er lässt sich in einer steifen Brise treiben oder steht mit schnellen Flügelbewegungen in der Luft (»Rütteln«). Zwar ist das Rütteln anstrengend, doch kann der Turmfalke so weite Gebiete nach Beute absuchen.

Merkmale *Der Turmfalke unterscheidet sich vom Sperber durch die spitzeren Flügel und die eher gefleckte als gebänderte Brust.*

STIMME Während der Brutzeit ein schrilles *»kli-kli-kli«*.

NAHRUNG Hauptsächliche Beute sind Nagetiere, große Insekten und Regenwürmer. Turmfalken jagen aber wie Sperber auch kleine Vögel.
Fütterung Gelegentlich nimmt der Falke Fleischreste und sogar Fett und Kekse an.

Gewölle *Unverdauliche Reste werden ausgewürgt.*

NEST Der Turmfalke kleidet eine Baumhöhle, ein altes Krähennest, eine Felsspalte oder ein Mauerloch mit Stroh und Zweigen aus.
Nesthilfe Kasten mit offener Vorderseite (S. 57).

Greifvogel *Ein junger Turmfalke reißt Fleischstücke aus einer Maus.*

Brut *April–Juli • 1 Brut • 4 oder 5 braun gefleckte, weiße Eier • Brutdauer 27–29 Tage, Weibchen brütet • Junge mit 27–32 Tagen flügge • nach weiteren 4 Wochen selbstständig*

Familie Glattfußhühner *(Phasianidae)*

FASAN

Phasianus colchicus

Länge: Hahn 84 cm, Henne 58 cm

DER FASAN – VON den Römern aus Asien nach Europa gebracht – besucht Parks und Gärten im Herbst und Winter, besonders bei harter Witterung. Sie werden eher einen Hahn zu Gesicht bekommen; die Hennen bleiben im Wald. Wie bei anderen Vögeln, bei denen das Männchen farbenprächtig und das Weibchen unscheinbar ist, übernimmt die Henne die Aufzucht der Jungen.

HAHN

Merkmale *Das Gefieder des Hahns ist prachtvoll kupferrot, das der Henne unauffällig braun* (unten rechts). *Den Fasan kann man mit keinem anderen Vogel im Garten verwechseln.*

Futtersuche *Ein Hahn pickt auf dem Boden nach Körnern.*

STIMME
Der Ruf des Hahns ist ein lautes »*körrk-kok*«, die Henne antwortet »*kie-kie*«. Bei Gefahr hört man »*gögögök*«. Die Henne hat mehrere Rufe, damit sich ihre Küken verstecken.

NAHRUNG Fasane scharren nach Getreidekörnern, Eicheln und anderen Samen und fliegen in Bäume, um nach Knospen und Früchten zu suchen. Die tierische Nahrung besteht aus Insekten, Schnecken, Würmern und gelegentlich kleinen Säugetieren und Eidechsen.
Fütterung Fasane nehmen in Notzeiten Körner und Brot an.

NEST Die Henne nistet in einer Bodenmulde unter einer Hecke, im hohen Gras oder Adlerfarn. Die Jungen verlassen das Nest kurz nach dem Schlüpfen.

Tarnung *Eine Henne brütet in ihrem Nest auf dem Boden. Im abgestorbenen Adlerfarn ist sie kaum zu erkennen.*

Brut *März–Juli • 1 Brut • 8–15 olivbraune Eier • Brutdauer 23–28 Tage, Weibchen brütet • Junge mit 12 Tagen flügge • nach weiteren 9–10 Wochen selbstständig*

Familie Rallen *(Rallidae)*

BLÄSSHUHN

Fulica atra

Länge: 38 cm

IM VERGLEICH ZU SEINEM Verwandten, dem Teichhuhn, ist das Blässhuhn stärker ans Wasser gebunden. Es lebt an großen Teichen und Seen oder langsam fließenden Flüssen. Achten Sie auf Rivalenkämpfe: Blässhühner jagen dabei über die Wasseroberfläche hintereinander her oder setzen sich auf ihren Schwanz zurück, schlagen mit den Beinen aus und kratzen. Manchmal vertreiben sie eine Möwe oder einen Greifvogel, indem sie im Schwarm Wasser aufwirbeln.

STIMME Man hört u.a. ein lautes »*köck, köck*« und »*pix*«.

Fischen *Ehe ein Blässhuhn taucht, presst es die Luft aus dem Gefieder, um den Auftrieb zu verringern.*

NAHRUNG Blässhühner holen Wasserpflanzen, Fische, Schnecken und Käfer vom Teichgrund oder sie stehlen sie Schwänen und Enten. An Land fressen sie auch kleine Säugetiere und Vögel.
Fütterung Die seltenen Gäste im Garten fressen Brot und Körner.

Futter aus dem Teich *Zahlreiche kleine Wassertiere und -pflanzen werden gefressen.*

NEST Das Nest, ein Stapel aus Pflanzenmaterial, wird vom Weibchen im flachen Wasser gebaut. Das Männchen schafft Material heran. Nach dem Schlüpfen der Jungen baut das Männchen eine Plattform, auf der es schläft und die Jungen wärmt.

Fürsorge für die Jungen *Beide Eltern füttern die Jungen etwa acht Wochen lang.*

Brut *März–September • 1 oder 2 Bruten • 4–7 gesprenkelte, gelbbraune Eier • Brutdauer 21–24 Tage, beide brüten • Junge mit 55–60 Tagen flügge • dann sofort selbstständig*

Familie Rallen *(Rallidae)*

TEICHHUHN

Gallinula chloropus

Länge: 33 cm

DAS TEICHHUHN SIEHT MAN in Parks an Teich- und Seeufern, wo es durch das Ufergras stolziert. Es kommt aber auch an Gartenteiche und nistet bei genügend Deckung sogar dort. Die Vögel sind überraschend wendig und haben ihre Schlafplätze in Bäumen. Junge Teichhühner der ersten Jahresbrut bleiben bei ihren Eltern und helfen beim Füttern der jüngeren Geschwister aus der zweiten Brut.

Weiße Linie an den Flanken

Schnabel und Stirn rot (bei Jungvögeln blass)

STIMME Ein lautes, scharfes *»kjürr«* verrät die Anwesenheit eines Teichhuhns.

NAHRUNG Das Teichhuhn frisst kleine Tiere wie Würmer, Schnecken und Fische sowie Blätter, Samen und Beeren.
Fütterung Am Boden mit Brot und Fett.

Zehen *Teichhühner fechten mit ihren Beinen wilde Revierkämpfe aus, was leicht mit gebrochenen Zehen enden kann.*

Brot gefunden *Ein Teichhuhn frisst Brot.*

NEST Das Nest wird im Schutz der Ufervegetation (S. 105), aber auch in Hecken oder Bäumen aus Schilf und Zweigen gebaut und mit zarten Pflanzen ausgekleidet. Das Männchen sammelt Nistmaterial, das Weibchen baut das Nest. Steigt beim Brüten der Wasserspiegel, wird höher gebaut, damit die Eier trocken bleiben.

Küken *Ein zwei Wochen altes Junges sucht selbst Futter, wird aber noch gefüttert.*

Brut *April–August • 2–3 Bruten • 5–8 dunkel gefleckte, gelbbraune Eier • Brutdauer 21–22 Tage, beide brüten • Junge mit 40–50 Tagen flügge • in 1–7 Wochen selbstständig*

Familie Möwen *(Laridae)*

SILBERMÖWE

Larus argentatus

Länge: 60 cm

DIE SILBERMÖWE IST überwiegend ein Küstenvogel. Sie nistet auf Felsklippen und Inseln, seltener an Stränden und in Salzmarschen. Außerhalb der Brutsaison kommt sie ins Binnenland, wo man sie auf Feldern, in Parks, auf Müllplätzen sowie an Seen und in Kiesgruben sehen kann. In den letzten Jahren haben die Silbermöwen Brutkolonien auch in den Städten eingerichtet, wo sie auf Gebäuden, hohen Schornsteinen und Brücken nisten.

Merkmale *Die große Möwe ist weiß mit grauem Rücken und grauen Flügeln, die schwarzweiße Spitzen haben.*

STIMME Die Rufe sind ein langes, lautes, heiseres »*kija-kija-kijau*«, ein jammerndes »*miau*« sowie »*kiju*«- und »*kau*«-Laute.

Jungmöwe *Die graubraunen jungen Möwen behalten ihr Jugendkleid drei bis vier Jahre lang.*

NEST Silbermöwen bilden Brutkolonien. Die Nester bestehen aus aufgehäuften Pflanzen. Die Jungen verlassen das Nest, wenn sie zwei oder drei Tage alt sind, aber sie werden von den Eltern gefüttert, bis sie fliegen können.

NAHRUNG Die Silbermöwe ist ein Räuber und Müllsammler. Am Meer fängt sie Fische, am Strand Schellfisch, im Binnenland alles vom Regenwurm bis zu Entenküken.

Müllsammler *Silbermöwen sieht man oft auf Müllplätzen, wo sie nach Essbarem suchen.*

Brut *April–August • 1 Brut • 3 braun gefleckte, olivfarbene bis braune Eier • Brutdauer 28–30 Tage, beide brüten • Junge mit 35–40 Tagen flügge • in 40–45 Tagen selbstständig*

Familie Möwen *(Laridae)*

LACHMÖWE

Larus ridibundus

Länge: 38 cm

OBWOHL SIE EIGENTLICH SEEVÖGEL sind, haben sich Lachmöwen im 20. Jahrhundert zunehmend im Binnenland ausgebreitet und Krähen und Rote Milane als städtische Müllsammler verdrängt. Zuerst besuchten sie die Städte nur im Winter und kehrten zum Brüten an die Küste zurück. Später nisteten sie auch im Landesinneren und sogar im Umfeld von Städten. Die Vögel haben ihre Schlaf- und Nistplätze in Kiesgruben, Wasserreservoirs und Kläranlagen und suchen ihre Nahrung am Wasser, auf Äckern, in Stadtparks und bisweilen auch in Gärten.

Dunkler Fleck am Kopf

Rote Beine

Winterkleid *An die Stelle der schokoladenbraunen Färbung des Kopfes tritt nach der Brutsaison ein dunkler Fleck hinter dem Auge.*

STIMME Es gibt eine Vielzahl greller Rufe; bei Gefahr hört man ein wiederholtes »*kek*«.

Junge Möwe *Das Gefieder der Jungvögel ist hellbraun gesprenkelt. Wenn sie ein Jahr alt sind, sind Beine und Schnabel blassorange, die Flügel aber noch bräunlich.*

NAHRUNG Lachmöwen fressen hauptsächlich Insekten und Würmer, die sie aus dem Boden graben oder anderen Vögeln stehlen. Sie kreisen in Aufwinden, um fliegende Ameisen zu fangen, und durchsuchen Müllplätze.

NEST Lachmöwen brüten in Kolonien, in denen die Nester dicht beieinander liegen. Das Nest aus Gras wird auf dem Boden gebaut, sehr selten auch auf Gebäuden.

Schokoladenbrauner Kopf *Eine Lachmöwe im Brutkleid transportiert Futter in ihrem Kropf.*

Brut *April–Juli • 1 Brut • 3 braun gefleckte, graugrüne Eier • Brutdauer 23–26 Tage, Männchen und Weibchen brüten • Junge mit 35 Tagen flügge • 1 Woche später selbstständig*

Familie Tauben *(Columbidae)*

TÜRKENTAUBE

Streptopelia decaocto
Länge: 32 cm

OBWOHL WEIT VERBREITET, ist die Türkentaube in unseren Breitengraden erst relativ kurz zu Hause. Vor etwa 60 Jahren begann sie sich von ihrer ursprünglichen Heimat Südosteuropa nach Westen auszubreiten und ist heute in fast ganz Europa zu finden. Sie lebt – vielleicht, weil ihre neue Heimat kälter ist als ihre ursprüngliche – hauptsächlich in Städten und Dörfern oder in der Nähe von Bauernhöfen, wo sie reichlich Futter findet.

Schwarzweißes Nackenband (fehlt bei Jungvögeln)

Hell graubraunes Gefieder

STIMME Zur Revierabgrenzung und bei der Balz hört man ein wiederholtes *»kuku-ku«*. Obwohl dies eigentlich ein sanfter, angenehmer Laut ist, kann das andauernde Rufen lästig werden. Manchmal lässt die Türkentaube nur zwei *»ku«*s ertönen, die man mit dem Ruf des Kuckucks verwechseln kann. Bei Aufregung und beim Balzflug des Männchens, der dem der Ringeltaube ähnelt (S. 158), hört man ein nasales *»rru«*.

Holunder *Die schwarzroten Beeren werden oft von Türkentauben gefressen.*

NAHRUNG Die Türkentaube frisst hauptsächlich Samen und Blätter, Knospen und Früchte, hin und wieder auch Raupen, Schnecken und andere kleine Tiere. **Fütterung** Sie nimmt Getreide, Samen und Brot an.

NEST Das Weibchen baut in einem Baum, mitunter auch auf Gebäuden, eine dünne Plattform aus Zweigen. Die Nestlinge werden mit Kropfmilch (S. 159) gefüttert. Die Eltern vertreiben Eichelhäher, Elstern und auch Menschen vom Nest.

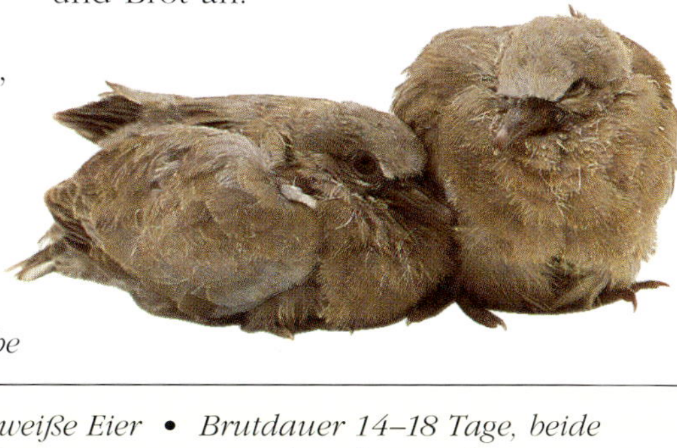

Jungtauben *Nestlinge der Türkentaube*

Brut *März–November • 3–6 Bruten • 2 weiße Eier • Brutdauer 14–18 Tage, beide brüten • Junge mit 17 Tagen flügge • nach einer weiteren Woche selbstständig*

Familie Tauben *(Columbidae)*

STRASSENTAUBE

Columba livia f. domestica

Länge: 33 cm

DIESER HÄUFIGE STADTBEWOHNER IST ein Nachkomme der Felsentaube, die vor Jahrhunderten domestiziert, in Taubenschlägen gehalten und gezüchtet wurde. Die Felsentaube wurde als Schlachtgeflügel, zum Überbringen von Nachrichten und für Flugwettbewerbe gehalten. Straßentauben sind die verwilderten Nachkommen. Ihre Zahl wuchs ständig durch Tauben, die immer noch für Schau- und Rennzwecke gezüchtet werden und aus der Gefangenschaft entflohen oder bei Heimflügen verloren gegangen sind.

Schillernd zartlila und grüne Halsflecken

Gefieder *Es ist normalerweise graublau mit weißen Partien, oft am Bürzel (S. 82).*

Sonnenbaden *Eine Straßentaube sonnt sich auf dem warmen Boden. Die Stadttauben-Population ist an sich recht stabil, ihre Zahl wird aber durch verschiedene Arten von Zuchttauben, die in die Wildnis zurückkehren, vergrößert.*

STIMME Das tiefe Gurren, das wie *»u-ru-ku«* klingt, ist in Städten oft zu hören.

Stadtleben Straßentauben werden in Parks und auf öffentlichen Plätzen handzahm und damit zum Problem für manche Stadtverwaltung, weil sie Gebäude verunreinigen und Krankheiten verbreiten können. Trotz der Versuche, ihre Zahl zu begrenzen, lässt das leicht erreichbare Futter die Taubenpopulation in den Städten anwachsen. Dadurch überleben auch viele kranke und verletzte Vögel viel länger als unter natürlichen Bedingungen. Man sieht deshalb oft Straßentauben mit deformierten Beinen oder beschädigten Schnäbeln.

Zu Boden gegangen *Eine Brieftaube orientiert sich vor der Rückkehr zum heimatlichen Schlag. Solche Züchtungen finden erstaunlich gut heim und können Distanzen bis 800 km zurücklegen.*

Flug *Kräftige Körper machen Tauben zu leistungsfähigen Fliegern.*

Fächerförmiger Schwanz *Fächertauben lassen sich gut in Taubenschlägen züchten – hier beim Futterpicken.*

NAHRUNG Straßentauben fressen Getreide, Samen, Brot und essbaren Müll. Früher war Getreide aus den Futtersäcken der Pferde eine wichtige Nahrungsquelle. Heutzutage liefern die Abfälle der Fast-Food-Verkaufsstände den Tauben eine fertige Mahlzeit. Viele Stadttauben leben hauptsächlich von dem Futter, das ihnen auf Plätzen und in Parks angeboten wird. Einige Tauben erkennen sogar die Personen, die sie regelmäßig füttern, und kommen auf sie zu.

Fütterung Getreide, Brot

Saatgetreide

NEST Das Nest besteht aus Zweigen und wird vom Weibchen mit Hilfe des Männchens auf einen Mauer- oder Dachvorsprung gebaut. Straßentauben brüten das ganze Jahr über, wenn die Bedingungen günstig sind. Wie bei anderen Taubenarten bekommen die Jungen feste Nahrung erst, wenn sie etwa zehn Tage alt sind (S. 57). Vorher werden sie mit Kropfmilch (S. 159) ernährt.

Brüten *Eine Straßentaube lässt sich auf dem Nest nieder und bedeckt dabei mit ihrem Körper ein Junges, um es zu schützen und warm zu halten.*

Brut *hauptsächlich März–September • 2–3 Bruten • 2 weiße Eier • Brutdauer 17–18 Tage, beide brüten • Junge mit 49 Tagen flügge • nach einer weiteren Woche selbstständig*

Familie Tauben *(Columbidae)*

RINGELTAUBE

Columba palumbus

Länge: 40 cm

Weißgrüner Halsfleck (Dem Jungvogel fehlt dieser Fleck; er ist insgesamt grauer.)

BAUERN BETRACHTEN DIE Ringeltaube wegen ihres Appetits auf Getreide, Wurzelgemüse und Hülsenfrüchte als Schädling. Sie ist deshalb vorsichtig und wird nur in geschlossenen Ortschaften einigermaßen zutraulich. Wenn sie zu einer Futter- oder Wasserquelle läuft, können Sie den typischen Taubengang beobachten. Das Männchen macht seine Ansprüche auf ein Revier, das manchmal nur aus einem einzigen Baum besteht, oft nur dadurch geltend, dass es sich deutlich erkennbar hinsetzt.

Flügelbinde *Durch eine auffällige weiße Flügelbinde ist der schwarze äußere vom grauen inneren Flügel abgesetzt.*

STIMME Der Gesang, dessen ersten leisen Ton man fast nicht hört, ist ein klagendes »*ku-ku-ru-ku-ku*«. Ein weicheres Gurren hören Sie während der Balz, bei der das Männchen sich mit aufgeplustertem Gefieder und fächerförmig ausgebreitetem Schwanz vor dem Weibchen verneigt.

Start Beim Auffliegen schlagen die Flügel über dem Rücken mit einem scharfen Klatschen zusammen. Dieses Manöver ist so anstrengend, dass es nicht so bald wiederholt wird. Wird ein Vogel gestört, setzt er sich auf einen Baum, von dem aus er mühelos starten kann.

Schwanz mit schwarzer Endbinde

Balzflug Den Balzflug, ein steiles Aufsteigen und Abwärtsgleiten, sieht man hauptsächlich im Februar und März, nachdem die Männchen ihre Reviere in Besitz genommen haben. Vor dem Abwärtsgleiten hört man ein- oder zweimal lautes Flügelklatschen. Die Flügel schlagen dabei aber nicht zusammen.

Schnabel *Der leicht hakenförmige Schnabel eignet sich gut zum Abzupfen von Blättern.*

Beeren des Efeus

NAHRUNG Die Ringeltaube mag Hülsenfrüchte, besonders Erbsen und Bohnen, sowie Steckrüben, Grün- und Rosenkohl. Ferner frisst sie Eicheln, Bucheckern, Mehl- und Holunderbeeren, Getreide und Wildkrautsamen, aber auch Würmer, Schnecken und Insekten. Seien Sie nicht erstaunt, wenn Sie eine Ringeltaube Splitt »fressen« sehen. Sie nimmt die Steinchen auf, um das Futter in ihrem Muskelmagen zermahlen zu können.

Fütterung Die Ringeltaube ist ein seltener Gast an Bodentischen, wo sie Brot, Samen und Gemüse frisst. Am Gartenteich kann man sie eher sehen.

Bucheckern

Der Schnabel wird als Strohhalm benutzt

Einfaches Vogelbad (S. 55)

Einzigartig *Die Taube saugt das Wasser durch den Schnabel hoch. Andere Vögel heben den Kopf und lassen es in die Kehle rinnen.*

Schädling *Ringeltauben können Getreidekeimlingen und Kohl schaden.*

NEST Männchen und Weibchen bauen gemeinsam in einem Baum eine dünne Plattform aus Zweigen. Die Eier, die in Ein- bis Drei-Tages-Intervallen gelegt werden, kann man durch den Boden des Nestes sehen. Wird das Nest ein weiteres Mal verwendet, wird es dicker. Die lange Brutperiode ist darauf zurückzuführen, dass die Ringeltaube ihre Jungen mit Kropfmilch füttert, einem käsigen, eiweiß- und fettreichen Sekret. Die meisten anderen Garten- und Parkvögel dagegen füttern ihre Jungen mit Insekten, die nur während einer begrenzten Zeit zur Verfügung stehen.

Brut *Februar–November • 2 Bruten • 2 weiße Eier • Brutdauer 17 Tage, beide brüten • Junge mit 20–35 Tagen flügge • nach einer weiteren Woche selbstständig*

Familie Eulen *(Strigidae)*

WALDKAUZ

Strix aluco

Länge: 38 cm

WEGEN SEINER NÄCHTLICHEN Lebensweise kann man den Waldkauz – den häufigsten unter den im Garten jagenden Vögeln – öfter hören als sehen. Er fängt hauptsächlich kleine Säugetiere (wie Maulwürfe) und Vögel, frisst aber auch Fische, Amphibien, Reptilien, Würmer, Käfer und Nachtfalter. Man sieht zwar selten einen Waldkauz bei Tag; doch von Zeit zu Zeit nimmt er gern ein Sonnenbad. Ursprünglich lebt der Waldkauz in Wäldern. Wo es genügend große Bäume gibt, die er als Ruhe- und Nistplätze braucht, gewöhnt er sich aber an das Stadtleben.

Merkmale
Ein Waldkauz mit seiner unverkennbaren Silhouette kann nur mit dem viel kleineren Steinkauz (S. 162) verwechselt werden.

STIMME Der Gesang besteht aus einem dumpfen »*u-u-u*« und einem schwankenden »*hu-hu-hu-uuu*«. Ein schrilles »*kju-wick*« wird von Paaren als Kontaktruf benutzt. Junge Waldkäuze rufen in Sommernächten wiederholt zischend »*ke-sip*«.

Verhalten Bei Gefahr macht sich der Waldkauz so schmal wie möglich (dabei kann er seinen Kopf fast um 360 Grad drehen, um die Gefahrenquelle im Auge zu behalten). In aggressiver Haltung plustert er sein Gefieder auf, um größer zu wirken, und öffnet seine Augen ganz weit.

Haltung bei Gefahr
Der Körper ist schmal.

Aggressive Haltung
Körper wird vergrößert.

NAHRUNG In ländlicher Umgebung fangen Waldkäuze hauptsächlich Mäuse und Wühlmäuse; in der Stadt fressen sie wie die Turmfalken auch Vögel bis zur Größe von Tauben oder Stockenten. Vögel im Garten werden meist in der Morgen- oder Abenddämmerung gejagt, wenn sie gerade aktiv sind, aber es wurde auch schon von Waldkäuzen berichtet, die Vögel an ihren Schlafplätzen töteten. Ferner greifen sie Nester an, lenken den brütenden erwachsenen Vogel ab und rauben den

Hinterhalt *Der Waldkauz beobachtet seine Beute von einem Ast aus und stößt auf sie herab.*

Schalldämpfer *Die flaumigen Ränder der Flugfedern dämpfen Flügelgeräusche.*

Nestinhalt. Erbeutete Vögel werden zuerst gerupft und, wenn sie zu groß sind, um ganz verschluckt zu werden, zu einem Sitzplatz getragen und dort zerstückelt. Die gerupften Federn und das Gewölle, das nach einer Mahlzeit herausgewürgt wird, sammeln sich auf dem Boden und erlauben uns, den Speiseplan des Kauzes zu studieren. Obwohl Eulen gut sehen, machen sie ihre Beute hauptsächlich mit den Ohren ausfindig. Folglich erschweren Regen und Wind die Jagd. Bei schlechtem Wetter muss sich der Waldkauz unter Umständen von Aas ernähren.

NEST Der Waldkauz legt seine Eier meist in eine Baum- oder Mauerhöhlung oder auch in ein verlassenes Eichhörnchen- oder Elsternnest. Die Junge schlüpfen in Abständen von drei bis vier Tagen. Die Eltern füttern sie etwa drei Monate; dann werden sie aus dem Revier vertrieben.
Nisthilfe Waldkäuze nehmen gern spezielle Nistkästen (S. 63) an, wenn natürliche Nistplätze rar sind.

Fütterung Waldkäuze stürzen sich auf Futtertische, vor allem um kleine Vögel zu fangen, die dort fressen. Nur sehr selten – bei besonders schlechtem Wetter – nehmen sie Fleisch und Fett an.

Eulen-Gewölle *Wenn Sie trockene Gewölle (hochgewürgtes unverdauliches Fell und Knochen) auf dem Boden finden, könnten Sie den Schlafplatz eines Waldkauzes entdeckt haben.*

Ästling *Ein junger Waldkauz mit seinem quer gestreiften, flaumigen Gefieder probiert seine Flügel aus.*

Brut *März–Juni • 1 Brut • 3 oder 4 weiße Eier • Brutdauer 28–30 Tage, Weibchen brütet • Junge mit 32–37 Tagen flügge • 12 Wochen später selbstständig*

Familie Eulen *(Strigidae)*

STEINKAUZ

Athene noctua

Länge: 22 cm

Merkmale *Diese kleine, graubraune Eule ist nur halb so groß wie der Waldkauz (S. 160).*

PARKLANDSCHAFTEN MIT BÄUMEN sind der bevorzugte Lebensraum des Steinkauzes, der mitunter auch durch Gärten streift. Man sieht ihn häufiger als den Waldkauz, weil er oft bei Tag jagt. Am ehesten sehen Sie einen Steinkauz, wenn er auf einem Ast oder einem Zaunpfosten sitzt und auf Beute lauert.

STIMME Das Männchen ruft klagend *»kwio«*, das Weibchen antwortet. Der Warnruf klingt wie *»kji-kji«*.

NAHRUNG Der Steinkauz lässt sich von seinem Ausguck fallen, um Regenwürmer und Insekten, z. B. Käfer, zu erbeuten, aber auch kleine Säugetiere und Vögel. Manchmal rennt er hinter seiner Beute her. Im Wellenflug schnappt er Schnaken und andere fliegende Insekten auf.

Mahlzeit *Steinkauz frisst Regenwurm.*

NEST Der Steinkauz legt seine Eier in ein großes Astloch, eine Höhlung in einem Gebäude oder sogar in einen Kaninchenbau. Die Jungen sind einheitlich grau und verlassen das Nest schon zu Erkundungsgängen auf nahe Zweige, ehe sie fliegen können. Auf Warnrufe der Eltern bringen sie sich eilig in Sicherheit.

Nisthilfe Ein geschlossener Kasten mit einer Trennwand zur Abdunkelung (S. 61).

Nistplatz *Die Höhlung in einer Eiche ist ideal.*

Brut *April–Juli • 1 Brut • 3–5 weiße Eier • Brutdauer 27–28 Tage, Weibchen brütet • Junge mit 30–35 Tagen flügge • nach weiteren 4 Wochen selbstständig*

Familie Segler *(Apodidae)*

MAUERSEGLER

Apus apus

Länge: 16,5 cm

KEIN ANDERER VOGEL verbringt so viel Zeit in der Luft wie der Mauersegler. Nach der Brutzeit landet er mitunter erst wieder, wenn er im nächsten Frühjahr in sein Nest zurückkehrt. Sie verbringen die Nacht im Halbschlaf, lassen sich mit dem Wind treiben und steigen im Morgengrauen wieder herab. Mauersegler haben kurze Beine und setzen sich selten, sondern halten sich lieber an Wänden fest.

STIMME Im Flug ein schrilles »*srih*«, am Nest auch Zwitschern.

Höhenflug *Mauersegler fangen bis in über 800 m Höhe Insekten wie Käfer und fliegende Ameisen, die von Turbulenzen emporgetragen wurden.*

NAHRUNG Mauersegler ernähren sich von fliegenden Insekten und Spinnen. Sie sammeln sich über Seen, um Mückenschwärme zu jagen. Bei kaltem, nassem Wetter müssen sie weite Wanderungen unternehmen, um Futter zu finden.

Merkmale
Der Mauersegler unterscheidet sich von Rauch- und Mehlschwalbe durch seinen kurzen, gegabelten Schwanz und die langen Flügel.

Jungvogel *Flügge werden die Vögel je nach Futterangebot.*

NEST Das flache Nest besteht aus Gräsern, Blättern und Federn, die sie im Flug sammeln und mit Speichel verkleben. Der Nistplatz befindet sich oft in Mauerlöchern und unter Dachvorsprüngen. Man entdeckt ihn, wenn der Vogel ihn anfliegt oder verlässt und man die Nestinsassen schreien hört. Nestlinge nehmen rasch an Gewicht zu. Wird die Nahrung knapp, können sie in Starre verfallen und so einige Zeit überleben, ohne gefüttert zu werden.

Brut *Ende Mai–August • 1 Brut • 2 oder 3 weiße Eier • Brutdauer 20–22 Tage, Männchen und Weibchen brüten • Junge mit 5–7 Wochen flügge und selbstständig*

Familie Spechte *(Picidae)*

GRÜNSPECHT

Picus viridis

Länge: 32 cm

SEINE GRÖSSE und Farbe machen den Grünspecht zu einem interessanten Besucher, aber er ist kein häufiger Gast im Garten. Der Schnabel, der nicht so kräftig ist wie der anderer Spechtarten, wird benutzt, um weiches Holz zu bearbeiten. Grünspechte bohren, wo es Ameisennester gibt, Löcher in den Rasen, um die Insekten zu fressen.

Jungvogel *Er ist gesprenkelt und gestreift. (Erwachsene: schwarzes Gesicht, rote Kopfplatte, gelber Bürzel.)*

Zungenspitze *Die Zunge kann 10 cm weit herausgestreckt werden; ihre klebrige Spitze erreicht auch Insekten tief in Löchern und Spalten.*

STIMME Man hört laute, lachende Rufe.

NAHRUNG Grünspechte fressen Ameisen, aber auch Käfer, Nachtfalter und Fliegen. **Fütterung** Selten einmal nehmen Grünspechte Fett und Mehlwürmer an.

NEST Wenn sie geeignete Bäume vorfinden, in die sie Nisthöhlen zimmern können, brüten Grünspechte auch in Parks und großen Gärten. Die Nisthöhle ist bis zu 50 cm tief und hat einen Eingang von etwa 6 cm Durchmesser. Sie wird manchmal wieder benutzt, sofern Stare sie nicht übernommen haben.

Nisthöhle *Ein Specht braucht zwei bis drei Wochen, um seine Höhle zu meißeln. (Aus der Nähe erkennt man das Männchen an seinem überwiegend roten Bartstreif.)*

Brut *April–Juli • 1 Brut • 5–7 weiße Eier • Brutdauer 17–19 Tage, beide brüten • Junge mit 23–27 Tagen flügge • nach weiteren 3–7 Wochen selbstständig*

Familie Spechte *(Picidae)*

BUNTSPECHT

Dendrocopos major

Länge: 23 cm

DER BUNTSPECHT ist zwar ein interessanter Gartenbewohner, er macht sich aber zuweilen unbeliebt, da er Nistkästen plündert. Wie andere Spechte hat er einen kräftigen Stützschwanz und eine ungewöhnliche Anordnung der Zehen: zwei zeigen nach vorn, zwei nach hinten. Sie unterstützen ihn beim Klettern und geben ihm festen Halt, wenn er Löcher in das Holz meißelt.

Merkmale *Er ist größer als der Kleinspecht, hat weiße Flecken auf den kurzen Flügeln und rote Unterschwanzfedern. Das Männchen hat einen dunkelroten Nacken.*

STIMME Der »Gesang« besteht aus einem schnellen Trommeln mit dem Schnabel (20-mal pro Sekunde). Der Ton variiert mit der Größe und Art des Trommelastes. Ein lautes »*kick*« dient als Kontaktruf.

Bohren *In Baumstämmen wird nach Insekten gesucht.*

NAHRUNG Der Buntspecht frisst verschiedene Insekten, von holzbohrenden Käfern bis zu Fliegen, die er in der Luft fängt. Zur pflanzlichen Nahrung gehören Kiefern-, Lärchen- und Fichtensamen, die Samen von Birken und anderen Bäumen, ferner Nüsse, Früchte und Pilze. In Europa bohrt er auch Baumstämme an, um den Saft zu trinken.

Fütterung Talg, Haferflocken oder Nüsse im Futterautomaten.

NEST Männchen und Weibchen zimmern gemeinsam die Nisthöhle, meist 3 bis 5 m über dem Boden. Es dauert bis zu vier Wochen, bis die etwa 30 cm tiefe Höhle fertig ist. Sie hat 12 cm Durchmesser, der Eingang misst 6 cm. Die Höhle wird, sofern sie nicht von Staren in Besitz genommen wird, mehrere Jahre hintereinander benutzt.

Nisthilfe Buntspechte nehmen mitunter große, geschlossene Nistkästen an (S. 61).

Brut *April–Juli • 1 Brut • 4–7 weiße Eier • Brutdauer 10–13 Tage, beide brüten (Männchen nachts) • Junge mit 21 Tagen flügge • nach einer weiteren Woche selbstständig*

Familie Schwalben *(Hirundinidae)*

MEHLSCHWALBE

Delichon urbica

Länge: 12,5 cm

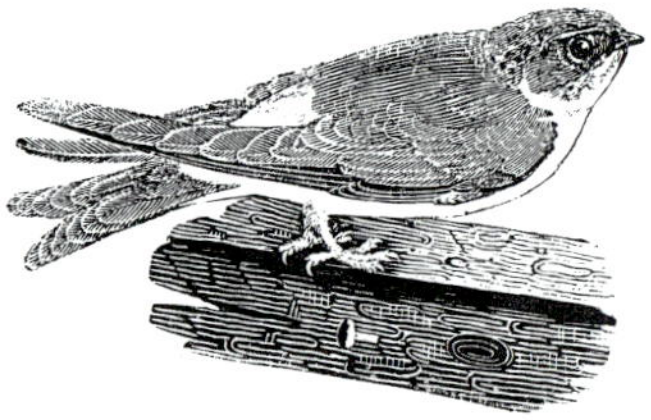

FRÜHER NISTETE DIE Mehlschwalbe hauptsächlich auf Klippen und Felsnasen, wo man auch jetzt noch Kolonien sehen kann. Heutzutage baut sie ihr Nest jedoch oft unter Dachvorsprüngen oder auf den Fensterrahmen von Häusern. Ein Spritzschutz über dem Fenster bewahrt vor verschmutzten Scheiben.

STIMME Der Gesang ist ein zartes Zwitschern. Schnirpende Kontaktrufe sind zwischen Männchen und Weibchen, Eltern und Jungen zu hören.

Fressen im Flug *Mehlschwalben fangen im steilen Aufwärtsflug Insekten.*

Merkmale *Die Mehlschwalbe hat kürzere Schwanzspieße als die Rauchschwalbe. Der weiße Bürzel fällt besonders im Flug auf.*

NAHRUNG Mehlschwalben ernähren sich von Insekten, oft Fliegen und Blattläusen, die sie im Flug erbeuten oder vom Boden aufpicken. Oft steigen sie steil auf, schnappen ein Insekt und gleiten wieder hinab.

Nest Bald nach ihrer Rückkehr im Frühjahr suchen Mehlschwalben nach geeigneten Nistplätzen. Das becherförmige Nest wird aus Schlammteilchen gebaut, die von Pfützen- oder Teichrändern aufgenommen werden, und mit Federn und Gräsern ausgekleidet. Wenn die Nestlinge groß genug sind, kann man ihre Köpfe am Eingang auftauchen sehen. Die Eltern versuchen, sie aus dem Nest zu locken, indem sie auf- und abfliegen und rufen. Manchmal landet auch ein erwachsener Vogel am Nest, ein Junges kommt heraus und fliegt mit ihm weg. Später können Sie sehen, wie die Jungvögel von ihren Eltern in der Luft gefüttert werden.

Einladung zum Fliegen *Eine erwachsene Mehlschwalbe, nicht unbedingt ein Elternteil, gibt den Nestlingen beim Vorbeifliegen Zeichen und ermuntert sie, das Nest zu verlassen.*

Brut *Ende Mai–September • 1 oder 2 Bruten • 2–5 weiße Eier • Brutdauer 15 Tage, beide brüten • Junge mit 22–32 Tagen flügge • Zeit bis zur Selbständigkeit unbekannt*

Familie Schwalben *(Hirundinidae)*

RAUCHSCHWALBE

Hirundo rustica

Länge: 19 cm

WENN DIE RAUCHSCHWALBE, der traditionelle Frühlingsbote, bei uns ankommt, sehen Sie sie meist über Seen und Wasserreservoirs, wo es schon früh viele Insekten gibt. Gelegentlich hört man von Rauchschwalben, die nicht nach Afrika fliegen, sondern in Europa überwintern.

Unverwechselbare rostbraune Kehle und Stirn

WEIBCHEN

Merkmale *Durch die langen Schwanzspieße und die spitzeren Flügel unterscheidet sich die erwachsene Rauchschwalbe von der Mehlschwalbe.*

STIMME Der Gesang ist ein angenehmes, eher ruhiges Zwitschern, der Kontaktruf ein wiederholtes »*witt-witt*«.

NAHRUNG Die Rauchschwalbe erbeutet Insekten im Flug, wobei sie dicht über dem Boden dahinschießt oder mit anmutigen Bewegungen, die von raschen Ausweichmanövern unterbrochen sind, hoch in der Luft kreist. Die langen Schwanzfedern machen sie sehr wendig; sie ist deshalb Mauersegler und Mehlschwalbe beim Beutemachen überlegen. Wenn es wenig fliegende Insekten gibt, pickt die Rauchschwalbe mitunter Insekten von Blättern oder vom Boden. Sie frisst gern Fliegen, aber auch Schmetterlinge, Nachtfalter und andere große Insekten.

NEST Die »Untertassen« aus Schlamm und Gras werden auf Balken und Fenstersimsen von Gebäuden gebaut. Sie helfen den Schwalben, indem Sie ein Stück Boden feucht halten, damit Baumaterial zur Verfügung steht. Das Männchen kreist über dem erwählten Nistplatz und lockt mit seinem Gesang das Weibchen an. Manchmal werden Eier in ein benachbartes Nest gelegt.

Fütterung der Jungen *Nestlinge bekommen Insektenballen aus dem Rachen der Eltern.*

Brut *Mai–August • 2–3 Bruten • 4–5 rot gefleckte, weiße Eier • Brutdauer 14–15 Tage, Weibchen brütet • Junge mit 19–21 Tagen flügge • einige Wochen später selbstständig*

Familie Pieper und Stelzen *(Motacillidae)*

BACHSTELZE

Motacilla alba

Länge: 18 cm

URSPRÜNGLICH LEBTE die Bachstelze am Wasser, sie hat sich aber auch an vom Menschen geschaffene Lebensräume angepasst. Sie können sie im Garten, in Parks, auf Hausdächern oder sogar auf Müllplätzen sehen. Der lange Schwanz verleiht der Bachstelze eine ausgezeichnete Manövrierfähigkeit, wenn sie über den Rasen läuft, um sich auf Beute zu stürzen, oder hochspringt, um geflügelte Insekten aufzuschnappen.

Merkmale *Bachstelzen haben ein unverkennbares schwarzweißgraues Gefieder. Im Winter wird die schwarze Kehle weiß.*

Schwanz *Wenn sie still stehen, wippen Bachstelzen mit dem Schwanz. Warum sie das tun, weiß man nicht.*

STIMME Die Bachstelze stößt im Flug ein scharfes »*zi-ze-litt*« aus und verteidigt ihr Revier mit aufgeregten Zwitscherlauten.

NAHRUNG Bachstelzen fressen kleine Insekten, hauptsächlich Fliegen, und andere Tiere wie kleine Schnecken und Regenwürmer, gelegentlich auch kleine Samen.
Fütterung Trockene Brotkrusten und Mehlwürmer werden vom Boden gepickt.

Jagd *Beobachten Sie, wie Bachstelzen bei der Jagd über den Rasen flitzen* (rechts).

NEST Das Nest wird aus Gras, Wurzeln und Moos in einem Mauerloch, einem Stapel Reisig gebaut. Das Weibchen ist am vom Brüten verbogenen Schwanz zu erkennen.
Nesthilfe Bringen Sie eine Plattform (S. 60) zwischen Efeu an.

Ein Jungvogel wird gefüttert *Man erkennt ihn am kürzeren Schwanz.*

Brut *April–August • 2 Bruten • 3–5 braun gefleckte, weißliche Eier • Brutdauer 13 Tage, Weibchen brütet meistens • Junge mit 14 Tagen flügge • nach einer Woche selbstständig*

Familie Seidenschwänze *(Bombycillidae)*

SEIDENSCHWANZ

Bombycilla garrulus

Länge: 18 cm

DER SEIDENSCHWANZ verdankt seinen Namen den langen, weichen – seidenartigen – Schwanzdecken. Seidenschwänze brüten in Nadel- und Birkenwäldern im nördlichen Europa und Asien. Einige ziehen jedes Jahr nach Süden bis nach Norddeutschland, Belgien und in die Niederlande. Alle paar Jahre treibt Futterknappheit die Seidenschwänze aber auch in großer Zahl in unsere Breitengrade.

Merkmale *Dank seiner Farben ist der Seidenschwanz unverkennbar mit einer spitz zulaufenden Haube, leuchtend roten Flecken auf den Flügeln und dem Schwanz mit gelber Endbinde.*

Federn *Scharlachrote »Siegellackplättchen« an den Spitzen der Armschwingen*

NEST Das Nest aus Zweigen, Gras und Flechten wird mit Gras ausgepolstert. Männchen und Weibchen bauen es gemeinsam, gewöhnlich nahe am Baumstamm. Beide Eltern versorgen die Jungen.

STIMME Der Ruf ist ein sanfter, trillernder Pfiff, der Gesang sirrend und klirrend.

NAHRUNG Im Sommer fressen Seidenschwänze hauptsächlich Insekten, besonders Mücken. Im Winter wechseln sie zu Früchten, Beeren, z. B. Heidel- und Vogelbeeren, und Baumsamen. Im Garten fressen sie die Früchte von Apfelbaum, Feuerdorn, Zwergmispel und Rosen.

Fütterung Bei schlechtem Wetter werden auch Früchte angenommen.

Schwärme *Wird das Futter in ihren üblichen Gebieten knapp, suchen Seidenschwänze im Schwarm nach neuen Nahrungsquellen.*

Brut *Juni–Juli • 1 Brut • 5–6 zart gesprenkelte hellblaue Eier • Brutdauer 14–15 Tage, Weibchen brütet • Junge mit 14–15 Tagen flügge • Zeit bis zur Selbstständigkeit unbekannt*

Familie Braunellen *(Prunellidae)*

HECKENBRAUNELLE

Prunella modularis

Länge: 14,5 cm

DAS GEFIEDER DER Heckenbraunelle ist dem des Haussperlings recht ähnlich. Ihr scheues Verhalten und ihre ständige Suche nach Deckung unterscheidet sie jedoch von diesem. Das Männchen schlägt beim Werben beide Flügel zusammen oder zeigt eine ungestüme Balz, bei der es mit einem Flügel zittert.

Merkmale *Kopf, Kehle und Brust des erwachsenen Vogels sind grau. (Jungvögel sind stärker gestreift.)*

Dünner Schnabel

Fressen am Boden – *hier unter einem Futterhaus*

STIMME Der Gesang – trillernde Strophen von 4 oder 5 Sekunden Dauer – ähnelt dem eines Zaunkönigs, ist aber weniger kraftvoll. Er ist ganzjährig zu hören und erreicht seinen Höhepunkt im März. Kontaktruf ist ein schrilles *»tihihihi«*.

Nahrung Die Nahrung besteht im Winter hauptsächlich aus Samen, im Sommer aus langsamen Insekten. Die Heckenbraunelle pickt Käfer, Spinnen, Fliegen, Raupen und Wanzen von Pflanzen und vom Boden auf.

Fütterung Gelegentlich kommt die Heckenbraunelle an ein ruhiges Futterhaus; auf dem Boden ausgestreute Erdnusskerne und Nigersaat frisst sie regelmäßig.

NEST Das Nest wird vom Weibchen in dichten Hecken, Sträuchern und Nadelbäumen aus Zweigen und Moos gebaut und mit Moos und Haaren ausgekleidet. Die Männchen füttern die Jungen aller Weibchen, mit denen sie sich gepaart haben (S. 10).

Eifarbe *Heckenbraunellen sind oft Pflegeeltern für den Kuckuck, obwohl sich das Kuckucksei* (rechts) *von den eigenen Eiern unterscheidet.*

Brut *April–August • 2 oder 3 Bruten • 4 oder 5 blaue Eier • Brutdauer 14 Tage, Weibchen brütet • Junge mit 12 Tagen flügge • nach weiteren 2 Wochen selbstständig*

Familie Zaunkönig *(Troglodytidae)*

ZAUNKÖNIG

Troglodytes troglodytes

Länge: 9,5 cm

DER WINZIGE, RÖTLICH BRAUNE Zaunkönig huscht wie eine Maus an Mauern und Rabatten entlang und durchs Gebüsch. Bei Eis und Schnee ist er von seinen Futterquellen abgeschnitten; die Population nimmt deshalb in harten Wintern ab. Gibt es in Ihrem Garten keine Sträucher oder Hecke, stellen Sie »Schirme« aus abgeschnittenen Nadelbaumzweigen auf, um schneefreie Stellen zu schaffen.

STIMME Das ganze Jahr über, außer im Spätsommer und Frühherbst, hört man ein lautes Trillern. Zu den Rufen gehören ein hartes »*zeck*« und ein rollendes »*zerrr*«.

Charakteristisch *– der kurze, steil aufgestellte Schwanz*

NAHRUNG Zaunkönige fressen Blattläuse von den Blättern, ferner Raupen, Larven und Spinnen. Erstaunlicherweise sollen Zaunkönige auch schon kleine Goldfische aus Teichen gestohlen haben.

Fütterung Die seltenen Gäste nehmen Kuchen- und Brotkrumen sowie Mehlwürmer vom Boden auf. Ein Leckerbissen ist geriebener Käse zwischen liegen gebliebenem Laub.

NEST Das Männchen baut mehrere Nester in Mauerlöchern, an Böschungen, in Bäumen oder in alten Nestern anderer Vögel. Das kugelförmige Nest besteht aus abgestorbenen Blättern, Gras und Moos und hat einen seitlichen Eingang (S. 107). Das Männchen singt in der Nähe des Nestes, um ein Weibchen anzulocken. Wenn das Weibchen einverstanden ist, kleidet es das Nest mit Federn aus und legt die Eier ab. Gibt es genug Futter, kann das Männchen zwei oder mehrere Weibchen dazu bringen, in seinem Revier Eier zu legen.

Nisthilfe Zaunkönige brüten in Kästen mit offener Vorderseite (S. 61).

Verstecktes Nest *Dieses Nest liegt in einem Mauerloch hinter herabhängendem Laub.*

Brut *später April–Juli • 2 Bruten • 5–6 meist weiße Eier • Brutdauer 14–15 Tage, Weibchen brütet • Junge mit 16–17 Tagen flügge • nach weiteren 1–3 Wochen selbstständig*

Familie Drosselähnliche Vögel *(Turdidae)*

ROTKEHLCHEN

Erithacus rubecula

Länge: 14 cm

DAS ROTKEHLCHEN IST in ganz Deutschland verbreitet. Sein natürlicher Lebensraum in unterholzreichen Wäldern findet in den Hecken und Sträuchern vieler Gärten eine gute Erweiterung. Die Schlafplätze der Rotkehlchen liegen in dichter Vegetation, z. B. Efeu, aber auch in Gebäuden oder Nistkästen. Außerhalb der Brutzeit schlafen sie oft an Gemeinschaftsschlafplätzen.

Nachtleben
Rotkehlchen können bei Nacht gut sehen. Selbst wenn Sie nur seine rundliche Silhouette erkennen, hören Sie es oft im Garten singen.

Revier Rotkehlchen halten ihre Reviere – außer während der Mauser und bei sehr kaltem Winterwetter – das ganze Jahr über. Weibchen verteidigen im Winter ihre eigenen Reviere. Ein Revier wird nicht nur zum Brüten gebraucht, sondern auch, um sich eine Futterquelle zu sichern. Jedes Rotkehlchen ohne Revier stirbt innerhalb weniger Wochen. Deshalb wird das Gebiet sehr aggressiv verteidigt. Normalerweise braucht der Revierinhaber zwar nur seine roten Brustfedern aufzuplustern, um einen Eindringling zum Rückzug zu bewegen. Rivalen können aber auch handgreiflich werden, und häufig enden die Kämpfe tödlich.

STIMME Der trillernde Gesang ist das ganze Jahr über zu hören. Das kraftvolle Frühlingslied des Männchens hört man bereits im Dezember. Rotkehlchen beherrschen einige Hundert verschiedene Strophen. Ein wiederholtes scharfes »*zick*« und ein dünnes »*zieh*« sind die Alarmrufe.

Revieranspruch
Ein Rotkehlchen markiert sein Revier durch ein Lied.

Fangen und weitergeben Der Vogel bringt seinen Jungen Insekten.

NAHRUNG Das Rotkehlchen frisst hauptsächlich am Boden lebende Wirbellose – Insekten, Schnecken, Würmer und Spinnen –, selten auch Fische und Kaulquappen. Vom Herbst bis zum Vorfrühling sind Früchte und Beeren ein wichtiger Bestandteil der Nahrung. Die Jagdmethode des Rotkehlchens eignet sich sehr gut für Gärten und Parks. Der Vogel beobachtet von einem niedrigen Ast aus, lässt sich dann fallen, ergreift ein Insekt und fliegt wieder nach oben. Er hüpft auch auf dem Boden umher und hält nach Beute Ausschau. In ihrem ursprünglichen Lebensraum traten Rotkehlchen wegen der Beute, die diese Tiere aufscheuchten, immer zusammen mit Fasanen, Hirschen, Wildschweinen und anderen großen Tieren auf. Vielleicht sind Rotkehlchen im Garten deshalb so zutraulich – sie folgen dem Spaten des Gärtners. Man weiß sogar von Rotkehlchen, die in der Erde grabenden Maulwürfen folgten, um die Würmer zu fangen, die zur Oberfläche flüchteten.

Winterfutter *Eine Schale mit Brot- und Kuchenkrumen wird bei kaltem Wetter geschätzt.*

Fütterung V.a. Mehlwürmer, aber auch Brotreste und Erdnüsse.

NEST Rotkehlchen paaren sich ab Dezember; das Weibchen begleitet dabei das Männchen in dessen Revier. Paarung und Nisten finden früher statt, wenn die Vögel genug zu fressen finden. Das Nest wird aus Moos und Blättern auf einer Unterlage aus trockenem Laub in Baumhöhlungen (aber auch in Dosen und Briefkästen) gebaut und mit Haaren ausgekleidet. Wenn das Weibchen ein zweites Mal im Jahr Eier legt, füttert das Männchen die Jungen der ersten Brut weiter.

Frühlingsszene *Die Jungen warten auf Futter.*

Brut *April–Juli • 2 Bruten • 5–6 rot gefleckte, weiße oder bläuliche Eier • Brutdauer 14 Tage, Weibchen brütet • mit 13–14 Tagen flügge • nach 3 weiteren Wochen selbstständig*

Familie Drosselähnliche Vögel *(Turdidae)*

HAUSROTSCHWANZ

Phoenicurus ochruros

Länge: 14,5 cm

DER HAUSROTSCHWANZ IST in ganz Europa bis nach Südschweden weit verbreitet. Er siedelt sich an Felsen oder – in Städten und Dörfern – an Gebäuden an. Oft findet man ihn auf Industriegeländen, bei Rangierbahnhöfen, Kraftwerken und auf vorübergehend ungenutzten Flächen, aber auch in Vorstädten, Dörfern und auf Bauernhöfen.

Merkmale *Der Hausrotschwanz ähnelt dem Rotkehlchen, hat aber dunkleres Gefieder. Das Männchen ist schwarz, das Weibchen gräulich braun.*

NAHRUNG Der Hausrotschwanz frisst viele Arten Insekten, außerdem Spinnen, Regenwürmer und andere kleine Tiere. Er jagt sie am Boden, pickt sie von Blättern und Mauern oder fängt sie in der Luft. Zur pflanzlichen Nahrung gehören Beeren und Samen.

STIMME Der Gesang beginnt mit einem Trillern, gefolgt von Lauten, die klingen, als würde mit einer Hand voll Kugellager geklappert. Der Ruf ist ein scharfes »*tsip*«.

Nisten in der Stadt *Der Hausrotschwanz baut seine Nester oft in leer stehenden Gebäuden.*

NEST Der Hausrotschwanz nistet zumeist auf Vorsprüngen oder in Löchern an Gebäuden, mitunter aber auch Klippen. Das napfförmige Nest aus Gras und Moos ist mit Wolle und Federn ausgepolstert.

GARTENROTSCHWANZ

(Phoenicurus phoenicurus)

Dieser Verwandte des Hausrotschwanzes brütet in lichten Wäldern, besucht aber auch Gärten mit dichtem Baumbestand, wo er mitunter brütet.

Brut *Mai–Juli • 2–3 Bruten • 4–6 weiße, manchmal bläuliche Eier • Brutdauer 13–17 Tage, Weibchen brütet • mit 12–19 Tagen flügge • nach 11 weiteren Tagen selbstständig*

Familie Drosselähnliche Vögel *(Turdidae)*

ROTDROSSEL

Turdus iliacus

Länge: 21 cm

IN MITTELEUROPA IST die Rotdrossel ein Wintergast. Sie wandert in großen, auseinander gezogenen Schwärmen und ist vor allem auf dem Land zu sehen. Bei strenger Kälte kommen Rotdrosseln in den Garten, um Früchte und Beeren zu fressen. Mitunter lässt sich ein Schwarm auf Weißdorn oder Zwergmispel nieder und frisst in kürzester Zeit alle Beeren auf.

Merkmale *Rote Unterflügel und rahmfarbener Überaugenstreif sind markant.*

STIMME Der Ruf ist ein dünnes *»sie-ip«*, das oft nachts von ziehenden Vögeln erklingt. Der Gesang besteht aus einem *»trü-trü-trü«*, und einem langen Zwitschern.

NAHRUNG Rotdrosseln fressen hauptsächlich kleine Tiere, besonders Insekten, aber auch kleine Schnecken, und Regenwürmer. Im Herbst und Winter stehen auch Beeren und Früchte auf ihrem Speiseplan.

Fütterung Auf den Boden gelegte Äpfel.

NEST In Nordeuropa sind Rotdrosseln verbreitete Brutvögel. Sie nisten gewöhnlich in Bäumen, manchmal aber auch auf dem Boden, besonders im baumlosen hohen Norden Europas. Das Nest besteht aus Zweigen und Gras, die mit Schlamm verputzt werden. Zartes Gras und Blätter dienen als Polsterung.

Nördlicher Nister *Der Wintergast kehrt zum Brüten nach Nordeuropa zurück.*

Fallobst *Rotdrosseln werden durch herabgefallene Früchte zum Gartenbesuch verlockt.*

Brut *Mai–Juli • 2 Bruten • 4–6 rotbraun gesprenkelte, hellblaue Eier • Brutdauer 12–13 Tage, Weibchen brütet • nach 10 Tagen flügge • nach weiteren 14 Tagen selbstständig*

Familie Drosselähnliche Vögel
(Turdidae)

AMSEL

Turdus merula
Länge: 25 cm

DIE AMSEL hat sich durch das breite Nahrungsspektrum in Gärten und Parks einen neuen Lebensraum erschlossen, obwohl sie eigentlich ein Waldvogel ist. Das glänzend schwarz gefärbte Männchen mit seinem leuchtend gelben Schnabel und dem gelben Augenring ist ein vertrauter Anblick in jeder Stadt. Weibchen und Jungvögel kann man wegen ihres ähnlich braunen Gefieders leicht verwechseln. Wenn man Alter und Geschlecht der Amseln bestimmen kann, lassen sich die Verhaltensweisen im Garten besser deuten. Die Paarbildung beginnt bereits im Herbst.

ERWACHSENES MÄNNCHEN *Glänzend schwarzes Gefieder*

Junges Männchen *Ein junges Männchen* (links) *frisst Zwergmispel-Beeren. Es hat noch ein gedecktes Gefieder mit bräunlicher Schattierung, einen dunklen Schnabel, und bis zum ersten Winter fehlt der gelbe Augenring.*

STIMME Der Gesang besteht aus mehreren Strophen, die oft in einem Kichern enden. Auch Teile anderer Vogellieder werden nachgeahmt. Den Gesang der jungen Männchen, die ihre Reviere im Februar bilden, hören Sie sicher häufig. Nach der Eiablage wird er seltener. Im Herbst ist der Gesang leise. Je nach Situation hört man verschiedene Rufe: ein gedämpftes »*puk-puk*«, wenn die Amseln unruhig sind, ein hysterisches Rasseln, wenn sie aufgescheucht werden.

Weißer Vogel *Amseln haben manchmal einige weiße Federn.*

Aggressives Ausdrucksverhalten *Eine Amsel verscheucht Eindringlinge von ihrem Apfel. Der Schnabel ist dabei weit geöffnet.*

Erwachsenes Weibchen *Es ist dunkelbraun und hat eine hellere Unterseite mit zarten Flecken und Streifen.*

NAHRUNG Im Winter fressen Amseln Früchte und Beeren (z. B. von Zwergmispel, Geißblatt und Berberitze), im Frühjahr und Herbst dagegen hauptsächlich Regenwürmer, Insekten und andere Kleintiere. Raupen sind im Sommer eine wichtige Nahrungsquelle. Da sie in Gärten jedoch oft rar sind, werden die Jungen eher mit Würmern und Insekten gefüttert. Wenn eine Amsel auf dem Rasen jagt, hält sie ihren Kopf schief, ehe sie vorwärts hüpft, um nach einem Wurm zu picken. Ob sie bei dieser Kopfhaltung den Regenwurm besser hören oder sehen kann, ist nicht bekannt (letzteres ist wahrscheinlicher). Amseln stehlen auch anderen Vögeln das Futter (z. B. Singdrosseln, die gerade Schnecken gefangen haben).
Fütterung Legen Sie vielfältiges Futter aus, z. B. Brot, Fett, Samen und altes Obst (Äpfel und Birnen).

Herumstöbern nach Futter *Bei der Futtersuche wird ein Fuß zurückgesetzt, während der Schnabel nach Futter pickt.*

NEST Das Weibchen baut ein stabiles Nest in einem Strauch oder einer Hecke. Das Männchen hilft beim Sammeln des trockenen Pflanzenmaterials, das mit Schlamm zusammengehalten wird. Nach dem Flüggewerden der Jungen kümmert sich jeder Elternteil um bestimmte Junge. Brütet das Weibchen ein zweites Mal, versorgt das Männchen die Familie allein.
Nisthilfe Eine große Plattform (S. 60).

Mit Blättern ausgekleidetes Nest *Die Polsterung aus Blättern oder Gras unterscheidet es von dem der Singdrossel* (S. 179).

Brut *März–Juni • 3–5 Bruten • 3–5 braun gefleckte, grünlich blaue Eier • Brutdauer 13 Tage, Weibchen brütet • Junge mit 13–14 Tagen flügge • nach 3 Wochen selbstständig*

Familie Drosselähnliche Vögel *(Turdidae)*

SINGDROSSEL

Turdus philomelos

Länge: 23 cm

Merkmale *Gefieder mit wärmerem Braunton als bei der Misteldrossel*

Singwarte im Baumwipfel

DIE SINGDROSSEL KOMMT regelmäßig in unseren Parks und Gärten vor; man sieht sie häufiger auf dem Rasen oder in Blumenbeeten Nahrung suchen als am Futterhaus. Sie ist einer der besten Sänger im Garten, und ihr rhythmischer Gesang trägt viel weiter als der der Amsel. Man hört ihn fast das ganze Jahr über. Der laute Vortrag, den man an milden Wintermorgen hören kann, dient der Revierverteidigung. Bei kaltem Wetter oder wenn das Futter knapp wird, kommen Freiland-Singdrosseln auch in städtische Grünanlagen.

STIMME Der Gesang besteht aus klaren, flötenden Strophen, die drei- oder viermal wiederholt werden. Beim Singen sitzt die Singdrossel hoch oben in einem Baum. Im Flug ruft sie »*zipp*«; ihre Alarmrufe ähneln denen der Amsel (S. 176). Im Sommer können Sie Jungvögel hören, die mit scharfem »*tschick*« aus ihren Verstecken im Gebüsch nach ihren Eltern rufen.

Flügel *Durch die orangefarbenen Unterflügel unterscheidet sich die Singdrossel von der Mistel- und der Wacholderdrossel. Die Rotdrossel ist noch intensiver gefärbt.*

NAHRUNG Die Singdrossel frisst Insekten und andere wirbellose Tiere. Würmer sind besonders im Frühjahr die Hauptnahrung, im Herbst werden dagegen vor allem Früchte – Falläpfel und Beeren von Holunder, Stechpalme und Eberesche – gefressen. Schnecken sind die Notration bei Winterfrösten oder Sommerdürre, wenn harter Boden die Suche nach Würmern erschwert. Die Singdrosseln schleudern die Schneckengehäuse gegen einen harten Gegenstand, z. B. einen Stein oder eine

Charakteristische Jagd *Die Singdrossel hüpft oder rennt vorwärts, hält immer wieder inne, um mit schief gelegtem Kopf nach Beute zu spähen, und stürzt sich dann mit einem Satz darauf.*

Beeren der Eibe *Singdrosseln fressen die roten, fleischigen Früchte, scheiden die giftigen Samen aber wieder aus.*

Baumwurzel, um sie aufzubrechen. Dies ist eine Zeit raubende Tätigkeit, die sich nur lohnt, wenn kein anderes Futter zur Verfügung steht. Achten Sie jedoch auf Amseln, die darauf warten, der Singdrossel das Schneckenfleisch zu stehlen.

Fütterung Scheu hält die Singdrossel oft vom Futterhaus fern, aber sie frisst am Boden darunter, vor allem Fett und Rosinen. Legen Sie Äpfel aus, am besten an einem ruhigen Platz bei Hecken oder Sträuchern, die Deckung bieten.

Schneckengehäuse zertrümmern *Ein klopfendes Geräusch im Garten signalisiert die Gegenwart der Singdrossel. Um an das weiche Fleisch zu gelangen, schlägt sie es gegen etwas Hartes.*

Überreste *Zerbrochene Gehäuse in der Nähe des »Amboss«.*

NEST Das Weibchen baut ein stabiles, napfförmiges Nest aus mit Erde verfestigten Gräsern, Blättern, Wurzeln und Zweigen. Die glatte Auskleidung des Nestes aus Mist oder Schlamm, vermischt mit Speichel, ist ein Markenzeichen der Singdrossel. Das Nest wird an einer schattigen Stelle gebaut: tief in einem Busch, Baum oder in dichtem Blattwerk von Kletterpflanzen wie Efeu. Es kann für mehrere Bruten benutzt werden.

Schlammpolster *Die weiche Schlammauskleidung, die das Nest der Singdrossel verstärkt, fehlt manchmal in trockenen Sommern.*

Brut *März–August • 2–3 Bruten • 4–6 schwarz gefleckte, blaue Eier • Brutdauer 13–14 Tage, Weibchen brütet • mit 26–28 Tagen flügge • nach weiteren 3 Wochen selbstständig*

Familie Drosselähnliche Vögel *(Turdidae)*

MISTELDROSSEL

Turdus viscivorus

Länge: 27 cm

DIE MISTELDROSSEL IST die größte europäische Drossel. Sie ist recht aggressiv und beansprucht ein großes Revier. Ihren Namen hat sie bekommen, weil sie sich von Misteln ernährt. In Großbritannien ist sie wegen ihrer Vorliebe für die Beeren der Stechpalme auch als »holly thrush« – »Stechpalmendrossel« – bekannt.

STIMME Der flötende Gesang ähnelt dem der Amsel, ist aber lauter. Der Alarmruf ist hart und schnarrend.

Merkmale *Die Misteldrossel ist größer als die Singdrossel und hat größere Flecken.*

Abflug *Im Gegensatz zur Singdrossel hat die Misteldrossel helle Unterflügel.*

Beeren der Stechpalme

NAHRUNG Sie frisst viele verschiedene Insekten und Früchte. Die Vögel verteidigen Misteln, Eiben, Weißdornbüsche und Stechpalmen in ihren Revieren.

Fütterung Brot und Äpfel. Misteldrosseln verteidigen manchmal am Futterhaus die Nahrung gegenüber anderen Gästen.

NEST Das Weibchen baut – meist in einer Astgabel – in ein bis zwei Wochen ein Nest aus Erde und Pflanzenmaterial und polstert es mit Gras. Katzen, Greifvögel und Menschen, die dem Nest zu nahe kommen, werden angegriffen.

Zwei Bruten *Anfangs füttern beide Elternteile die Jungen gemeinsam. Legt das Weibchen zum zweiten Mal Eier, füttert das Männchen die erste Brut allein weiter.*

Brut *Ende Februar–Juli • 2 Bruten • 4 gesprenkelte, weißliche Eier • Brutdauer 12–15 Tage, Weibchen brütet • mit 12–15 Tagen flügge • nach 2 weiteren Wochen selbstständig*

Familie Drosselähnliche Vögel *(Turdidae)*

WACHOLDERDROSSEL

Turdus pilaris

Länge: 25 cm

Merkmale *Die Wacholderdrossel ist eine große Drossel mit grauem Kopf, grauem Bürzel und kastanienbraunem Rücken.*

Weiße Unterflügel blitzen im Flug auf

VOR ALLEM IM Winter machen diese großen Drosseln, die auch als »Krammetsvögel« bekannt sind, durch laute, schackernde Rufe auf sich aufmerksam. Wacholderdrosseln kündigen ebenso den Winter an wie die Schwalben den Sommer. Bei einer Kältewelle und bei Schneefall setzen sich die Vögel in Bewegung.

STIMME Der Gesang ist eine Mischung aus Kichern, Pfeifen, Schwätzen und harten Lauten, der Ruf ein hartes »*schack-schack-schack*«.

NAHRUNG Sie besteht meist aus Regenwürmern, Schnecken und anderen kleinen Tieren. Im Winter, wenn tierisches Futter knapp ist, werden Früchte gefressen. Die Wacholderdrossel mag Beeren von Weißdorn, Stechpalme und Eberesche sowie Falläpfel. Ein einzelner Vogel wird versuchen, einen Baum zu verteidigen.
Fütterung Wacholderdrosseln fressen am Boden Früchte und Samenmischungen.

Winterfrucht *Lagern Sie überreife Äpfel im Dunkeln. Im Winter sind Wacholderdrosseln dankbar dafür.*

NEST Die Wacholderdrossel brütet in Nord-, Mittel- und Osteuropa. Das napfförmige Nest wird aus Gräsern, Zweigen und Schlamm gebaut, meist in einem Baum, manchmal auch am Boden. Es liegt oft exponiert, doch nisten stets mehrere Vogelpaare dicht beieinander und verteidigen ihre Nester aggressiv gegen Eindringlinge. Menschen, Katzen und Elstern, die zu nahe kommen, werden mit ärgerlichen Schreien im Sturzflug attackiert und manchmal mit Kot bespritzt.

Vogelbeeren *– bei dieser Art beliebt.*

Brut *April–Mai • 1–2 Bruten • 4–6 rot gesprenkelte, blassblaue Eier • Brutdauer 13–14 Tage, Weibchen brütet • mit 14 Tagen flügge • nach 2 weiteren Wochen selbstständig*

Familie Zweigsänger *(Sylviidae)*

ZILPZALP

Phylloscopus collybita

Länge: 11 cm

BEI SEINER RÜCKKEHR aus Afrika und Südeuropa Ende März ist der Gesang des Zilpzalps ein Zeichen, dass der Winter vorbei ist. Der Vogel verbringt manchmal eine kurze Zeit im Garten, bevor er sich im Wald ansiedelt. Wenn der Zilpzalp Ende August wieder gen Süden aufbricht, hört man ihn erneut im Garten singen. Einige Vögel bleiben bis in den Oktober und manche überwintern bei uns.

Merkmale
Der Zilpzalp ähnelt dem Fitis, der aber einen anderen Gesang und dunklere Beine hat und gelblicher ist.

STIMME Der »*zilpzelpzelpzalpzilp*«-Gesang ist von der klagenden absteigenden Tonfolge des Fitis gut zu unterscheiden.

Niedriges Nest *Das kugelförmige Nest des Zilpzalps liegt gewöhnlich dicht über dem Boden.*

FITIS
(Phylloscopus trochilus)

Der Fitis nistet manchmal in großen Gärten. So lange er nicht singt, kann man ihn nur schwer vom Zilpzalp unterscheiden.

NAHRUNG Der Zilzalp sucht Zweige und Laub nach Insekten ab, er frisst vor allem Fliegen, Raupen und Blattläuse.

NEST Die Männchen kehren als Erste zurück und beginnen zu singen. Die Weibchen folgen den Männchen später in ihr Revier. Das Nest ist eine hohle Kugel aus Gras, Blättern und Moos mit einem Federpolster.

Brut *April–Juli • 1 Brut • 4–6 weiße Eier mit rötlichen Flecken • Brutdauer 13–14 Tage, Weibchen brütet • mit 12–15 Tagen flügge • nach weiteren 10–19 Tagen selbstständig*

Familie Goldhähnchen *(Regulidae)*

WINTERGOLD-HÄHNCHEN

Regulus regulus

Länge: 9 cm

WINTERGOLDHÄHNCHEN SIND DIE kleinsten europäischen Vögel. Man hat sogar schon Exemplare beobachtet, die sich in Spinnennetzen verfangen haben. Wenn Sie Gesang und Ruf erst einmal kennen, werden Sie das Goldhähnchen in Ihrem Garten sofort bemerken.

STIMME Der Gesang ist ein dünnes zwitscherndes *»twiidli-twiidli-twiidli-twid deldidii«*, der Ruf ein dünnes *»sih-sih-sih«*.

Charakteristische Krone *Der Scheitel ist gelborange gefärbt und schwarz eingefasst. Beim Balzen stellen die Männchen die Krone auf. (Beim Jungvogel fehlt der farbige Scheitel.)*

NAHRUNG Das Wintergoldhähnchen frisst Spinnen und kleine Insekten, besonders Fliegen, Blattläuse sowie Käfer und deren Larven, hin und wieder auch größere Insekten wie ausgewachsene Nachtfalter.
Fütterung Fettfuttermasse, geriebener Käse und Fett, besonders bei schlechtem Wetter.

Schutz *Da sie im Laub immergrüner Büsche und Bäume jagen, finden Wintergoldhähnchen sogar noch bei starkem Schneefall Futter.*

NEST Mit Zypressen, Lärchen oder anderen Nadelbäumen kann man Wintergoldhähnchen zum Nestbau im Garten ermutigen; sie nisten jedoch auch in Efeu und Stechginster. Zu Beginn der Brutsaison balzen die Männchen, wobei sie ihre Krönchen aufstellen. Das Goldhähnchen wird leicht übersehen, weniger seiner Größe wegen, sondern weil es im Laub lebt. Das Nest, das meist vom Weibchen an Zweigenden gebaut wird, besteht aus Moos und Flechten und wird mit Spinnweben zusammengehalten (S. 107).

Brut *April–Juli • 2 Bruten • 7–10 weiße oder gelbbraune Eier • Brutdauer 14–17 Tage • flügge nach 16–21 Tagen • Zeit bis zur Selbstständigkeit unbekannt*

Familie Zweigsänger *(Sylviidae)*

MÖNCHSGRASMÜCKE

Sylvia atricapilla

Länge: 14 cm

MANCH EINER HÄLT die Mönchsgrasmücke, deren Gesang man mit dem der Nachtigall verwechseln kann, für den begabtesten Singvogel. Das Lied ertönt tief aus dem Laub von Büschen oder Bäumen, aber wenn man die schwarze Kappe des Sängers aufblitzen sieht, ist seine Identität klar. Die Vögel kommen auf ihrem Weg nach Süden im Garten vorbei. Mönchsgrasmücken sind Teilzieher; etliche überwintern in Nordafrika.

Merkmale *Die schwarze Kappe des Männchens löst oft Verwechslungen mit Meisen aus.*

STIMME Der Gesang ist abwechslungsreich und klangvoll und wird mit einem »Überschlag« aus reinen Flötentönen beendet.

Weibchen *Die braune Kappe unterscheidet das Weibchen leicht vom Männchen.*

NAHRUNG Mönchsgrasmücken sammeln Insekten vom Laub der Bäume, hauptsächlich fressen sie kleine Käfer, Fliegen und Raupen. Wenn die Beeren zu reifen beginnen, wechseln sie mehr und mehr zu kleinen Früchten über.

Fütterung Erdnüsse aus Futterautomaten

NEST Mönchsgrasmücken nisten im Wald, manchmal aber auch in großen Gärten mit hohen Bäumen und Sträuchern. Das Weibchen baut das Nest in Bodennähe, oft in Dornbüschen oder Hecken. Es besteht aus Gras, Wurzeln und Moos und wird mit Gras und Haaren ausgepolstert.

GARTENGRASMÜCKE *(Sylvia borin)*

Die Gartengrasmücke ist nur selten in großen Gärten anzutreffen. Sie hat ähnliche Gewohnheiten wie die Mönchsgrasmücke, ihr fehlt aber die schwarze Kappe. Ihr Gesang ist anhaltender und gleichmäßiger.

Brut *April–Juni • 2 Bruten • 4–6 braun gefleckte Eier • Brutdauer 12–13 Tage, beide brüten • Junge nach 10–14 Tagen flügge • Zeit bis zur Selbstständigkeit unbekannt*

Familie Schnäpper *(Muscicapidae)*

TRAUERSCHNÄPPER

Ficedula hypoleuca

Länge: 13 cm

DER TRAUERSCHNÄPPER LEBT hauptsächlich in Laubwäldern, besonders in Eichen- oder Birkenwald, aber auch in Mischwäldern. Er nistet jedoch auch in Obstplantagen, Parks und großen Gärten. Wichtig ist, dass er eine Höhle zum Nisten findet. In einigen Gegenden hat das Angebot an Nistkästen die Zahl der Brutpaare erhöht.

Merkmale *In der Brutzeit haben die Männchen auffällig schwarzweißes Gefieder und charakteristische Flügelmuster.*

STIMME Rufe sind u.a. ein sanftes »*sirr*« als Kontaktruf von Paaren und als Warnung »*wick-wick-wick*« oder »*tett*«.

Jungvogel *Junge Trauerschnäpper sind braun mit weißen Flecken an Flügeln und Schwanz.*

Nistkasten *Trauerschnäpper ziehen geschlossene Nistkästen natürlichen Höhlen vor.*

NAHRUNG Der Trauerschnäpper jagt selten fliegende Insekten. Er verlässt sich mehr auf Insekten wie Raupen, Käfer und Fliegen, die er von Blättern oder vom Boden aufpickt. Außerhalb der Brutzeit frisst er kleine Früchte und Samen.

NEST Das Männchen besetzt ein Revier und lockt ein Weibchen mit Gesang und Ausdrucksverhalten an. Die Qualität des Platzes ist für die Wahl des Weibchens sehr wichtig.

Nisthilfe Geschlossener Kasten mit einem Loch von 3,2 cm Durchmesser, 2–4 m über dem Boden.

Mann und Frau *Weibchen (und Männchen außerhalb der Brutzeit) haben braunes Gefieder.*

Brut *April–Juni • 1 Brut • 6–7 hellblaue Eier • Brutdauer 13–15 Tage, Weibchen brütet • Junge nach 14–17 Tagen flügge • eine weitere Woche oder länger bis zur Selbstständigkeit*

Familie Schnäpper *(Muscicapidae)*

GRAUSCHNÄPPER

Muscicapa striata

Länge: 14 cm

DER GRAUSCHNÄPPER, ein Sommergast, ist leicht an seinem Fressverhalten zu erkennen. Er lebt fast ausschließlich von fliegenden Insekten, die er in schnellem, gewandtem Kurvenflug von einer Warte aus erbeutet. Da er geflügelte Insekten bevorzugt, kann er sich nur im Sommer in Europa aufhalten. Wenn es zu kalt oder zu nass ist, muss er Insekten von Blättern oder vom Boden aufsammeln.

Gefieder *Das hellbraune, fleckenstreifige Gefieder erscheint manchmal fast grau. (Nur Jungvögel sind gefleckt.)*

NAHRUNG Der Vogel frisst hauptsächlich Fliegen, aber auch Bienen, Schmetterlinge und Blattläuse. Hat er die Insekten eines Gebietes gefressen, zieht er auf eine neue Warte. Nach einer gewissen Zeit kehrt er in das ursprüngliche Revier zurück, um dort wieder zu jagen.

STIMME Der ruhige Gesang ist eine Folge von piepsigen Tönen. Der Ruf hört sich an wie ein dünnes »*zieh*«.

Verfolgung in der Luft *Der Vogel fliegt los, fängt ein Insekt in der Luft und kehrt zum Ansitz zurück.*

NEST Das Nisten beginnt später als bei anderen Insektenfressern wie Grasmücken und Meisen. Die Jungen werden im Hochsommer flügge, wenn an heißen Tagen viele Insekten aktiv sind. Das Nest aus Moos, Gras und Zweigen wird mit Spinnweben zusammengehalten und mit Haaren und Federn (S. 106) ausgekleidet. Es wird meist vom Weibchen gebaut, oft an einem Baumstamm oder einer Mauer. Ein altes Nest kann dabei als Grundlage dienen.

Füttern der Jungen *Ein Grauschnäpper bringt seinen Jungen einen Schmetterling.*

Brut *Mai–Juni • 1–2 Bruten • 4–5 braun gefleckte, grünliche Eier • Brutdauer 12–14 Tage, beide brüten • mit 12–13 Tagen flügge • nach weiteren 2–3 Wochen selbstständig*

Familie Schwanzmeisen *(Aegithalidae)*

SCHWANZMEISE

Aegithalos caudatus

Länge: 14 cm

Merkmale *Das Gefieder ist meist schwarz und weiß gefärbt (bei Jungvögeln braun).*

STIMME Es gibt keinen speziellen Gesang; im Flug hört man ein scharfes »*zerrrr*« und ein »*srih-srih-srih*«.

IN GÄRTEN UND Parks, aber nur selten am Futterhaus, sehen Sie im Winter immer wieder Gruppen von Schwanzmeisen, die aus Elterntieren und dem Nachwuchs des Jahres bestehen. Sie suchen zusammen Futter, achten gemeinsam auf Räuber und wärmen sich in kalten Nächten. Im Februar oder März lösen sich die Wintergruppen auf. Die Männchen bilden dann ihre eigenen Reviere innerhalb des Schwarmterritoriums und paaren sich mit Weibchen aus anderen Schwärmen.

NAHRUNG Schwanzmeisen fressen weit weniger Samen als andere Meisen, dafür vor allem Insekten und andere Wirbellose. Bei der Futtersuche auf Blättern und Zweigen zeigen sie sich sehr wendig. Im Unterschied zu anderen Meisen hängen sie kopfüber an einem Fuß und umklammern das Futter mit dem anderen.

Fütterung Einige Schwanzmeisen kommen regelmäßig zur Futterstelle, besonders wenn ihr natürliches Futter von Eis blockiert ist. Sie mögen Fleischstückchen und Erdnüsse sowie an Baumstämme geschmiertes Fett.

Spinnen – *ein bevorzugtes Fressen*

NEST Der Nestbau beginnt im Februar oder März und dauert etwa drei Wochen, da das Nest äußerst kunstvoll ausgebaut wird. Es ist kugelförmig, besteht aus Moos, Spinnweben, Haaren, Federn und Flechten (S. 107) und wird von Männchen und Weibchen in einen Busch, ein Brombeerdickicht, eine Hecke oder in die Astgabel eines Baumes gebaut. Die Nestlinge werden manchmal von Verwandten gefüttert.

Nestpolsterung *Das Nest wird mit Federn ausgekleidet. Das Weibchen muss, wenn es brütet, seinen Schwanz über dem Rücken zusammenfalten, um noch ins Nest zu passen.*

Brut *März–Mai • 1 Brut • 8–12 rötlich gefleckte, weiße Eier • Brutdauer 14–18 Tage, Weibchen brütet • Junge mit 15–16 Tagen flügge • selbstständig mit der nächsten Brutperiode*

Familie Meisen *(Paridae)*

TANNENMEISE

Parus ater

Länge: 11 cm

DIE TANNENMEISE NUTZT Futterstellen und Nistkästen in städtischer Umgebung nicht so häufig wie die Blau- und die Kohlmeise. Gärten und Parks besucht sie nur bei Futtermangel. Normalerweise verlässt sie ihren natürlichen Lebensraum im Wald auch im Winter nicht. Am wohlsten fühlt sie sich auf Nadelbäumen.

STIMME Der Gesang – »*sit-tjü, sit-tjü*« – ähnelt dem der Kohlmeise, wird aber in höherer Stimmlage vorgetragen. Der »*tih tüh-e*«-Ruf gleicht dem des Wintergoldhähnchens.

Merkmale *Sie erkennen die Tannenmeise an dem weißen Nackenfleck (S. 94).*

NAHRUNG Mit ihrem schmalen Schnabel sucht die Tannenmeise in Spalten nach kleinen Insekten oder pickt im Winter Samen aus den Zapfen von Nadelbäumen. Samen, Nüsse und sogar Insekten werden von der Tannenmeise gehortet (S. 77).

Fütterung Erdnüsse, Samen und Fett.

NEST Das Nest aus Moos wird dicht über der Erde in eine Baumhöhlung gebaut – oder auch in ein Mauseloch, wenn es keine Alternative gibt. Es wird mit Haaren ausgekleidet.

Nisthilfe Die Tannenmeise benutzt Meisenkästen (S. 57), besonders in Nadelbäumen.

Betteln um Futter *Nestlinge sperren ihre Schnäbel auf; sie werden mit Raupen gefüttert.*

Brut *April–Juni • 1 oder 2 Bruten • 7–12 rötlich gefleckte, weiße Eier • Brutdauer 17–18 Tage, Weibchen brütet • Junge mit 16 Tagen flügge • nach weiteren 2 Wochen selbstständig*

Familie Meisen *(Paridae)*

SUMPFMEISE

Parus palustris

Länge: 11,5 cm

DIE SUMPFMEISE SIEHT der Weidenmeise so ähnlich, dass auch geübte Vogelbeobachter sie erst bei sehr genauem Hinsehen – bzw. durch Gesang oder Ruf – unterscheiden können. Trotz ihres Namens ist die Sumpfmeise ein Waldvogel. Sie bevorzugt trockene Wälder mit ausgewachsenen breitblättrigen Bäumen. Gibt es solche Lebensräume in der Nähe Ihres Gartens, besuchen Sie die Meisen vielleicht.

Merkmale *Die Sumpfmeise hat im Unterschied zur Tannenmeise eine gänzlich schwarze Kappe ohne weißen Nackenfleck.*

STIMME Sumpfmeisen rufen ein niesendes *»pitschä«*, Weidenmeisen lassen ein breites nasales *»zi zi däh«* ertönen.

Fütterung *Während der Brut besteht die Nahrung der Sumpfmeise aus Insekten und Spinnen.*

NAHRUNG In der Brutzeit fressen Sumpfmeisen vor allem Insekten und Spinnen, den Rest des Jahres öfter als andere Meisen Samen, Beeren und Nüsse. Sie horten regelmäßig Futter.
Fütterung Samen.

NEST Nester werden in vorhandenen Baumhöhlen gebaut, gewöhnlich in Kopfhöhe oder niedriger. Weidenmeisen meißeln sich in morschem Holz selbst Höhlen oder vergrößern vorhandene. Der Boden der Höhle wird mit Moos gepolstert.
Nisthilfe Geschlossener Kasten. Weidenmeisen nisten mitunter in Kästen, die mit weichem Material gefüllt sind.

WEIDENMEISE *(Parus montanus)*

Sumpf- und Weidenmeisen lassen sich an Ruf und Gesang unterscheiden. Außerdem hat die Weidenmeise eine eher matte als glänzende Kappe und einen größeren schwarzen Latz.

Brut *April–August • 1 Brut • 7–10 weiße Eier mit braunen Flecken • Brutdauer 13–15 Tage, Weibchen brütet • Junge nach 17–20 Tagen flügge • nach 8–14 Tagen selbstständig*

Familie Meisen *(Paridae)*

BLAUMEISE

Parus caeruleus

Länge: 11,5 cm

BLAUMEISEN KOMMEN SEHR häufig an Futterstellen in Gärten und Parks. Wegen ihres kecken Verhaltens und der Akrobatik gehören sie zu den beliebtesten unter den gefiederten Nachbarn. Man schreibt den Vögeln eine hohe Intelligenz zu, u.a. deshalb, weil sie fähig sind, neue Futterquellen zu erforschen und geschickt zu nutzen. Studien mit beringten Vögeln haben gezeigt, dass, obwohl man immer nur einige gleichzeitig sieht, über 100 Blaumeisen nacheinander einen Garten besuchen können. Auf ihrer täglichen Runde legen die Vögel etwa 10 Kilometer zurück, einige wandern aber auch von ihren sommerlichen Nistplätzen über 100 km weit.

Merkmale *Blaumeisen erkennt man am leuchtenden Blau von Kappe und Flügeln. (Jungvögel sind blasser und haben gelbe Wangen.)*

STIMME Der Gesang klingt wie *»si-si-sürrrr«*. Mit einem dünnen *»si-si-si«* bleiben die Vögel untereinander in Kontakt. Bei Alarm ertönt ein raues *»zi«* und ein *»zerretetet«*.

Schnell geleert *Nussbeutel werden schnell leer, wenn Blaumeisen ganze Nüsse herausnehmen können. Sie tragen sie weg und fressen in Ruhe.*

Drohgebärde *Eine aggressive Blaumeise droht anderen Vögeln. Dabei stellt sie ihre Kopffedern auf, um größer zu wirken.*

Sauber bleiben *Blaumeisen kommen genauso gern und regelmäßig ans Vogelbad wie zum Futterhaus.*

Ein Apfel pro Tag *Wenn Blaumeisen Falläpfel fressen, sind sie nicht nur am Fruchtfleisch interessiert, sondern graben sich bis zu den Kernen vor.*

Fütterung Erdnüsse, Samen, Früchte, Fett,und Fleisch werden gefressen. Die Blaumeise ist sehr wendig, und es macht Spaß, zu beobachten, wie sie an Futternetzen, Meisenglocken und -knödeln oder halbierten Kokosnüssen frisst.

NAHRUNG Im Sommer besteht die Nahrung aus Insekten, im Winter zusätzlich aus Samen, besonders Bucheckern. Auf der Suche nach kleinen Insekten picken Blaumeisen auch Knospen an. Blattläuse und Rüsselkäfer werden häufig gefressen. Ihre Jungen füttern sie hauptsächlich mit kleinen Raupen. Blaumeisen suchen manchmal Nektar an Weidenkätzchen und den Blüten von Stachelbeeren, Johannisbeeren und anderen Gartenpflanzen. Durch ihren Einfallsreichtum können sie die unterschiedlichsten Nahrungsquellen nutzen, dank ihrer Zutraulichkeit ergattern sie Futter, das andere liegen gelassen haben. Erschließen sie neue Futterquellen, so lernen die Blaumeisen schnell voneinander, wie ihre Gewohnheit des Milchstehlens zeigt (S. 78).

Futter *Mit Samen* (rechts) *kann man Blaumeisen anlocken.*

Tischgespräch *Blaumeisen* (links) *streiten sich um ihren Futteranteil.*

NEST Wenn das Weibchen mit dem Nestbau beginnt, pickt es am Eingang einer Höhlung oder Spalte zunächst Material weg – sogar dann, wenn das Loch eines Nistkastens bereits die richtige Größe hat. Die Dauer des Nestbaus hängt von der Witterung ab. Das Nest aus Moos, trockenen Gräsern und kleinen Zweigen wird mit Halmen und Federn ausgekleidet.
Nisthilfe Blaumeisen zählen zu den häufigsten Benutzern von Nistkästen (S. 57).

Großes Gelege *Jeden Morgen kam ein neues Ei dazu, bis das Gelege zehn Eier zählte.*

Brut *März–Juni • 1 oder 2 Bruten • 5–12 rötlich gefleckte, weiße Eier • Brutdauer 14 Tage, Weibchen brütet • Junge mit 18 Tagen flügge • nach weiteren 4 Wochen selbstständig*

Familie Meisen *(Paridae)*

KOHLMEISE

Parus major

Länge: 14 cm

DIE KOHLMEISE IST eine der am besten untersuchten Vogelarten, da sie bereitwillig Nistkästen annimmt. Wenn man in einem größeren Gebiet genügend Kästen aufhängt, nistet fast die gesamte Population darin, und das Brutgeschäft ist gut zu beobachten. Da natürliche Baumhöhlen zum Nisten in Gärten und Parks nicht so häufig sind wie im Wald, benutzen einige der Kohlmeisen, die die Futterstellen im Winter regelmäßig besucht haben, sicher auch die Meisenkästen.

Merkmale *Sie erkennen die Kohlmeise an ihrer Größe; sie ist die größte heimische Meisenart.*

Geschlechtsunterschiede *Das Weibchen hat einen schmaleren schwarzen Bruststreifen und ein weniger glänzendes Gefieder. (An Futterstellen sind Männchen in der Überzahl.)*

STIMME Im ausgehenden Winter beginnt die Paarbildung; dann ist auch der Gesang zu hören. Der Gesang des Männchens ist am intensivsten, wenn es um ein Weibchen wirbt. Es singt jedoch auch, um sein Revier zu verteidigen, bis die Jungen ausgeflogen sind. Das stimmliche Repertoire der Kohlmeisen ist sehr groß. Der Gesang jeder Meise besteht aus verschiedenen Strophen; es sind Variationen einer Grundstrophe, die sich wie »*tietscher-tietscher*« (oder eine quietschende Fahrradpumpe) anhört. Mit etwas Übung kann man die einzelnen Individuen voneinander unterscheiden. Die Meisen erkennen sich auch untereinander. Sie reagieren deshalb nicht mehr auf das vertraute Lied eines Nachbarn, dessen Nähe zu ihrem eigenen Revier sie akzeptiert haben. Revierinhaber

Dominantes Männchen *Das Männchen, in dessen Revier eine Futterstelle liegt, vertreibt andere Kohlmeisen. Sie sind am Futterplatz nur geduldet, wenn sie ihren Platz kennen und nicht versuchen, sich zu behaupten.*

Rufe *Kohlmeisen haben ein großes Repertoire an Rufen. Wenn man den Ruf eines Vogels nicht zuordnen kann, handelt es sich sicher um eine Kohlmeise!*

antworten jedoch sofort auf das Lied eines Fremden, da dies eine gefährliche Verletzung ihrer Revieransprüche darstellt. Es gibt auch eine erstaunliche Vielfalt an Rufen: Der bekannte »*pink*«-Ruf dient zur Revierabgrenzung. Ein schnarrender Ruf ist zu hören, wenn die Vögel gestört werden. Im Spätsommer zeigen zischende »*zizizi*«-Rufe an, dass Junge in der Nähe sind, die erst kurz zuvor das Nest verlassen haben.

Insektenjagd *Eine Kohlmeise klettert einen Baum hinauf, um nach Insekten zu suchen.*

Der Schwanz – als Stütze benutzt

Haselnüsse

NAHRUNG Im Winter besteht die Nahrung zum größten Teil aus Baumsamen wie Bucheckern und sogar Haselnüssen. Kohlmeisen sind nicht so wendig wie andere Meisen und fressen häufig auf dem Boden. Insekten, besonders Rüsselkäfer, Spinnen und kleine Schnecken sind die Hauptnahrung im Sommer.

Fütterung Erdnüsse, Samen, Fleischknochen und Fett. Hängen Sie im Winter Nussschnüre, Futterknödel oder mit Fettfuttermasse gefüllte Kokosnusshälften auf.

NEST Das Weibchen baut das Nest aus Moos in die Höhlung eines Baumes oder einer Mauer und kleidet es mit Haaren aus. Wie lange die Jungen gefüttert werden, hängt davon ab, ob es eine zweite Brut gibt; Zweitgelege sind jedoch selten.

Nisthilfe Große und Standard-Nistkästen (S. 57). Die Kohlmeise ist einer der häufigsten Benutzer von Nistkästen.

Futterübergabe *Eine Kohlmeise kehrt mit Futter (gewöhnlich Raupen von Nachtfaltern) zu ihren hungrigen Jungen im Nest zurück.*

Brut *April–Juli • 1 oder 2 Bruten • 5–12 rötlich gefleckte, weiße Eier • Brutdauer 13–14 Tage, Weibchen brütet • mit 18–20 Tagen flügge • nach weiteren 1–2 Wochen selbstständig*

Familie Kleiber *(Sittidae)*

KLEIBER

Sitta europaea

Länge: 14 cm

DER KLEIBER IST ein Waldvogel, kommt aber auch in Parks und Gärten vor. Er frisst in den Baumkronen, wo er seine Anwesenheit durch laute, fröhliche Pfiffe verrät. Im Herbst und Winter schließen Kleiber sich beim Fressen Meisenschwärmen an.

Pfriemförmiger Schnabel

Merkmale *Stromlinienförmiger Körper, kurzer Schwanz und schwarzer Augenstreif.*

STIMME Den Gesang, ein schnelles, trillerndes »*tüh*«, hört man von Januar bis Mai, den lauten, schallenden »*zit*«-Ruf das ganze Jahr über.

Kopfüber *Spechte und Baumläufer klettern an Bäumen nur aufwärts; der Kleiber kann auch stammabwärts laufen.*

NAHRUNG Der Kleiber sucht in Spalten nach Spinnen und Insekten. Ab Herbst besteht die Nahrung hauptsächlich aus Haselnüssen, Eicheln und Bucheckern, die er in Löchern fest verkeilt und mit dem kraftvollen, pfriemförmigen Schnabel aufhämmert. Einige Nüsse werden als Vorräte in Spalten gelagert.

Fütterung Erdnüsse, Sonnenblumenkerne, Fettfutter, Fett an Bäumen.

Hinweis auf Kleiber *Eine geöffnete Haselnussschale ist in der Rinde einer Eiche verkeilt.*

NEST Männchen und Weibchen suchen eine Baumhöhle oder ein leeres Nest. Sie verputzen den Eingang mit Lehm (wahrscheinlich, um ihn zu verkleinern und größere Vögel am Eindringen zu hindern) und polstern die Höhle mit Blättern oder Rindenstückchen.

Versiegelt *Mit Schlamm verputzter Nistkasten.*

Brut *Ende April–Juni • 1 Brut • 6–9 rötlich gesprenkelte, weiße Eier • Brutdauer 14–15 Tage, Weibchen brütet • Junge mit 23–25 Tagen flügge • einige Tage später selbstständig*

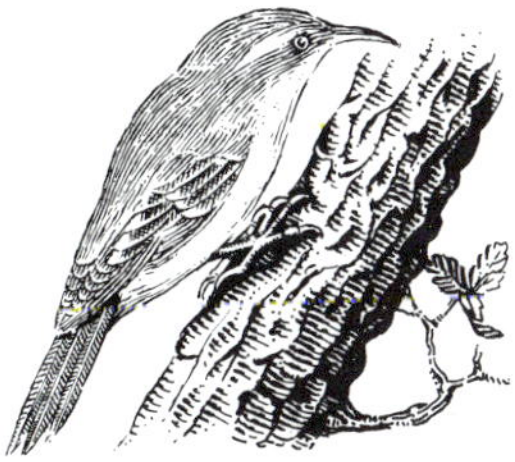

Familie Baumläufer *(Certhiidae)*

WALDBAUM-LÄUFER

Certhia familiaris

Länge: 12,5 cm

GÄRTEN MIT ALTEM Baumbestand ziehen den Waldbaumläufer an, besonders im Winter. Anders als Kleiber und Meisen, die ebenfalls die Rinde von Bäumen nach Nahrung absuchen, hängen Baumläufer nicht mit dem Kopf nach unten und hüpfen am Stamm nur aufwärts, wobei sie ihren kräftigen Schwanz als Stütze benutzen.

Langer, gebogener Schnabel

Jungvögel *Sie haben längere Schwänze.*

STIMME Der Gesang ist eine dünne, zischende Tonfolge, die am Ende etwas aufblüht: Das *»sirr-uisiri-tierrrruit«* erinnert an ein lautes Wintergoldhähnchen oder einen aufgeregten Buchfink. Die wiederholten Rufe *»srri«* oder *»tiib«* sind oft dünn.

Insektenjagd *Der Baumläufer jagt, während er am Stamm hochklettert.*

NAHRUNG Sie besteht fast ausschließlich aus kleinen Insekten und Spinnen, die von der Rinde, selten von Laub oder Boden aufgepickt werden.
Fütterung Baumläufer mögen eine auf Rinde gestrichene Mischung aus gehackten Nüssen und Haferbrei oder Fett.

NEST Männchen und Weibchen bauen gemeinsam das mit Federn ausgekleidete Nest aus Zweigen, Gras und Moos. Es wird hinter einem Stück abstehender Rinde, hinter Holzverschalungen von Gebäuden, in Baumspalten oder gelegentlich in dichter Vegetation angelegt. Sobald die Jungen flügge sind, schließen sich die Familienverbände oft Meisen und Goldhähnchen an.
Nisthilfe Manchmal brüten Baumläufer auch in speziellen Nistkästen (S. 58).

Aufziehen der Jungen *Ein erwachsener Vogel verfüttert einen Nachtfalter. Das Nest liegt hinter einem Stück loser Rinde.*

Brut *April–Juni • 1–2 Bruten • 5–7 braunweiße Eier • Brutdauer 14–15 Tage, Weibchen brütet • Junge mit 14–15 Tagen flügge • Zeit bis zur Selbstständigkeit unbekannt*

Familie Rabenvögel *(Corvidae)*

RAUBKRÄHE

Corvus corone

Länge: 47 cm

WIE ANDERE RABENVÖGEL ist die Raubkrähe – mit den Rassen Raben- (*Corvus corone corone*) und Nebelkrähe (*Corvus corone cornix*) – scheu gegenüber Menschen. Wenn sie nicht verfolgt werden, werden sie aber so zutraulich, dass sie auch in Parks und Gärten nach Futter suchen (leider auch nach den Eiern und Jungen von Kleinvögeln). Während erwachsene Krähen in Revieren leben, vereinigen sich die Jungvögel zu Schwärmen. Die Nebelkrähe erkennt man am grauen Gefieder.

Merkmale *Die Rabenkrähe ist ganz schwarz, das kahle, graue Gesicht der Saatkrähe fehlt.*

STIMME Es gibt eine ganze Anzahl von Rufen. Ein wiederholtes »*krah*« ist der »Gesang« des Männchens, das dabei den Kopf nach oben stößt und den Schwanz spreizt. Bei Revierstreitigkeiten hört man ein wütendes »*ark-ark*« und bei Gefahr ein langgezogenes »*kaaar*«.

Auf der Jagd *Eine Krähe sucht im Gras Würmer.*

NAHRUNG Die Raubkrähe frisst fast alles, Aas, Getreide, Eicheln und Kartoffeln, Insekten und deren Larven, Schnecken und Würmer, Eier und Nestlinge anderer Vögel. Überschüssiges Futter wird gehortet.
Fütterung Brot, Fleisch und Kartoffeln locken Krähen an.

NEST Das stabile Nest, von Männchen und Weibchen hoch in einer Astgabel erbaut, besteht aus drei Schichten: einer äußeren aus Ästen, einer mittleren aus dünneren Zweigen, Wurzeln, Erde und Gras und einer Auskleidung aus Haaren und Pflanzenfasern. Wenn das Weibchen brütet, hält das Männchen Wache und sorgt für Futter.

Brut *März–Juni • 1 Brut • 4 oder 5 braun gefleckte, grünliche Eier • Brutdauer 17–19 Tage, Weibchen brütet • mit 32–36 Tagen flügge • nach 4 weiteren Wochen selbstständig*

Familie Rabenvögel *(Corvidae)*

SAATKRÄHE

Corvus frugilegus

Länge: 46 cm

AUF DEN ERSTEN Blick ähnelt die Saatkrähe der Rabenkrähe, sie lebt jedoch geselliger als diese. Sie fliegt in großen, auseinander gezogenen Schwärmen und frisst in Gruppen auf den Feldern. Da sie sehr vorsichtig ist, taucht sie selten in der Nähe des Menschen auf. Bisweilen legen Saatkrähen jedoch mitten in Städten Brutkolonien an. Man sieht sie auch auf Müllplätzen in der Stadt.

STIMME Die Saatkrähe gibt ein heiseres »*kaah*« von sich. Der Gesang besteht aus leisen Krächzern und meckerndem Lachen.

Merkmale *Im Unterschied zur Rabenkrähe hat die Saatkrähe nackte Hautpartien vor den Augen und eine Haube.*

NAHRUNG Saatkrähen fressen Regenwürmer und Insekten, besonders Schnakenlarven, aber auch Getreide, Eicheln und Früchte. Nester von Kleinvögeln werden geplündert.
Fütterung Saatkrähen fressen Fett und gekochtes Fleisch.

NEST Die Brutkolonie befindet sich meist hoch in den Bäumen. Die Nester werden oft dicht nebeneinander gebaut. Männchen und Weibchen bauen das Nest aus Zweigen, Gräsern und Schlamm und kleiden es mit zarten Pflanzen aus. Das Männchen bringt dem brütenden Weibchen im Kehlsack Futter.

Nester in den Baumkronen *Im Mittelpunkt des Soziallebens steht die Brutkolonie. Im Herbst und Winter liegt sie verlassen da.*

Brut *Ende Februar–Juli • 1 Brut • 3–5 gefleckte, grünliche Eier • Brutdauer 16–18 Tage, Weibchen brütet • Junge mit 32–33 Tagen flügge • nach weiteren 4 Wochen selbstständig*

Familie Rabenvögel *(Corvidae)*

DOHLE

Corvus monedula
Länge: 33 cm

DIE DOHLE IST ein geselliger und unterhaltsamer Vogel. Man sieht sie in Städten und Dörfern, wo sie in Gebäuden und alten Bäumen nistet. In Nordeuropa haben Dohlen im Winter ihre Schlafplätze oft in Städten, fliegen aber täglich zum Fressen aufs Land. Ihre hellen Knopfaugen verleihen der Dohle ein scharfsinniges Aussehen – Experimente haben gezeigt, dass Rabenvögel zu den intelligentesten Vögeln gehören.

Merkmale *Dohlen sind kleiner als die anderen schwarz gefärbten Rabenvögel.*

STIMME Das scharfe »*kjack*« ist ein häufig zu hörender Kontaktruf. Im Flug klingt der Ruf wie »*tschräh*«. Der Gesang setzt sich aus »*kjack*«s und anderen Tönen zusammen.

Kunstflieger *Dohlen sind wendige Flieger und führen manchmal Kunststückchen vor – offenbar zum Spaß.*

Sozialleben Dohlen leben gesellig. Sie fliegen und fressen in Schwärmen zusammen mit anderen Arten wie Saatkrähe (von der man sie an der geringeren Größe und den Rufen unterscheiden kann) und Star. Auch Dohlenpaare fliegen zusammen.

Junge Dohle *Der Jungvogel* (links) *hat eine gedecktere Färbung als Altvögel; die Kontraste sind nicht so stark.*

Alles, was glänzt *Der Dieb unter den Vögeln hat gerade einen Ohrring gestohlen. Dohlen stehlen gelegentlich ohne besonderen Grund glänzende, nicht essbare Gegenstände.*

Diebe Dohlen sind bekannt dafür, dass sie glänzende Gegenstände, besonders glitzernden Schmuck, stehlen.

NAHRUNG Dohlen fressen jeder Art von pflanzlichem und tierischem Futter, hauptsächlich Getreide, Früchte und Insekten. Sie stehlen aber auch Eier und Jungvögel aus den Nestern anderer Vögel. Normalerweise fressen sie auf dem Boden. Da sie weniger scheu sind, ergattern sie Futter, bevor die größeren Saat- und Rabenkrähen zur Stelle sind und sie vertreiben.
Fütterung Dohlen kommen in den Garten oder Hof, wo sie am Futterhaus oder vom Boden alle möglichen Abfälle fressen. Im Garten zeigen sie den gleichen Enthusiasmus, mit dem sie sich in den Straßen als Müllsammler betätigen oder die Abfalleimer in Parks plündern. Sie können es auch mit ausgelegtem Fett und Knochen versuchen, besonders am frühen Morgen, wenn noch wenige Menschen unterwegs sind.

Nahrung auf dem Boden *Dohlen suchen am Boden zwischen Steinen und Holzstücken nach großen Insekten, z. B. Laufkäfern, die eine eiweißreiche Mahlzeit abgeben.*

NEST Dohlen nisten in Kolonien und wählen normalerweise Löcher in Mauern oder Baumhöhlen. Manchmal übernehmen sie alte Nester größerer Vögel oder nisten sogar in den Schornsteinen bewohnter Häuser. Das Nest wird das ganze Jahr über als Schlafplatz benutzt. Männchen und Weibchen bauen das Nest aus Zweigen (oft großen Mengen) und kleiden es mit Haaren, Rinde und anderen Materialien, die sie mit Erde vermischen, aus.
Nisthilfe Dohlen nisten in großen, geschlossenen Kästen (S. 61) an abgelegenen Stellen.

Hunger *Ein Jungvogel bettelt um Futter.*

Brut *April–Juni • 1 Brut • 4 oder 5 gefleckte, blassblaue Eier • Brutdauer 17–18 Tage, Weibchen brütet • Junge mit 30–35 Tagen flügge • Zeit bis zur Selbstständigkeit unbekannt*

Familie Rabenvögel *(Corvidae)*

EICHELHÄHER

Garrulus glandarius

Länge: 34 cm

DER EICHELHÄHER, das farbenfrohste Mitglied der Rabenfamilie, kommt im Wald, aber auch immer häufiger in Parks und Gärten mit altem Baumbestand vor. Er ist meist scheu; so hört man oft nur seinen Warnruf, ein lautes Rätschen. Sehen kann man ihn, wenn er etwas abgehackt hat und schwerfällig über eine Lichtung fliegt. Eichelhäher besuchen Futterstellen gern am frühen Morgen, wenn noch keine Menschen unterwegs sind.

STIMME Ein lautes Rätschen ist typisch bei Störung. Daneben gibt es leisere, kehlige und trällernde Rufe. Eichelhäher ahmen die Rufe anderer Rabenvögel, des Waldkauzes und sogar Vogelgesänge nach.

Flugbild *Flügel und Schwanz sind schwarz und kontrastieren mit dem weißen Bürzel und dem weißen und hellblauen Flügelmuster.*

Versteckte Eicheln *Eichelhäher vergraben überschüssige Eicheln und finden sie sogar unter einer 30 cm dicken Schneedecke wieder.*

NAHRUNG Eicheln sind fast das ganze Jahr über das wichtigste Futter. Eichelhäher fressen daneben andere Samen und Früchte, Insekten (hauptsächlich Käfer und Raupen) und gelegentlich auch Mäuse und Wühlmäuse.

Fütterung Eichelhäher nehmen Gemüse an, das sie fortragen, um es zu fressen oder zu vergraben.

NEST Beide Eltern bauen das unordentliche Nest in einem Baum oder Strauch in einigem Abstand zum Boden. Es besteht aus Zweigen, die mit Erde zusammengehalten werden, und wird mit Wurzeln, Haaren und Fasern ausgepolstert. Eichelhäher plündern mitunter die Nester kleiner Vögel.

Brut *Mai–Juni • 1 Brut • 3–7 braun gefleckte, grünliche Eier • Brutdauer 16–17 Tage, Weibchen brütet • Junge mit 21–23 Tagen flügge • nach weiteren 8 Wochen selbstständig*

Familie Rabenvögel *(Corvidae)*

ELSTER

Pica pica

Länge: 46 cm

Gefieder
Die schwarzweißen Federn haben einen grünlichen Glanz.

20–25 cm langer Schwanz

DIE ELSTER IST ein wenig beliebter Vogel, da sie im Garten Singvögel verfolgt, um ihre Nester zu plündern. Es ist jedoch unfair, allein die Elster für ihr Verhalten zu verurteilen, da selbst Meisen und Drosseln bisweilen andere Vögel töten. Die »Hochzeit« der Elstern beginnt damit, dass ein Paar versucht, aus einem bestehenden Revier ein neues für sich abzutrennen. Die Revierinhaber bemühen sich, die Eindringlinge zu verjagen, und dieser Lärm zieht andere Elstern an.

STIMME Ein raues »*kjack*« oder der Alarmruf »*schack-schack-schack*« sind oft das erste Signal einer Elster.

NAHRUNG Wie die meisten Rabenvögel frisst die Elster fast alles: Käfer, Heuschrecken, Schnecken, Asseln, Spinnen und verschiedene Samen und Früchte. Die Nestlinge anderer Vögel, überfahrene Tiere und verletzte Vögel sind leicht erreichbare Beute.
Fütterung Fleisch und Brotreste.

Essensreste
Eine Elster frisst ein Stück Fleisch.

NEST Das Nest, das in einem Baum oder großen Strauch gebaut wird, ist eine solide Konstruktion aus Zweigen, die mit Schlamm und Pflanzenmaterial ausgekleidet wird. Die Familie hält sich, wenn die Jungen flügge sind, noch einige Tage in der Nähe des Nestes auf. Die Jungen bleiben in einem Schwarm zusammen.

Elsternest
Das gewölbte Nest hat eine einzige seitliche Öffnung und eine Überdachung aus Dornen als Schutz gegen Raubattacken anderer Rabenvögel.

Brut *März–Mai • 1 oder 2 Bruten • 5–7 gesprenkelte, grüne Eier • Brutdauer 22 Tage, Weibchen brütet • Junge mit 22–27 Tagen flügge • Zeit bis zur Selbstständigkeit unbekannt*

Familie Stare *(Sturnidae)*

STAR

Sturnus vulgaris

Länge: 22 cm

DER STAR ist so weit verbreitet, dass er bisweilen als Schädling angesehen wird, da er Früchte frisst und Gebäude beschmutzt, die ihm als Schlafplätze dienen. Stare sind auch in Gärten nicht immer beliebt. Sie fallen über die Kirschen her und räumen Futterstellen leer, ehe andere Vögel überhaupt eine Chance zum Fressen haben. Es macht jedoch Freude, die lebhaften Vögel zu beobachten, und ihr Repertoire an Verhaltensweisen ist erstaunlich.

Merkmale *Im Winter haben Stare ein weiß getüpfeltes Gefieder. Dieser Star hat in seinem ersten Winter das braune, jugendliche Gefieder verloren.*

Abenddämmerung *Kurz bevor es dunkel wird, sammeln sich Stare, ehe sie zu ihrem gemeinsamen Schlafplatz fliegen.*

Flugbild *Im Sommer jagen Stare fliegende Insekten. Spitze Flügel und ein kurzer viereckiger Schwanz geben dem Star im Flug die Form einer Pfeilspitze.*

Schwärme Stare leben fast das ganze Jahr über in Schwärmen. Sie fressen zusammen, so dass oft eine ganze Schar am Futterhaus erscheint. Nach der Brutzeit beziehen Tausende Stare ausgedehnte Gemeinschafts-schlafplätze. Abends hört man den Chor ihrer Rufe, wenn sie dorthin fliegen.

Gefieder Die glänzend schwarzen Federn haben einen metallischen Blau-, Rot- und Grünschimmer. Nach der Sommermauser erscheint das Gefieder, besonders bei Jungvögeln, durch die gelbbraunen und weißen Spitzen der neuen Federn getüpfelt.

Brutkleid *Das Gefieder erscheint nur noch wenig gefleckt, da die blassen Spitzen der Federn abgestoßen sind.*

Langer, spitzer Schnabel (im Winter braun)

Aus voller Kehle *Dieses Männchen stellt beim Singen seine Halsfedern auf und schlägt mit den Flügeln, um zu locken.*

STIMME Der Gesang ist eine Mischung aus Rasseln, Piepsen und Pfeifen und ahmt oft die Lieder anderer Arten, darunter Brachvogel, Fasan und Waldkauz, nach. Bei intensivem Gesang werden die Halsfedern aufgestellt. Stare singen an den Gemeinschaftsschlafplätzen und in ihrem Revier. Rufe sind u.a. das aggressive *»tschäcker-tschäcker«* und ein rauer Alarmschrei.

Futtersuche *Ein Star mit einer Schnakenlarve*

Fütterung Legen Sie Brot und Erdnüsse aus und hängen Sie Knochen auf.

NEST Das Männchen baut in einer Baumhöhle oder einem Mauerloch ein grobes Nest aus Gras, das vom Weibchen ausgekleidet wird. Manchmal wird das Nest mit Laub- und Blütenblättern von Pflanzen mit Insekten tötenden Wirkstoffen geschmückt. Die Schnabelmuskulatur ist bei der Nahrungssuche für die Nestlinge von Nachteil, da der Star immer erst ein Stück Futter fallen lassen muss, ehe er es zusammen mit dem nächsten wieder aufnehmen kann. Später werden die Jungen zur Fütterung auf den Rasen gebracht.

NAHRUNG Stare kommen gern in Gärten, da diese eine große Vielfalt an tierischem und pflanzlichem Futter bieten. Sie fressen hauptsächlich Regenwürmer, Schnakenlarven und andere kleine Tiere, die sie in der Nähe der Graswurzeln finden. Sie schreiten in Gruppen vorwärts und inspizieren den Boden mit häufigen, schnellen Schnabelstößen. Der Schnabel ist mit starken Muskeln ausgestattet, so dass er im Boden geöffnet werden kann. Dann fixiert der Vogel seine Schnabelspitze, um festzustellen, ob er auf etwas Essbares gestoßen ist; gleichzeitig schaut er sich ständig um, ob sich Räuber anschleichen.

Essenszeit *Ein Elternvogel bringt seinen Jungen unter einem Hausdach Insekten und Spinnen.*

Brut *April–Mai • 1–2 Bruten • 4–5 blass grünlich blaue Eier • Brutdauer 12 Tage Weibchen brütet • Junge mit 21 Tagen flügge • nach weiteren 4–5 Wochen selbstständig*

Familie Sperlinge *(Passeridae)*

HAUSSPERLING

Passer domesticus

Länge: 14,5 cm

DER HAUSSPERLING trägt seinen Namen zu Recht: Er nistet fast ausschließlich in der Nähe des Menschen, gelegentlich auch in Höhlungen von Bäumen und Felswänden oder in den Nestern anderer Vogelarten, z. B. Schwalben. Er baut sein halbkugeliges Nest aus Gras. Da er Futterangebot und Schutz menschlicher Siedlungen für sich zu nutzen weiß, konnte sich der Haussperling über die ganze Welt ausbreiten.

MÄNNCHEN

Merkmale
Das Männchen hat eine braune Oberseite mit schwarzen Streifen; Wangen, Scheitel und Bürzel sind grau.

Andere Sperlinge Halten Sie Ausschau nach dem Feldsperling. Im Unterschied zum Haussperling sind Kopfplatte und Bürzel nicht grau. Er hat schwarze Wangenflecken.

STIMME Typisch für den Haussperling ist das Tschilpen und Tschirpen. Der Gesang setzt sich aus diesen Rufen zusammen.

Gesang *Ein Männchen* (links) *versucht, eine Partnerin anzulocken.*

Ruhestörung im Garten Häufig sieht man im Frühjahr eine Gruppe Sperlinge, die sich wild tschirpend verfolgen, um schließlich in einem Baum zu landen. Es ist schwer zu erkennen, was dort vor sich geht; der Grund der Aufregung ist aber ein Weibchen, das von einer Gruppe von Männchen umworben wird. Das Weibchen versucht, diese mit Hilfe ihres Männchens zu vertreiben.

Im Mittelpunkt des Interesses *Das Weibchen ist einheitlich braun gefärbt; das Grau an Kopfplatte und Bürzel fehlt, ebenso das Schwarz an Kopf und Hals. (Jungvögel sehen ähnlich aus.)*

WEIBCHEN

Brennnessel *Die Pflanze ist bei Gartenfreunden nicht beliebt, versorgt den Haussperling aber mit Samen.*

NAHURNG Der Haussperling ist ein Körnerfresser, frisst aber auch eine vielfältige andere tierische und pflanzliche Nahrung, einschließlich Schösslingen und Blüten. Auf Bauernhöfen können Haussperlinge großen Schaden anrichten, da sie Getreidekörner fressen, wo immer sie sie bekommen können. Früher lebten städtische Spatzen hauptsächlich von den Getreidekörnern, die aus den Futtersäcken der Pferde fielen; heute halten sie sich an die großen Mengen von Essensresten. Die Nestlinge werden mit tierischer Nahrung gefüttert.

Nahrungssuche *Ein Weibchen frisst an einem hängenden Futterkorb.*

Körnerfresser *Haussperlinge fressen Samenkörner und Essensreste in einem Stadtpark.*

Fütterung In Gärten können Haussperlinge in Schwärmen auftauchen und ganze Futterhäuser leer räumen. Es ist aber interessant, sie zu beobachten. Sie finden schnell neue Möglichkeiten heraus, um an Futter heranzukommen, und lernen z.B. an Meisenglocken (S. 67) und Erdnussschnüren zu fressen.

NEST Das Nest wird meist in Mauerlöchern oder -spalten gebaut. Riedgedeckte Häuser bieten besonders attraktive Nistplätze. Man versucht deshalb mit Maschendraht zu verhindern, dass Sperlinge sich dort einnisten. Im Winter benutzen die Sperlingspaare das Nest als Schlafplatz. Jungvögel schlafen zusammen in immergrünen Pflanzen und Efeu. Sie können beobachten, wie sie sich am späten Nachmittag sammeln und hören sie im Laubwerk tschilpen, bis die Dunkelheit hereinbricht.

Nisthilfe Haussperlinge benutzen geschlossene Nistkästen (S. 57), aus denen sie manchmal sogar Meisen vertreiben.

Das Nest polstern *Ein Männchen sitzt mit Nistmaterial im Schnabel auf einer Leitung. Sein Nest liegt vielleicht in einer Mauerhöhlung.*

Brut *März–September • 2–4 Bruten • 3–5 braun gefleckte, weiße Eier • Brutdauer 14 Tage, Weibchen brütet • mit 15 Tagen flügge • nach einer weiteren Woche selbstständig*

Familie Sperlinge *(Passeridae)*

FELDSPERLING

Passer montanus

Länge: 14 cm

DIE POPULATION DES Feldsperlings ist in den letzten 20 Jahren stark zurückgegangen. Dies steht v. a. in Zusammenhang mit den Veränderungen in der Landwirtschaft, obwohl es schon früher natürliche Schwankungen gegeben hat. Feldsperlinge bilden Kolonien auf landwirtschaftlichen Flächen und in Parks sowie gelegentlich in großen Gärten. In Nord- und Osteuropa haben sie sich sehr viel enger an menschliche Siedlungen angeschlossen, aber auch bei uns gibt es Anzeichen, dass sie öfter in Gärten kommen.

Merkmale *Den Feldsperling kann man von dem recht ähnlichen Haussperling durch die Färbungen an Kopf und Gesicht unterscheiden.*

STIMME Das umfangreiche Repertoire des Feldsperlings beinhaltet ein grundlegendes »*tsuwitt*« (schärfer als das Tschilpen des Haussperlings), das dem Männchen als Balzgesang dient. Im Flug halten die Schwärme mit dem »*tek-tek*« Kontakt.

Nisten *Feldsperlinge benutzen oft mehrere Jahre lang denselben Nistplatz.*

NAHRUNG Feldsperlinge fressen pflanzliche und tierische Nahrung, insbesondere Samen. Insekten sind für die Jungenaufzucht vonnöten.

Fütterung Vorwiegend Brot und Samen.

Gartenfütterung *Feldsperlinge sind immer häufiger in Gärten zu Gast.*

NEST Feldsperlinge bauen ihre Nester gewöhnlich in Höhlungen in Bäumen, Böschungen oder Gebäuden, nisten aber auch auf Ästen. Das Nest besteht aus Blättern, Stängeln und Wurzelfasern.

Nisthilfe Geschlossene Nistkästen werden gern genutzt, aber bei Störungen verlassen.

Brut *April–August • 2–3 Bruten • 2–7 braun gefleckte, hellgraue Eier • Brutdauer 11–14 Tage, beide brüten • Junge nach 15–20 Tagen flügge • nach 2 weiteren Wochen selbstständig*

Familie Finken *(Fringillidae)*

BLUTHÄNFLING

Carduelis cannabina

Länge: 13 cm

DER HÄNFLING IST ein kleiner Fink, der in offenen Landschaften und auf Feldern zu finden ist, wo er sich von Getreidekörnern und Wildkrautsamen ernährt. Zu seiner Lieblingsnahrung gehören Leinsamen und Hanf (daher sein Name) bzw. Cannabis (daher sein wissenschaftlicher Name). Bluthänflinge sind zwar seltene Gäste im Garten, aber in einigen Teilen Nordeuropas haben sie sich in Parks und Gärten angesiedelt.

NAHRUNG Bluthänflinge fressen kleine Samen, besonders von Wildkräutern wie Hederich, Knöterich, Löwenzahn und Ampfer, und gelegentlich kleine Tiere. **Fütterung** Hirse und geschälte Sonnenblumenkerne.

Merkmale *Die Ränder der Flugfedern an Flügeln und Schwanz sind beim Bluthänfling weiß. Während der Brutzeit sind Scheitel, Brust und Flanken der Männchen karminrot, die Oberseite ist braun.*

Jungvogel *Das Gefieder eines jungen Bluthänflings ähnelt dem des Weibchens.*

STIMME Der Gesang ist ein melodiöses Zwitschern und Pfeifen. Der Flugruf ist ein schnelles Geckern.

NEST Hänflinge nisten in kleinen Gruppen von bis zu einem Dutzend Paaren. Das napfförmige Nest besteht aus dünnen Zweigen, Stängeln und Moos und wird mit Haaren und Wolle ausgekleidet. Es liegt versteckt etwa 1 m über dem Boden z. B. in einem Ginsterbusch oder einem Nadelbaum.

Hänfling-Weibchen *haben – wie Männchen im Winter – ein braun gestreiftes Gefieder.*

Brut *Mai–August • 2 Bruten • 4–6 helle Eier mit rotbraunen Flecken • Brutdauer 11–13 Tage, Weibchen brütet • Junge mit 10–17 Tagen flügge • nach 2 weiteren Wochen selbstständig*

Familie Finken *(Fringillidae)*

STIEGLITZ

Carduelis carduelis

Länge: 12 cm

DIESER FARBENPRÄCHTIGE Vogel wird kaum in einen gepflegten Garten kommen. Am besten lockt man den Stieglitz (oder Distelfink) mit Samen bildenden Disteln, Löwenzahn, Kreuzkraut und Gänsedistel an. Eine kleine Schar Stieglitze, die energisch an Distelköpfen pickt, ist ein hübscher Anblick. Sehen Sie einen Stieglitz auf einer Karde, so handelt es sich wahrscheinlich um ein Männchen, da das etwas schwerfälligere Weibchen, dessen Schnabel ein bisschen kürzer ist, die Samen bei dieser Pflanze nur schwer erreicht.

Kräftige gelbe und rote Flecken

Spezialist für Disteln *Der schlanke Schnabel eignet sich gut zum Samenzupfen.*

STIMME Der Ruf ist ein schnelles *»stigelitt«*, der Gesang eine zwitschernde Variation dieser Rufe.

NAHRUNG Der Stieglitz bevorzugt die Samen von Karden, Disteln und Kletten. Wenn sie rar sind, frisst er auch die kleineren Kreuzkraut-, Löwenzahn-, Jakobskraut- und Gänsedistelsamen sowie die Samen von Ulme, Birke und Kiefer.
Fütterung Geschälte Sonnenblumenkerne und Nigersaat.

Karde *Die Samen liegen, umgeben von Borsten, am Grund langer Röhren.*

Unscheinbarer Jungvogel *Der Körper ist graubraun gestreift, das Kopfgefieder wenig farbenfroh. Gelbbraune Federn verbergen die auffallende gelbe Flügelbinde.*

NEST Das Weibchen baut – oft nahe am Zweigende – ein napfförmiges Nest aus Moos, Wurzeln und Flechten und kleidet es mit Wolle und Samenhaaren aus. Die Reviere sind klein; mehrere Paare nisten dicht beieinander. Bei der Balz breiten Männchen und Weibchen ihre Flügel aus, um ihr buntes Gefieder zu zeigen.

Brut *April–August • 2 oder 3 Bruten • 4–6 rot gesprenkelte, weiße Eier • Brutdauer 11–13 Tage, Weibchen brütet • mit 13–16 Tagen flügge • nach weiteren 2 Wochen selbstständig*

Familie Finken *(Fringillidae)*

GRÜNFINK, GRÜNLING

Carduelis chloris

Länge: 14,5 cm

DER GRÜNFINK ERSCHLOSS sich im Laufe des 20. Jahrhunderts nach und nach die Städte als Lebensraum und wurde zu einem häufigen Gartenvogel. Das ist zum Teil eine Folge der intensiven Landwirtschaft, zum anderen stellen Erdnüsse und Sonnenblumenkerne in Vogelhäusern eine bequem erreichbare Mahlzeit dar.

Merkmale *Grünfinken haben gelbgrünes Gefieder. Die Weibchen sind unauffälliger.*

STIMME Die Männchen rufen gedehnt *»jüpp«*. Der Gesang setzt sich aus verschiedenen Tönen zusammen und endet in einem lauten Pfeifen. Während des Fluges hört man ein klingelndes *»gigigig«*.

Gelbe Flügelfelder *unterscheiden die Weibchen von Sperlingen.*

NAHRUNG Grünfinken fressen verschiedene Samen, z. B. von Ulme, Eibe, Brombeere, Löwenzahn und Klette.
Fütterung Erdnüsse und Sonnenblumenkerne aus Automaten werden von Grünfinken gern genommen. Die Vögel versammeln sich auch auf dem Boden unter dem Futterhaus und picken die heruntergefallenen Samen auf.

NEST Grünfinken bleiben, anders als die meisten Vögel, während der Brutzeit gesellig. Sie nisten in kleinen Kolonien von etwa sechs Paaren in dichtem Gebüsch. Das Weibchen baut das Nest aus Zweigen, Gras und Moos und kleidet es mit Haaren und feinen Wurzeln aus (S. 106).

Gemischte Nahrung *Raupen und Blattläuse sind eine wichtige Nahrung für die Jungen. Wenn sie jedoch das Nest verlassen haben, erhalten sie nur noch vorverdaute Samen.*

Brut *April–August • 2 oder 3 Bruten • 4–6 rot gefleckte, weiße Eier • Brutdauer 12–14 Tage, Weibchen brütet • mit 13–16 Tagen flügge • nach weiteren 2 Wochen selbstständig*

Familie Finken *(Fringillidae)*

ZEISIG, ERLENZEISIG

Carduelis spinus

Länge: 12 cm

DER ZEISIG, DER erst seit etwa 30 Jahren häufiger in die Gärten kommt, ist ein kleiner Fink mit den akrobatischen Fertigkeiten einer Meise. Er sucht sein Futter an den Spitzen dünner Zweige, wo er mit dem Kopf nach unten an Zapfen und Samenbüscheln pickt. Am liebsten frisst er die Samen von Birke, Erle und Nadelhölzern. Wahrscheinlich haben ihn die zu dekorativen Zwecken angepflanzten Nadelbäume, besonders Zypressen, in die Gärten gelockt. Inzwischen ist er dort ein regelmäßiger Wintergast.

Merkmale *Das Weibchen ist grünlich gelb und hat unten dunkle Streifen. Das Männchen* (unten) *hat eine schwarze Kopfplatte, einen schwarzen Kehlfleck und wirkt insgesamt farbiger.*

STIMME Der Gesang endet mit einem Pfeifen. Die Rufe, ein *»djet, djet«* und ein Zwitschern, werden im Flug vorgetragen.

NAHRUNG Zeisige fressen die Samen von Fichten, Kiefern, Erlen, Birken, Ulmen, Disteln und Ampfer. Die Nestlinge werden mit Insekten gefüttert. **Fütterung** Erdnüsse, Fett und Samen. Eigenartigerweise zieht es die Vögel besonders zu Erdnüssen in roten Plastiknetzen oder anderen roten Behältern.

NEST Das Weibchen baut aus kleinen, mit Flechten überzogenen Zweigen ein kompaktes Nest, meist hoch oben in einem Nadelbaum an der Spitze eines Astes, und kleidet es mit feinen Wurzeln, Haaren und Federn aus. Durch die weitläufigen Aufforstungen mit Nadelbäumen konnte sich die Art in Europa ausbreiten.

Brut *Mai–August • 2 Bruten • 3–5 rot gestreifte, blassblaue Eier • Brutdauer 12 Tage, Weibchen brütet • Junge mit 15 Tagen flügge • Zeit bis zur Selbstständigkeit unbekannt*

Familie Finken *(Fringillidae)*

BIRKENZEISIG

Carduelis flammea

Länge: 12 cm

BIRKENZEISIGE SIND vor allem in Nordeuropa und Großbritannien, aber auch in den Alpen heimisch. Außerhalb der Brutzeit bilden sie Schwärme und ziehen im Winter nach Süden. Sie leben in lichten Wäldern, in der Heide, in Hecken und in Nadelbaumplantagen. Dank der neuen Arten von Vogelfutter, die angeboten werden, könnten sie regelmäßiger in den Garten kommen.

Schwarzes Kinn

Merkmale *Der kleine Fink ist vom Bluthänfling durch sein schwarzes Kinn und die hellen Flügelstreifen zu unterscheiden. Bei Männchen sind Brust und Bürzel rötlich.*

STIMME Birkenzeisige verbinden beim Gesang ein schnelles Zwitschern mit einem rasselnden »*dschä-dschä-dschä*«. Auch das klägliche »*zuit*« gehört dazu.

Weibchen *Die rötliche Brust des Männchens fehlt beim Weibchen. Beide sind im Winter weniger farbig.*

NEST Die Nester sind oft dicht beieinander. Die Weibchen bauen sie niedrig in einen Baum oder Busch. Auf einem Fundament aus Zweigen entsteht ein Napf aus Gras, Blättern und Wurzeln, der mit Haaren, Federn und Pflanzenflaum ausgekleidet wird.

NAHRUNG Kleine Samen, besonders von Birke und Erle, aber auch von verschiedenen Gräsern, Blutweiderich, Mädesüß und vielen Wildkräutern bilden die Hauptnahrung des Birkenzeisigs. In der Brutzeit fressen sie auch Insekten.
Fütterung Geschälte Sonnenblumenkerne, Samen.

Badetag *Teiche und Vogelbäder können Birkenzeisige in den Garten locken.*

Brut *Mai–Juli • 4–6 bläuliche Eier mit rötlichen Flecken • Brutdauer 10–12 Tage, Weibchen brütet • Junge nach 9–14 Tagen flügge • nach weiteren 26 Tagen selbstständig*

Familie Finken *(Fringillidae)*

KERNBEISSER

Coccothraustes coccothraustes

Länge: 18 cm

Merkmale *Erkennungszeichen sind der große Kopf und Schnabel Das Gefieder ist schwarz, braun, und weiß.*

WENN ER AUCH nicht gerade häufig ist, kommt der Kernbeißer doch gelegentlich in den Garten; allerdings ist er sehr scheu und fliegt schon bei der kleinsten Störung weg. Der Schnabel und die kräftigen Muskeln, mit denen er bewegt wird, dienen dazu, harte Samen wie die von Birke, Esche und Hainbuche sowie die Steine von Schlehen, Kirschen und Damaszenerpflaume zu knacken.

STIMME Ein wiederholtes *»zick«* oder *»zie«* und ein pfeifendes *»srie«* verraten die Anwesenheit des Kernbeißers. Der Gesang besteht aus schrillen und pfeifenden Tönen.

NAHRUNG Die Hauptnahrung des Kernbeißers besteht aus den harten Samen von Bäumen, z.B. von Eiche, Esche, Erle, Hainbuche und Kirsche, die am Baum oder am Boden gefressen werden. Er frisst auch viele andere Samenarten und, wenn die Vorräte erschöpft sind, Knospen sowie Insekten oder andere kleine Tiere.

Samenknacker *Der Kernbeißer kann mit seinem Schnabel einen Druck von 50 kg erzeugen.*

Weibchen *In der Farbe unauffälliger als das Männchen hat es ein eher graues, weniger schwarzes Gefieder.*

NEST Kernbeißerpaare bleiben auch in den Winterschwärmen zusammen, die Balzzeit beginnt schon vor dem Ende des Winters. Das Männchen erstellt für das Nest eine Plattform aus Zweigen, das Weibchen baut darauf einen Napf aus Zweigen, der mit Gras und Fasern ausgekleidet wird.

Brut *April–August • 1 Brut • 4–5 blaue, grüne oder graue Eier • Brutdauer 11–13 Tage, Weibchen brütet • nach 12–13 Tagen flügge • nach weiteren 30 Tagen selbstständig*

Familie Finken *(Fringillidae)*

BUCHFINK

Fringilla coelebs

Länge: 15 cm

DER BUCHFINK, eigentlich ein Waldvogel, ist in Gärten und Parks häufig anzutreffen, sofern hohe Bäume als Futterplätze und Singwarten vorhanden sind. In guten Jahren bilden sich in Buchenwäldern große Schwärme von Buchfinken, um die Bucheckern zu fressen. Vielleicht entdecken Sie darunter einige der nah verwandten Bergfinken (mit orangem Körper).

MÄNNCHEN

Auffällige weiße Flecken auf Flügeln und Schwanz

Brutkleid *Farbenfrohe Mischung aus Rosa, Kastanienbraun und Blaugrau.*

STIMME Der Gesang, eine regelmäßige Folge von Tönen, endet mit einem *»zi-zi-zi-zi-teroi-tit«*. Der Ruf ist ein scharfes *»pink-pink«*.

Gefieder Im Frühjahr erscheinen beim Männchen die leuchtenden Farben des Brutkleides.

Weibchen *Es ähnelt dem Sperlings-Weibchen, hat aber weiße Flecken auf den Flügeln.*

NAHRUNG Der Buchfink frisst hauptsächlich auf den Boden gefallene Samen, z. B. Bucheckern, Getreidekörner, Samen von Vogelmiere und Ackersenf. Die Jungen werden mit Raupen, Fliegen und Spinnen gefüttert.

Fütterung Samen und Brot. Sie fliegen nicht gern ins Futterhaus, sondern picken heruntergefallene Samen auf.

NEST Das Weibchen baut in einer Astgabel ein zartes Nest, das hauptsächlich aus Gras und Moos besteht (S. 106). Es wird mit Federn und feinen Wurzeln ausgepolstert und mit Flechten und Spinnweben verkleidet. Über tausend Flüge sind dann erforderlich. Das Männchen begleitet das Weibchen, hilft aber nicht.

Geduldig *Ein junger Buchfink wartet in einer blühenden Eiche auf Futter. Während der Brutzeit sammeln die Elternvögel Insekten für ihre Jungen.*

Brut *Mai–August • 1 oder 2 Bruten • 3–5 rot gezeichnete, blaue Eier • Brutdauer 12–14 Tage, Weibchen brütet • mit 12–14 Tagen flügge • nach weiteren 2–3 Wochen selbstständig*

Familie Finken *(Fringillidae)*

BERGFINK

Fringilla montifringilla

Länge: 14 cm

Merkmale *Der Bergfink ist leicht mit dem Buchfink, zu verwechseln, hat aber weiße Partien am Bürzel und ist an Brust und Flanken orange gefärbt.*

Schwarzer Schwanz mit weißen Seiten

OBWOHL Bergfinken als Wintergäste nach Mitteleuropa kommen, nisten sie kaum je in unseren Breiten. Jedes Jahr ziehen sie von ihrer Heimat im Norden Europas und Asiens in den Süden. Es ist bekannt, dass Bergfinken in manchen Jahren, wenn die Futtervorräte im Norden erschöpft sind und es hier viele Bucheckern gibt, in großer Zahl zu uns kommen. Bevor sie Anfang April aufbrechen, entwickeln die Männchen ihr eindrucksvolles Brutkleid und beginnen manchmal auch zu singen.

STIMME
Der Gesang des Bergfinken ist ein eintöniges, schnaufendes »*driiii*«, der Flugruf ist ein nasales »*quäih*«.

NAHRUNG Baumsamen – z. B. die von Buche, Birke, Esche und Fichte – sind die Hauptnahrung des Bergfinken. Er pickt die Samen von den Pflanzen oder vom Boden. Im Sommer fressen sie auch Insekten.
Fütterung Sonnenblumenkerne und Erdnüsse werden am Boden gern genommen; manche Grünfinken bedienen sich an Futterautomaten.

Gemischte Schwärme *Bergfinken sieht man oft mit anderen Vögeln fressen.*

NEST Bergfinken nisten in Kolonien in Birken- oder Mischwäldern. Das Nest liegt hoch in einem Baum, am Stamm oder in einer Astgabel. Das Weibchen baut es aus Rinde, Moos und Gras und kleidet es mit Federn, Haaren und Moos aus.

Männchen und Weibchen *Wenn sich die Brutzeit nähert, werden Kopf und Rücken des Männchens* (rechts) *leuchtend schwarz.*

Brut Mai–Juli • 1–2 Bruten • 5–7 blaubraune Eier • Brutdauer 12 Tage, Weibchen brütet • nach 13 Tagen flügge • nach weiteren 2–3 Wochen selbstständig

Familie Finken *(Fringillidae)*

DOMPFAFF, GIMPEL

Pyrrhula pyrrhula

Länge: 14,5 cm

DA ER SICH gern im dichten Laubwerk aufhält, bleibt der Dompfaff leicht unbemerkt. Sollten Sie doch einmal einen aufspüren, sehen Sie meist nur kurz den weißen Bürzel aufblitzen. Viele Gärtner mögen die Dompfaffen nicht, weil sie im Frühling an Knospen und Blüten von Obstbäumen und später an weichen Früchten Schaden anrichten können. Im Winter frisst der Dompfaff Samen, wechselt aber bei Futterknappheit zu Knospen über, auch wenn diese wenig Nährstoffe enthalten.

Weidenkätzchen liefern frühes Futter

Schwarze Kopfplatte

Weißer Bürzel

MÄNNCHEN

Merkmale
Das Männchen hat eine leuchtend rote Unterseite.

WEIBCHEN

Graubraune Unterseite

NAHRUNG Dompfaffen fressen hauptsächlich die Samen von Esche, Birke, Ampfer, Nessel und Brombeere, reißen jedoch auch Knospen von Bäumen ab. Nestlinge werden mit Insekten gefüttert. **Fütterung** Erdnüsse oder geschälte Sonnenblumenkerne.

STIMME Der Gesang ist ein leises Trällern, der Ruf ein unverwechselbares *»püh, püh«*, das deutlich zu hören ist, auch wenn man ihn nicht sieht.

NEST Im Unterschied zu den meisten anderen Park- und Gartenvögeln bleiben Dompfaffpaare in der Regel das ganze Jahr zusammen. Im Frühjahr wählt das Männchen den Nistplatz aus. Er führt das Weibchen an eine geeignete Stelle in einer dichten Hecke oder einem Nadelbaum. Das Weibchen baut dort das zarte Nest aus dünnen Zweigen und feinen Wurzeln.

Jungvogel *Das Gefieder des jungen Dompfaffs ist bräunlich, die schwarze Kopfplatte fehlt noch.*

Brut *April–August • 2 Bruten • 4–5 dunkelrot gestreifte, grünblaue Eier • Brutdauer 14 Tage, Weibchen brütet • mit 12–16 Tagen flügge • nach weiteren 2–3 Wochen selbstständig*

Familie Ammern *(Emberizidae)*

GOLDAMMER

Emberiza citrinella

Länge: 16 cm

DIE GOLDAMMER lebt in offenem Gelände, frisst auf Feldern und nistet in Hecken, an Waldrändern, auf Weiden und in Heidelandschaften mit verstreut stehenden Bäumen und Büschen. Früher fraßen große Schwärme im Winter auf den Stoppelfeldern, aber seit der Intensivierung der Landwirtschaft ist ihre Zahl zurückgegangen. In Gärten findet die Goldammer ein Rückzugsgebiet, besonders im Frühjahr, wenn das Futter auf den Feldern äußerst knapp geworden ist.

Merkmale *Das Männchen ist an Kopf und Unterseite gelb, weiß an den äußeren Schwanzfedern und hat rotbraune Partien an Brust und Bürzel.*

STIMME Die Goldammer ist für ihren »*Wie, wie hab' ich dich lieb*«-Gesang bekannt. Im Flug hört man »*zick*« und ein »*tjihe*« von Winterschwärmen.

NAHRUNG Samen von Gräsern, Wildkräutern und Getreide. Die Jungen werden mit Insekten und anderen Kleintieren gefüttert.

Fütterung Frisst, wenn Deckung in der Nähe ist, am Boden Getreide und Sonnenblumenkerne.

Gesang *Den vertrauten Gesang der Goldammer hört man im Frühjahr und Sommer.*

NEST Das Nest liegt am Boden oder niedrig in Hecken, Brombeersträuchern, unter Büschen und in jungen Plantagen. Es besteht aus Gras, Stängeln und Blättern und ist mit Haaren, zartem Gras und Wurzelfasern gepolstert.

Weibchen *Das Weibchen, weniger farbenfroh als das Männchen, kann man an den schwarzen Flecken am Kopf erkennen.*

Brut *Mai–August • 2–3 Bruten • 3–5 weiße bis rötliche Eier • Brutdauer 13 Tage, Weibchen brütet • Junge nach 12 Tagen flügge • nach weiteren 8–14 Tagen selbstständig*

Familie Ammern *(Emberizidae)*

ROHRAMMER

Emberiza schoeniclus

Länge: 15 cm

ROHRAMMERN HABEN sich nach der Entwässerung großer Flächen gut auf die neuen Lebensbedingungen eingestellt. Da Schilf, feuchte Wiesen und Sümpfe verschwunden sind, haben sie an trockeneren Stellen zu nisten begonnen, z. B. in Getreidefeldern, wo sie über die Ernten herfallen. Im Winter kommen sie manchmal in die Gärten.

Merkmale *Die Rohrammer sieht dem Sperling ähnlich, hat aber weiße Ränder am Schwanz. In der Brutzeit sind Kopf und Kinn des Männchens schwarz, und es hat einen weißen Kragen. Sonst sind diese Merkmale weniger auffällig.*

Steinkraut *Die Blüten des Steinkrauts können Rohrammern in den Garten locken.*

STIMME Der Gesang ist ein eintöniges »*zje-zje-zje-tui-zirri*«, der Alarmruf ein schrilles »*zieh*«.

NAHRUNG Die Samen von Marschpflanzen, Gräsern und Getreide sind die Hauptnahrung. Die Jungen werden mit Insekten, z. B. Raupen, gefüttert.
Fütterung Frisst an Nussspendern sowie am Boden geschälte Sonnenblumenkerne.

Fütterung der Brut *Die Jungen der Rohrammer verlassen das Nest, bevor sie fliegen können.*

NEST Die Nester findet man gewöhnlich in der Nähe von Sumpfgebieten oder in Feldern; sie liegen in Grasbüscheln oder zwischen Büschen. Das Weibchen baut das Nest aus Stängeln und Blättern und polstert es mit Haaren, Moos, zartem Gras und Blüten. Die Eltern locken Räuber durch vorgetäuschte Verletzung vom Nest fort.

Weibchen *Weibchen (und Jungvögel) ähneln stark dem Sperling, zeigen aber Spuren des weißen Kragens und braune Streifen.*

Brut *Mai–August • 2–3 Bruten • 4–6 bräunlich grüne bis hellblaue Eier • Brutdauer 13–14 Tage, Weibchen brütet • nach 10–12 Tagen flügge • nach weiteren 20 Tagen selbstständig*

SYSTEMATIK DER VÖGEL

Wenn Sie damit beginnen, die Vögel in Ihrem Garten zu beobachten, ist es nicht immer einfach, die verschiedenen Arten auseinander zu halten, zu bestimmen. Es scheint so viele kleine grüne oder braune Vögel zu geben – wie sind sie miteinander verwandt? Ein Grünfink ist einem Buchfinken sehr ähnlich; sind die Finken jedoch Verwandte des ähnlich aussehenden Haussperlings? Enten, Gänse und Schwäne ähneln einander in Aussehen und Verhalten, aber wie ist es mit der Verwandtschaft zwischen Eichelhäher, Elster und Krähe oder zwischen Rauchschwalbe, Mauersegler und Mehlschwalbe?

Zoologen und Botaniker benutzen ein System zur Benennung und Klassifizierung von Tieren und Pflanzen, das die Verwandtschaft zwischen ihnen widerspiegelt. Carl von Linné hat es vor über 200 Jahren entwickelt. Er gab allen Lebewesen einen aus zwei Wörtern bestehenden lateinischen oder altgriechischen Namen. Das erste Wort gibt die Gattung an, das zweite Wort ist der Artname. *Passer* z. B. bedeutet im Lateinischen Sperling: Der Haussperling heißt *Passer domesticus*, der Feldsperling *Passer montanus*. Haben zwei Arten denselben Gattungsnamen, bedeutet das, dass sie starke Ähnlichkeiten aufweisen. Der wissenschaftliche Name der Heckenbraunelle ist *Prunella modularis*. Das zeigt, dass die Heckenbraunelle mit den Sperlingen nicht eng verwandt und ihr alter Volksname Heckensperling ungenau ist.

Linné fasste alle Gattungen wiederum in Familien und die Familien mit deutlich ähnlichen Merkmalen in Ordnungen zusammen. So gehören z. B. Wacholderdrossel, Rotkehlchen, Amsel und Singdrossel zur Familie *Turdidae*. Rauch- und Mehlschwalbe werden in der Familie *Hirundinidae* zusammengefasst; Mauersegler dagegen gehören zur Familie der *Apodidae*, obwohl sie eine ähnliche Lebensweise haben. Die Familien der *Turdidae* und der *Hirundinidae* gehören zusammen mit anderen Familien wie den Finken (*Fringillidae*) zur Ordnung der *Passeriformes* (Sperlingsähnliche Vögel), in der alle Singvögel zusammengefasst sind. Mauersegler gehören zur Ordnung der *Apodiformes*, deren Mitglieder sich in der Luft am heimischsten fühlen.

Die Artenübersicht auf der gegenüberliegenden Seite zeigt die Verwandtschaft zwischen den im Buch beschriebenen Vögeln. Aus der Systematik der Vögel können Sie einige interessante Dinge lernen. Sie können z. B. daraus ersehen, dass Schwanzmeisen nicht mit den anderen Meisen verwandt sind und Schleiereulen sich stark von anderen Eulen unterscheiden.

Carl von Linné *Der schwedische Naturforscher begründete in seiner Schrift »Systema Naturae« von 1758 die biologische Systematik.*

• DIE FAMILIEN UND ORDNUNGEN DER VÖGEL •

ORDNUNG	FAMILIE	DEUTSCHER UND WISSENSCHAFTLICHER NAME
Ciconiiformes	*Ardeidae*	Graureiher *(Ardea cinerea)*
Anseriformes	*Anatidae*	Stockente *(Anas platyrhynchos)*
Accipitriformes	*Accipitridae*	Sperber *(Accipiter nisus)*
Falconiformes	*Falconidae*	Turmfalke *(Falco tinnunculus)*
Galliformes	*Phasianidae*	Fasan *(Phasianus colchicus)*
Gruiformes	*Rallidae*	Blässhuhn *(Fulica atra)*, Teichhuhn *(Gallinula chloropus)*,
Charadriiformes	*Laridae*	Silbermöwe *(Larus argentatus)*, Lachmöwe *(Larus ridibundus)*.
Columbiformes	*Columbidae*	Türkentaube *(Streptopelia decaocto)*, Straßentaube *(Columba livia)*, Ringeltaube *(Columba palumbus)*.
Strigiformes	*Strigidae*	Waldkauz *(Strix aluco)*, Steinkauz *(Athene noctua)*.
Apodiformes	*Apodidae*	Mauersegler *(Apus apus)*
Piciformes	*Picidae*	Grünspecht *(Picus viridis)*, Buntspecht *(Dendrocopos major)*.
Passeriformes	*Hirundinidae*	Mehlschwalbe *(Delichon urbica)*, Rauchschwalbe *(Hirundo rustica)*.
	Motacillidae	Bachstelze *(Motacilla alba)*
	Bombycillidae	Seidenschwanz *(Bombycilla garrulus)*
	Prunellidae	Heckenbraunelle *(Prunella modularis)*
	Troglodytidae	Zaunkönig *(Troglodytes troglodytes)*
	Turdidae	Rotkehlchen *(Erithacus rubecula)*, Gartenrotschwanz *(Phoenicurus phoenicurus)*, Hausrotschwanz *(Phoenicurus ochruros)*, Rotdrossel *(Turdus iliacus)*, Amsel *(Turdus merula)*, Singdrossel *(Turdus philomelos)*, Misteldrossel *(Turdus viscivorus)*, Wacholderdrossel *(Turdus pilaris)*.
	Regulidae	Wintergoldhähnchen (Regulus regulus)
	Sylviidae	Zilpzalp *(Phylloscopus collybita)*, Fitis *(Phylloscopus trochilus)*, Mönchsgrasmücke *(Sylvia atricapilla)*, Gartengrasmücke (*Sylvia borin*).
	Muscicapidae	Trauerschnäpper (*Ficedula hypoleuca*), Grauschnäpper *(Muscicapa striata)*.
	Aegithalidae	Schwanzmeise *(Aegithalos caudatus)*
	Paridae	Tannenmeise *(Parus ater)*, Sumpfmeise *(Parus palustris)*, Weidenmeise *(Parus montanus)*, Blaumeise *(Parus caeruleus)*, Kohlmeise *(Parus major)*.
	Sittidae	Kleiber *(Sitta europaea)*
	Certhiidae	Waldbaumläufer *(Certhia familiaris)*
	Corvidae	Raubkrähe *(Corvus corone)*, Saatkrähe *(Corvus frugilegus)*, Dohle *(Corvus monedula)*, Eichelhäher *(Garrulus glandarius)*, Elster *(Pica pica)*.
	Sturnidae	Star *(Sturnus vulgaris)*
	Passeridae	Haussperling *(Passer domesticus)*, Feldsperling *(Passer montanus)*.
	Fringillidae	Bluthänfling *(Carduelis cannabina)*, Stieglitz *(Carduelis carduelis)*, Grünfink *(Carduelis chloris)*, Zeisig *(Carduelis spinus)*, Birkenzeisig (*Carduelis flammea*), Kernbeißer *(Coccothraustes coccothraustes)*, Buchfink *(Fringilla coelebs)*, Bergfink *(Fringilla montifringilla)*, Dompfaff *(Pyrrhula pyrrhula)*.
	Emberizidae	Goldammer *(Emberiza citrinella)*, Rohrammer *(Emberiza schoeniclus)*.

REGISTER

Fett gedruckte Seitenzahlen verweisen auf die Steckbriefe im Bestimmungsteil. *Kursiv* gedruckte Seitenzahlen verweisen auf Fotos

A

B

D

E

F

G

• DANKSAGUNGEN •

Danksagung des Autors
Ich möchte Jane Burton danken, dass sie ihr Expertenwissen über die Pflege kranker und verletzter Vögel beigesteuert hat, und für ihren Text für die Fallstudien. Chris Wittles von CJ Wildbird Foods lieferte Informationen über Futter, das neue Arten an Futtertische locken wird. Mein Dank gilt außerdem David Lamb für die Hilfestellung und dem Stab von RSPB, besonders Ian Dawson, für Ratschläge und Unterstützung bei der Vorbereitung dieses Buches.

Danksagung des Fotografen
Mein besonderer Dank gilt Jane Burton für ihre Hilfe und Ermutigung während der ganzen Produktion. Sie machte viele Fotos eigens für das Buch und stellte viele andere aus ihrer Bibliothek zur Verfügung. Ich möchte mich auch bei Gary Huggins bedanken für seinen Enthusiasmus und die harte Arbeit beim Aufspüren und Fotografieren einiger der scheuen Vögel. Eine Reihe von Personen haben entweder zahme Vögel ausgeliehen oder mir geholfen, die Stellen zu finden, an denen ich sie fotografieren konnte. Im Besonderen möchte ich Yvette Cameron, Margaret Cawsey, Peggy und Tony Davies, Derek und Jill Mills, Malcolm Sharp, Mike Smith, Frau EG. Taylor, Jenny Tyson-Jones sowie Carolyn und Michael Woods danken.

Der **Verlag Dorling Kindersley** möchte folgenden Personen für ihre Hilfe danken: Andrew Sansom für die Bildrecherche; Chris Bernstein für das Erstellen des Registers; Liza Bruml, Josephine Buchanan, Sean O'Connor, Andrew Mikolajski, Julie Oughton und Nichola Thomasson für die redaktionelle Mitarbeit; Nicola Powling für die Umschlaggestaltung; Nick Harris und Janice Williams für ihre DTP-Sachkenntnis; Jane Burton, Tony Graham und John Woodcock für die Illustrationen; Gary Ombler für die Studioaufnahmen; Chris Whittles und James Maxwell von CJ Wildbird Fonds, Graham Evans von Jacobi Jayne und Chris O'Connor für die Fotos von Fütterungsgeräten; Mustafa Sami für den Bau von Futterautomaten und Nistkästen; Ian Bishop und Michael Walters vom Zoological Museum, Tring, für die Recherche über Nester; Dr. Nigel Clark vom British Trust of Ornithology für das Bereitstellen von Daten aus der Bestandsaufnahme häufiger Vögel und dem BTO/CJ Garden BirdWatch survey für die Grafiken auf den Seiten 128/29. Besonderer Dank gilt auch Sarah Bannan, Rob Hume und Debra Royal vom RSPB.
Folgende Personen und Organisationen erteilten die Genehmigung zum Abdruck ihrer Fotos:

Aegean Wildlife Hospital: **Marios Fournaris** 137 or; **Heather Angel/Biofotos** 22 or; **Aquila Wildlife Images**: **Abraham Cardwell** 129 or; **Ardea London Ltd**: **Chris Knight** 17 ur; **BBC Natural History UniPictur Library**: **Mike Beynon** 71 ur; **Chris O'Reily** 70 Ml; **James Baldwin** 123 o; **Jane Burton** 25 ol, 103 Ml, 116, 124, 126 r, 131, Ml, Mr, 137 o, 139 M, u, 140 o, u, 141 o, 144 o, 149 l, 150 Mr, 150 u, 155 ur, 156 Mr, u, 157 Ml, 162 o, M, 163 o, 164 Ml, Mr, 179 Ml, or, 186/87, 192; **Robert Burton** 19 o, u, 20 M, ur, 90 r, 119 ol, 122 u, 130 ur, 143 ul, 171 u, 187 l, r, 190 o, 194 ur, 199 Mr; **Peter Chadwick** 7, 14 Ml, M, ur, 20 or, 104 u, 108 o, uM, ur, 109 M, u, 123 M, 143, 145 u, 147, 155 M, 157 M, 159 M, 161 M, 170 ur, 181 u, 191 Mr, 193 Mr, 196 M; **R. J. Chandler** 153 or, Ml, 169 ur, 182 Ml, 184 Ml, 207 Ml, ul, 214 Mr, ul, 216 Mr, 217 ur; **CJ Wild Birdfoods Ltd** 38 M, 42 ul, uM, M, 43 ol, or, 45 l, r, ur, 46 Mr, ul, ur, 47 or, ur, ol, 62 Ml, u, 63 or, Ml, Mr, ur, ul; **Bruce Coleman Collection**: **Dr. Hermann Brehm** 148 ul; **Jane Burton** 105 u, 110 or, 111 o, M, u, 112 l, 114 u, 115 M, 121, u, 127 o, 136, 138, 144 u, 146 u, 150 Ml, u, 152 u, 154 u, 1157 u, 159 Mr, 161 u, 170 ul, 183 Ml, 173 u, 190 ur, 195 o, 196, 198 u, 198 u, 199 ul, 199 u, 200 u, 210 Ml, 208 u, 213 u, 215 u; **Dr. P. Evans** 71 or, 206 ul; **Dennis Green** 134 ur, 189 Ml, 217 ul; **Janos Jurka** 127 ur; **Gordon Langsbury** 10 or, 72 ul; **Michael McKavett** 217 M; **Tero Niemi** 37 or; **Hans Reinhard** 2, 8 u; **Kim Taylor** 13 u, 20 or, 34 M, 70 ur, 94 r, 95 o, 96 u, 100 o, ur, 105 o, 109 o, 113 u, 114 o, M, 115 o, u, 118 r, 120 l, 123 u, 132 ul, 145 o, 146, 149 ur, 150 u, 165 ml, 167 o, 168 ur, 171 Mr, ur, 173 o, 176 M, 177 u, 178, 178 l, 179 Mr, u, 180 Mr, 180 u, 181 o, 186 o, u, 187 u, 190 ur, 191 Ml, u, 191 o, 192 u, 193 u, 194 Mr, 195 u, 195 l, 197 M, u, 198 M, 202 Mr, 203 o, 204, 205 o, M, ul, ur, 108 u, 209 o, 209 u, 210 o, 218 u, M; **Colin Varndell** 73 or, 187 M; **Roger Wilmshurst** 202 u; **Konrad Wothe** 189 ur; **David Cotteridge** 11 ul, 18 u, 37 ur, 148 M, 174 ul, 175 Mr, 182 r, 184 or, ur, 185 M, 189 or, 211 ur, 214 Ml, 216 ul, ul; **John Daniels** 187 M; **Geoff Dann** 20 ul, 205 or; **Philip Dowell** 151 ur, 199 M; **Garden Picture Library**: **John Glover** 17 or; **Ron Sutherland** 38 ul; **Gary Huggins** 28 ol, 29 or, 112 ur, 118 o, 119 or, 130 ul, 162 u, 164 u, 167 u, 191 u; **Jacqui Hurst** 122 M; **Jacobi Jayne, Canterbury, Kent** 46 ol, 47 u, 52 r; **Colin Keates** 105/06; **David Lamb** 12 r; **Frank Lane Picture Agency** 102; **Richard Brooks** 212 ol; **S.C. Brown** 182 ol; **Michael Callan** 206 Ml; **W.S. Clark** 148 Mr; **Tony Hamblin** 142, 185 r, ul; **E&D Hosking** 43 M, 153 ur, 174 ur; **Peter Reynolds** 169 Mr; **Derek Robb** 16 ul; **Roger Tidman** 175 ul, 212 ul; **Roger Wilmshurst** 9 ur, 14 ur, 73 Mr, 135 Ml, 169 Mr, 175 ur; **Natural History Photographic Agency**: **Melvin Grey** 135 Mr; **E.A. James** 39 r; **Hellio and Van Ingen** 73 oM; **Planet Earth Pictures**: **Geoff du Feu** 42 l; **Susan and Alan Parker** 64 M; **Mike Read** 185 Mlo; **Royal Horticultural Society (Lindley Library)** 218; **RSPB Images**: **Mark Hamblin** 212 r; **RSPCA Photolibrary**: **Ken Mckay** 43 ul; **Harry Smith Collection** 21 ol, 25 or, 40 l; **Tony Tilford** 85 Mr; **Elizabeth Whiting Associates** 8 M; **Windrush Photos**: **David Tipling** 56 l; **Steve Wooster** 18 or.

Umschlag Vorn: **Robert Burton**; vordere Innenseite: **Jane Burton** Mr; **Bruce Coleman Collection**: **Kim Taylor** M; Hinten: **Kim Taylor** or

(Abkürzungen: o = oben, M = Mitte, u = unten, l = links, r = rechts)

DANKSAGUNGEN